미적분학 & 코딩

대학생과 고등학생을 위한

이상구 with 김응기, 이재화

KM 경문사

대학생과 고등학생을 위한

미적분학 & 코딩

이상구 with 김응기, 이재화

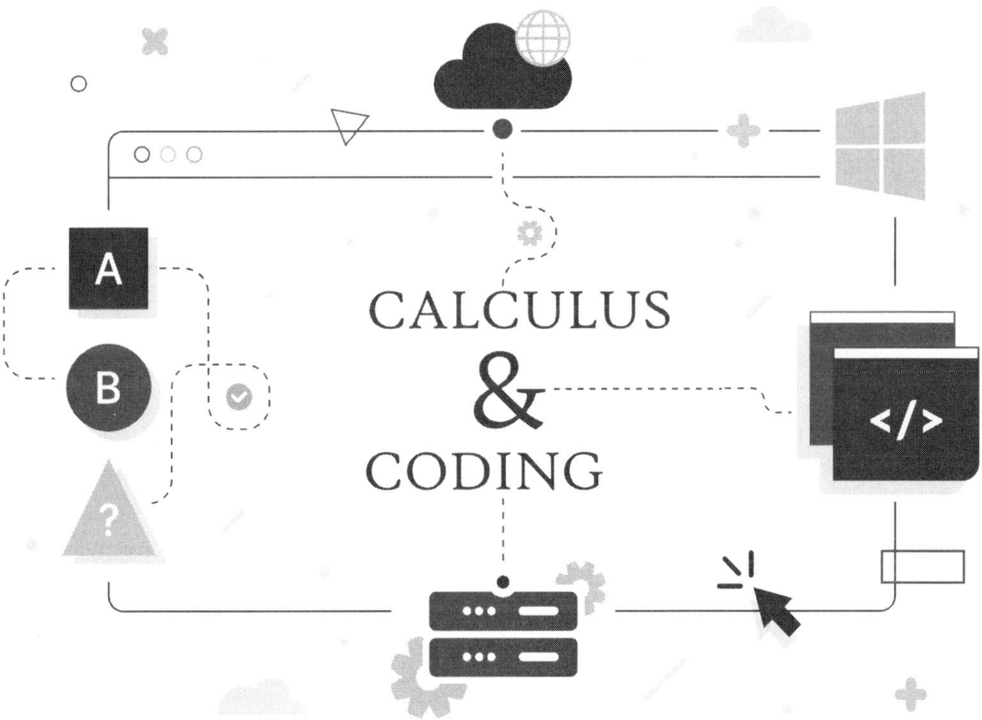

KM 경문사

서문

이 책은 대학 과정의 미적분학 지식 전반을 필요로 하는 **마이스터 고등학교 졸업생**은 물론 **문-이과 구분없이 모든 대학 신입생**과 직장인 및 평생교육기관에서 사용하는데 최적화된 교재이다.

Math & Coding을 활용하여 수학적 배경이 다른 모든 학생이 짧은 시간에 고등학교 수학과 미적분학 1의 내용을 Learning by Doing으로 습득하고 실제 현장에서의 문제해결력을 갖추도록 만드는 데 목적이 있다.

*실습실: http://matrix.skku.ac.kr/KOFAC / http://matrix.skku.ac.kr/KOFAC2/

저자

◤ 주저자 이상구 교수 (성균관대학교 수학과)

학력/경력/연구성과 목록: http://matrix.skku.ac.kr/sglee/vita/LeeSG.htm

◤ 공저자: 김응기 박사

1993년 성균관대학교에서 해석학과 계산수학으로 이학박사 학위를 받았다. 성균관대학교 BK21 수학적 모델링 HRD 사업단 박사 후 연구원을 거치며 대학수학교육 분야의 연구를 수행하고 있다. 본서의 코드를 개발하였으며, 저서로는 『Calculus with Sage』, 『최신 공학수학 with Sage』 등이 있다.

◤ 공저자: 이재화 박사

2009년 중국과학원에서 최적화이론과 계산수학으로 이학박사 학위를 받았다. 성균관대학교 BK21 수학적 모델링 HRD 사업단 박사 후 연구원을 거치며 첨단과 전통 수학을 연결하는데 관심을 갖고, 계산수학과 사회수학 분야의 연구를 수행하고 있다. 최근 대학수학교육과 동아시아 수학사에 관한 다수의 논문을 발표하고, 본서의 코드를 개발하였다. 현재 성균관대학교 에너지환경융합 KIURI 연구단의 박사 후 연구원으로, 『(빅북) 선형대수학』, 『최신 공학수학 with Sage』, 『인공지능을 위한 기초수학 입문』(공저) 등의 저서가 있다.

미적분학을 배우는 이유

인류의 역사를 돌아보면, 계산, 측량, 달력(曆)의 제작을 위해 주로 사용된 수학과 천문학으로부터 지렛대(lever)의 법칙이나 빛의 반사법칙과 같은 과학 기술의 이론과 실제는 인류 문명의 영원한 유산이 되었다. 특히 근대에 접어들면서 수학과 과학은 역사를 바꾸는 원동력으로 강하게 작용하게 되었고, 이를 통해 인간정신은 종교적인 세계로부터 해방되기도 하였다. 또한 과학을 통해 이루어진 실제적인 여러 변화는 전통과 낡은 생활방식을 해소시키고 근대문명의 성격을 형성하는 데 크게 이바지했다. 세계 4대문명을 대표하는 고대 민족들은 각각 독자의 문화를 형성했지만, 숫자, 계산법, 도량형, 시간계측, 측정, 작도와 같은 '기초수학'이 사회의 필요로 생겨나고 공통적으로 『수학(Mathematics)』이 사회를 지탱하는 중요한 역할을 했다. 『수학』은 질병, 무역, 전쟁, 경쟁으로 제기된 다양한 문제들을 인류가 해결하며 사회가 발전하는 과정에서 중요한 역할을 해왔다. 수학적 연구 성과를 이용해온 분야는 물리, 천문학뿐만 아니라 생물학, 지질학, 사회학, 경제학. 또는 회화, 조각에 이르기까지 광범위하다. 현대에는 일상의 전자제품, 운전제어, 교통관리, 물류, 금융, 보험, 인공지능, 주식운용까지 그야말로 사회전반에 걸쳐 수학문화의 시대가 펼쳐진 것이다.

대포의 성능 발전과 항해술의 발달에 기여한 『미적분학(Calculus)』의 발전을 주도하면서 서양은 지난 400년간 군사력과 문명을 지배하였다. 미적분학은 변화를 관찰하고, 관찰을 통해 미래를 예측을 할 수 있기에 중요하다. 우리가 배우고 있는 함수들은 실생활에서 값 (결과)의 관계를 표현해주고 미분은 이러한 결과의 변화를 표현하는 중요한 역할을 한다. 현재 우리가 살아가고 있는 사회는 끊임없이 변화하고 있고 삶을 살아가면서 무수한 선택을 한다. 이때 미적분을 활용한 예측을 하면 손해를 최소화하고, 이익을 극대화하는 선택을 할 수 있고, 현재보다 더 나은 미래를 선택하기 위한 많은 합리적인 의사결정을 가능하게 해준다. 특히 일상 생활속에서 만들어지는 수많은 데이터를 관찰하는 데에서만 그치지 않고, 그 패턴을 파악하고 수학적 분석을 통하여 규칙이나 법칙을 발견하면서, 미적분학은 다음과 같은 여러 분야에서 유용하게 쓰이고 있다.

(1) 물리학 : 속도, 가속도, 밀도, 전류, 힘 등
(2) 화학 : 반응률, 압축률, 온도변화율 등
(3) 생물학 : 군락의 성장률, 혈액의 속도변화율 등
(4) 경제학 : 한계비용, 한계이익 등
(5) 지질학 : 열전도율 등
(6) 사회학 : 유언비어 확산율 등
(7) 기상학: 온도와 습도, 풍속과 풍향, 기압과 강수량 등의 요소를 초기값으로 하고 시간에 대한 미분방정식을 세워 일기예측
(8) 인공지능: 다변수 미적분학(Multivariable calculus)의 경사 하강법과 편미분은 딥러닝에서 가장 핵심적인 지식

미적분학(Single variable Calculus)

주(월*일)	진 도	비 고 (교안/실습실/동영상강의)
1	강좌 소개 및 복습 (Math & Coding) 9학년(중3) 수학, 10학년(고1) 수학	http://matrix.skku.ac.kr/S-calculus/W1/ https://youtu.be/dvreK7t4UIY
2	복습: 11학년(고2) 수학 1, 수학 2	http://matrix.skku.ac.kr/S-calculus/W2/ https://youtu.be/j0EI6z2xjSw
3	복습: 12학년(고3) 미적분 함수의 그래프와 방정식의 해	http://matrix.skku.ac.kr/S-calculus/W3/ https://youtu.be/2k0PJ4zs9q4 https://youtu.be/zQnjYU4pyR8
4	역삼각 함수, 쌍곡선 함수, 역쌍곡선 함수	http://matrix.skku.ac.kr/S-calculus/W4/ https://youtu.be/JFAsjc3E70U
5	함수의 극한, 극한 정리 연속함수, 중간값 정리	http://matrix.skku.ac.kr/S-calculus/W5/ https://youtu.be/Didz3qkHCqM https://youtu.be/Vde0ah_FcJo
6	도함수, 접선의 방정식, 미분 법칙	http://matrix.skku.ac.kr/S-calculus/W6/ https://youtu.be/269uVGhQg6s
7	연쇄법칙, 음함수의 미분법 매개변수함수, 매개변수함수의 미분법	http://matrix.skku.ac.kr/S-calculus/W7/ https://youtu.be/1bnoS27s1xw
7-1	발표평가/중간고사	https://youtu.be/CYLugm1mFN8 https://youtu.be/j7josDk1Bg8 https://youtu.be/iEtNpeBzY90
8	삼각함수 미분법, 역삼각함수 미분법 지수함수 미분법, 로그함수 미분법, 선형근사	http://matrix.skku.ac.kr/S-calculus/W8/ https://youtu.be/9aSLI9cG4ZM
9	쌍곡선함수 미분법, 역쌍곡선함수 미분법 평균값 정리, 로피탈의 법칙(부정형의 극한)	http://matrix.skku.ac.kr/S-calculus/W9/ https://youtu.be/YMJcVIbwy6M
10	극댓값과 극솟값(최댓값, 최솟값)	http://matrix.skku.ac.kr/S-calculus/W10/ https://youtu.be/gQYucuXMYgc
11	부정적분, 치환 적분법, 부분 적분법 정적분, 정적분의 기본정리, 이상적분	http://matrix.skku.ac.kr/S-calculus/W11/ https://youtu.be/6EhJxj8n_-E
12	넓이, 부피, 호의 길이, 극좌표, 극방정식 극좌표의 그래프, 넓이와 길이	http://matrix.skku.ac.kr/S-calculus/W12/ https://youtu.be/xKu-ajdhNyY https://youtu.be/uOThnTVZPvw
13	수열, 급수, 급수의 수렴, 발산 판정법 거듭제곱 급수에 의한 함수의 표현 테일러 급수와 매클로린 급수	http://matrix.skku.ac.kr/S-calculus/W13/ https://youtu.be/yGhJ7yoX1XI https://youtu.be/jBsj6gPg-gM
14/15	[종합평가] PBL 보고서 / Project 발표 / 기말고사	

차례 Contents

0주차 수학과 코딩(Math & Coding), SageMath 소개

학습목표	이번 주차에서는 수학과 코딩(Math & Coding)과 본 강좌에서 사용하는 SageMath에 대하여 소개한다.
핵심개념	수학, 코딩, SageMath
실습실	http://matrix.skku.ac.kr/2018-album/Math-Coding.htm http://matrix.skku.ac.kr/S-calculus/W1/ https://youtu.be/nZlOKfW6XVY (27분)

본 교재는 Math & Coding 방식으로 진행된다. 즉 수학 개념과 설명 및 기본 예제 외에 이를 해결하는 코드가 미리 입력되어 있다. 따라서 비슷한 유형의 문제들은 코드를 보면서 함수와 조건 등을 바꾸어 모두 해결할 수 있게 된다. Open Problem들을 통하여 얻은 결과들을 공유하며 토론하는 과정을 거치면서, 모든 학생이 학습시간은 대폭 줄이면서도, 본 강좌가 요구하는 수준의 문제해결력은 물론 필요한 개념에 대한 더 깊은 이해와 결과물의 문서화 및 발표 능력을 키우게 된다.

본 교재에서 사용하는 언어는 파이썬(Python) 기반의 SageMath이다. 미적분학에서 사용되는 계산은 주로 다음 웹사이트를 참조하면 된다.

http://matrix.skku.ac.kr/Lab-Book/Sage-Lab-Manual-1.htm
http://matrix.skku.ac.kr/cal-book/Appnd/

몇 가지 예시 명령어는 다음과 같다. 외우지 않아도 되니 한 번 쭉 살펴보고 명령어를 복사하여 **http://matrix.skku.ac.kr/KOFAC/, http://sage.skku.edu/, http://mathlab.knou.ac.kr:8080/, https://sagecell.sagemath.org/**에서 실행해보기를 권한다.

[SageMath 명령어 소개]

정수 ZZ, 유리수 QQ, 실수 RR, 복소수 CC

sqrt(2) in QQ	# sqrt(2) 가 유리수인가? http://matrix.skku.ac.kr/KOFAC/
False	# 답: 아니다.

I (또는 i) 는 복소수를 나타낸다.

i^2	# i^2 은 무엇인가?
−1	
I in CC	# i 는 복소수 인가?
True	# 답: 맞다. i 는 복소수이다.

리스트 생성 **[실습은 http://matrix.skku.ac.kr/KOFAC/ 에서 하세요!]**

[1..7]	# 1 부터 7 사이의 정수를 나열하라
[1, 2, 3, 4, 5, 6, 7]	
[4..9]	# 4 부터 9 사이의 정수를 나열하라
[4, 5, 6, 7, 8, 9]	

집합 생성

A = Set([2, 3, 3, 3, 2, 1, 8, 6, 3]) A	# A를 집합이라 하자 # 집합 A를 표시하여라
{1, 2, 3, 6, 8}	# 집합 A= {1, 2, 3, 6, 8} 이다.

원소의 개수

A.cardinality()	# 집합 A의 원소의 개수는?
5	

집합 연산

```
B = Set([8, 6, 17, −4, 20, −2])
B
```

```
{17, 20, 6, 8, −4, −2}
```

```
print(A.union(B))                # A union B 집합은?
print(A.intersection(B))         # A intersection B 집합은?
```

```
{1, 2, 3, 6, 8, 17, 20, −4, −2}
{8, 6}
```

등호(=)를 사용하여 저장 (오른쪽의 값이 왼쪽의 변수로)

```
s = 12                           # s를 12로 놓자
s
```

```
12
```

```
t = 7                            # t를 7로 놓자
t = t + 1                        # t+1=7+1 을 t로 놓자
t
```

```
8
```

```
f(x) = x^2 + x + 1               # f(x)를 정의하자^^
f(27)                            # f (27) 값은?
```

```
757
```

max() 는 가장 큰 수, min()은 가장 작은 수

```
max(1, 5, 8)
```

```
8
```

절댓값 abs()

```
abs(−10)
```

```
10
```

극한

$$\lim_{x \to 1} \frac{x^3 - 1}{x - 1}$$

```
limit((x^3 − 1)/(x − 1), x = 1) # limit(f(x), x = a), 극한값을 구한다
```

```
3
```

미분

$F(x) = (3x^2 - 5)(2x^4 - x)$을 미분하라.

```
var('x')
F(x) = (3*x^2 − 5)*(2*x^4 − x)
diff(F(x), x)                # diff(f(x), x)   f(x)를 x에 관하여 미분, 도함수를 구한다.
```

```
(3*x^2 − 5)*(8*x^3 − 1) + 6*(2*x^4 − x)*x
```

음함수(Implicit functions)

$x^3 + y^3 = 6xy$을 그려라.

```
var('x, y')                  # implicit_plot(equation, (x, a, b), (y, c, d)), 음함수의 그래프를 그린다.
implicit_plot(x^3 + y^3 == 6*x*y, (x, −5, 5), (y, −5, 5))
```

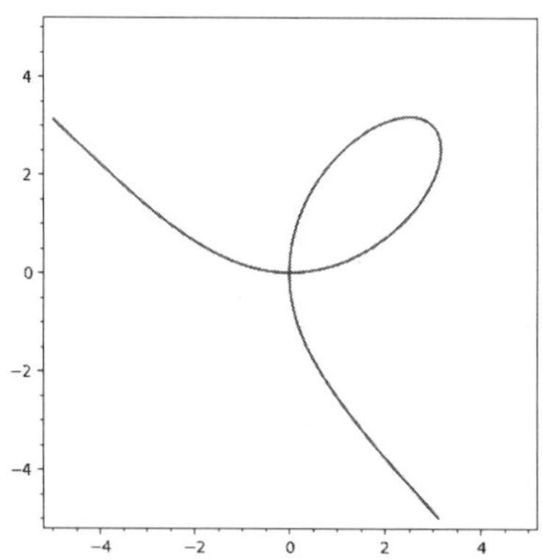

Taylor 급수

$x=\frac{\pi}{3}$ 에서 $g(x)=\sin x$의 5차 Taylor 다항식을 구하라.

```
g(x) = sin(x)
g(x).taylor(x, pi/3, 5)                # g(x)의 5차 Taylor 다항식을 구한다.
```

```
-1/6*pi - 1/58320*(pi - 3*x)^5 + 1/3888*(pi - 3*x)^4*sqrt(3) + 1/324*(pi - 3*x)^3 -
1/36*(pi - 3*x)^2*sqrt(3) + 1/2*x + 1/2*sqrt(3)
```

적분

$\int \frac{x^2}{\sqrt{9-x^2}}dx$을 구하라.

```
f(x) = x^2/sqrt(9 - x^2)
integral(f(x), x)                # integral(f(x), x): f(x)를 x에 관하여 부정적분
```

```
-1/2*sqrt(-x^2 + 9)*x + 9/2*arcsin(1/3*x)
```

$\int_0^3 (x^3-6x)dx$을 구하라.

```
f(x) = x^3 - 6*x
integral ( f(x), x, 0, 3 )                # integral(f(x), x, a, b): y=f(x)를 x=(a, b) 구간에서 정적분
```

```
-27/4
```

Polar coordinate (극좌표)

곡선 $r=1+\sin\theta$을 그려라.

```
theta = var('theta')
polar_plot (1 + sin(theta), (0, 2*pi))    # polar_plot(function, (a, b)), function은 극방정식을 따른다.
```

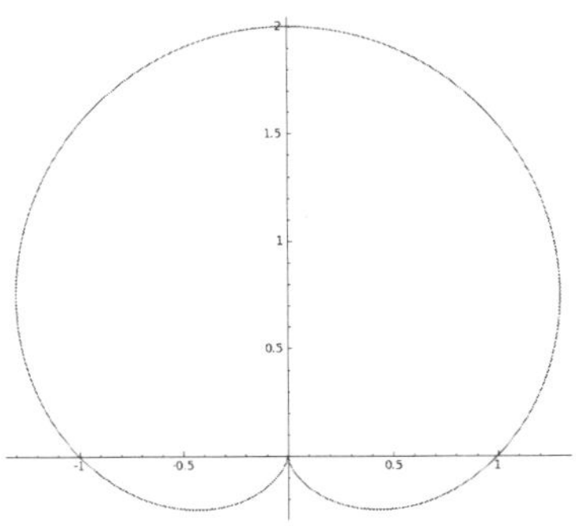

Parametric equations (매개변수방정식)

매개변수 방정식 $x = t - \sin t$, $y = 1 - \cos t$, $0 \le t \le 2\pi$을 그려라.

```
var ('t')                                          # 매개변수방정식의 그래프를 그린다.
parametric_plot ( (t − sin(t), 1 − cos(t)) , (t, 0, 2*pi) )
```

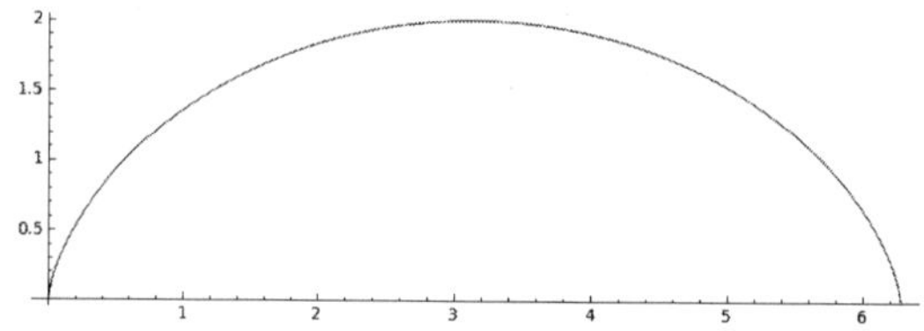

Infinite Series (무한급수)

급수 $\sum_{k=1}^{\infty} \frac{1}{(k+2)(k+3)}$ 의 합을 구하라.

```
var ('k')
sum ( 1/((k + 2)*(k + 3)) , k, 1, oo )    # 무한급수의 값을 구한다.
```

1/3

Week 0 과제

아래 파일을 읽고 첫 수업 전에 Q&A에 느낀점과 자기소개 및 본 강좌를 수강하는 동기를 적어서 QnA 제출/공유하고 강의실에서 만납시다.

http://matrix.skku.ac.kr/math4ai/Math-DongA-MathCoding.pdf

(참고: http://matrix.skku.ac.kr/2021-W-Final-PBL/ 의 마지막 페이지)

읽을거리 0

주니어폴리매스 코딩으로 '함수와 그래프' 정복하기

http://www.polymath.co.kr/contents/view/1383?page=1

1. Calculus (미분적분학 1, 2)

미분적분학 실습실: **http://matrix.skku.ac.kr/SKKU-Calculus-LAB/**

미분적분학 교재 (English, Python): http://matrix.skku.ac.kr/Cal-Book/

Single Variable Calculus: http://matrix.skku.ac.kr/Cal-Book/part1/part1.html

Multivariate Calculus: http://matrix.skku.ac.kr/Cal-Book/part2/part2.html

미적분학 문제/풀이 http://matrix.skku.ac.kr/cal-book/

piecewise 함수 그리기 : http://matrix.skku.ac.kr/cal-book/part1/CS-Sec-2-2-Sol.html

양방향 그래프 그리기 : http://matrix.skku.ac.kr/cal-lab/sage-grapher.html

매개변수 함수 Grapher : http://matrix.skku.ac.kr/cal-lab/sage-grapher-para.html

극좌표 함수 Grapher : http://matrix.skku.ac.kr/cal-lab/sage-grapher-polar.html

음함수 Grapher : http://matrix.skku.ac.kr/cal-lab/sage-grapher-imp.html

2. 공학수학 (교재, python 언어) http://www.hanbit.co.kr/EM/sage/

3. BigData 와 통계(R 언어) http://matrix.skku.ac.kr/E-Math/

4. Math for BigData http://matrix.skku.ac.kr/2017-Album/2017-Math-Modeling.htm

중고등수학(복습)

1 주차 강좌 소개 및 복습(중3 수학, 고1 수학)

학습목표	이번 주차에서는 본 강좌에 대하여 소개하고, **중 3 수학, 고1 수학 내용**을 문제와 함께 간단히 복습한다. https://youtu.be/dvreK7t4UIY (20분)
핵심개념	강좌 소개, 중 3 수학, **고 1 수학,** https://youtu.be/dvreK7t4UIY (20분)
실습실	http://matrix.skku.ac.kr/S-calculus/W1/ http://matrix.skku.ac.kr/9th-Grade/ http://matrix.skku.ac.kr/10th-Grade/

1. [대입수능 기출문제, https://www.suneung.re.kr/] $\sqrt{16}-(-\sqrt{11})^2+\sqrt{\left(-\frac{3}{5}\right)^2}\times(\sqrt{10})^2$의 값을 구하여라.

답안 $\sqrt{16}-(-\sqrt{11})^2+\sqrt{\left(-\frac{3}{5}\right)^2}\times(\sqrt{10})^2=4-11+\frac{3}{5}\times 10=-1$

참고 https://mathbang.net/254 동영상 https://youtu.be/47XpQPO70LU

실습실 **http://matrix.skku.ac.kr/KOFAC/**

```
sqrt(16) - pow(-sqrt(11), 2) + sqrt(pow(-3/5, 2))*pow(sqrt(10), 2) # 값 구하기
```

```
-1
```

답. $\sqrt{16}-(-\sqrt{11})^2+\sqrt{\left(-\frac{3}{5}\right)^2}\times(\sqrt{10})^2$를 계산하면 그 값은 −1이다. ■

2. [대입수능 기출문제, https://www.suneung.re.kr/] 다음 중 $(a+b)x^2-(a+b)y^2$를 인수분해 하여라.

답안 $(a+b)x^2-(a+b)y^2=(a+b)(x^2-y^2)=(a+b)(x+y)(x-y)$

참고 https://url.kr/o3limg 동영상 https://youtu.be/6pQVhPBrfbw

실습실 **http://matrix.skku.ac.kr/KOFAC/**

```
var ('x, y, a, b')
factor ((a + b)*pow(x, 2) - (a + b)*pow(y, 2))          # 인수분해 값 구하기
```

```
(a + b)*(x + y)*(x - y)
```

답. 공통인수 (a + b)로 먼저 묶으면, (a + b)*(x + y)*(x − y). ■

3. **이차방정식 $x^2 - mx - n = 0$ 의 근이 $-3,\ 2$ 일 때, 상수 m, n에 대하여 각각 구하여라.**

답안 [대입수능 기출문제, https://www.suneung.re.kr/]

f(−3) =0 and, f(2) =0 → $(x+3)(x-2) = 0$ 에서 $x^2 + x - 6 = 0$

$\therefore m = -1,\ n = 6$

참고 https://bhsmath.tistory.com/237 **동영상** https://youtu.be/hytCV63zces

```
var ('m, n')
f(x) = x^2 − m*x − n
solve([f(−3) == 0, f(2) == 0], m, n)      # m, n값 구하기
```

```
[[m == −1, n == 6]]
```

답. $x^2 - mx - n = 0$ 의 근이 $-3,\ 2$ 이므로 두 근으로 이차방정식을 만들면 $(x+3)(x-2) = 0$ 이고 이것을 전개하면 $x^2 + x - 6 = 0$ 을 얻을 수 있으므로 $m = -1$, $n = 6$ 이다. ■

4. **이차함수 $y = ax^2 + b\ (a \geq 1)$인 그래프를 그리시오.**

참고 https://mathbang.net/479 **동영상** https://youtu.be/delzyKxn2CM

실습실 **http://matrix.skku.ac.kr/KOFAC/**

```
@interact                                # slider를 이동하면서 실습하세요^^
def _(a = slider(1, 10, step_size = 1, default = 1, label = "a", display_value = True),b = slider(−10, 10, step_size = 1, default = 0, label = "b", display_value = True)):
    f(x) = a*x^2 + b                     # 함수 y
    print("y =", f(x))
    print("a =", a, "b = ", b)
    p1 = plot(f(x), (x, −10, 10))        # f(x) 그리기
    show(p1, ymax = 10, ymin = −10, aspect_ratio = 1)
```

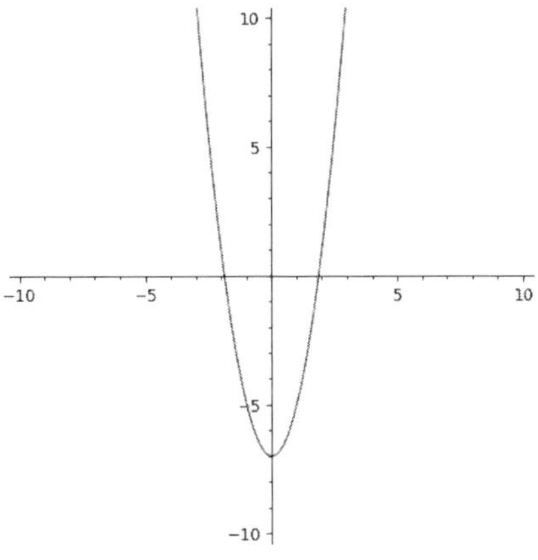

답. a가 양수이므로 그래프는 아래로 볼록이다. 그리고 b의 부호에 따라 포물선의 꼭지점이 움직인다. b의 값이 양수이면 포물선의 꼭지점은 위로 움직이고 b의 값이 음수이면 포물선의 꼭지점은 아래쪽으로 움직인다. ■

5. 두 다항식 $A = x^3 + 2x^2 - x + 1$, $B = 2x^3 + x^2 - 5x - 4$에 대하여 $2A - 3(A - B)$를 구하여라.

참고 https://mathbang.net/309 **동영상** https://youtu.be/x9iU90LmoWc

```
var('x')                                    # 변수 선언
A = x^3 + 2*x^2 − x +1                      # 다항식 입력
B = 2*x^3 + x^2 − 5*x − 4                   # 다항식 입력
print ('2*A − 3*(A − B) =', 2*A − 3*(A − B))  # 연산
```

답. 2*A−3*(A−B) = 5*x^3 + x^2 − 14*x − 13 ■

6. 다음 식을 인수분해하시오.

$x^4 - 3x^3 + x^2 + 3x - 2$

참고 https://mathbang.net/341 **동영상** https://youtu.be/ZpHUEC5AC6c

```
factor(x^4 − 3*x^3 + x^2 + 3*x − 2)         # 인수분해
```

답. (x + 1)*(x − 1)^2*(x − 2) ■

7. 조립제법을 이용하여 다항식 $x^3 + 4x^2 - 5$를 일차식 $x + 3$로 나눌 때의 몫과 나머지를 구하여라.

참고 https://mathbang.net/313 **동영상** https://youtu.be/SSLE5Oquq0Q

```
f(x) = x^3 + 4*x^2 − 5
g(x) = x + 3
quo, rem = f.maxima_methods().divide(g)
print("몫: ", quo)
print("나머지: ", rem)
```

몫: x^2 + x − 3, 나머지: 4

답. $x^3 + 4x^2 - 5 = (x + 3)(x^2 + x - 3) + 4$. ■

8. 다음 이차방정식 $-2x^2-3x-1=0$의 해를 구하고 그래프로 표현하여라.

참고 https://mathbang.net/335 **동영상** https://youtu.be/yu3z5GovdbM

실습실 **http://matrix.skku.ac.kr/KOFAC/**

```
f(x) = −2*x^2 − 3*x − 1
show (plot(f(x), (x, −2, 1)))
solve (f(x) == 0, x)                    # 이차방정식의 해
```

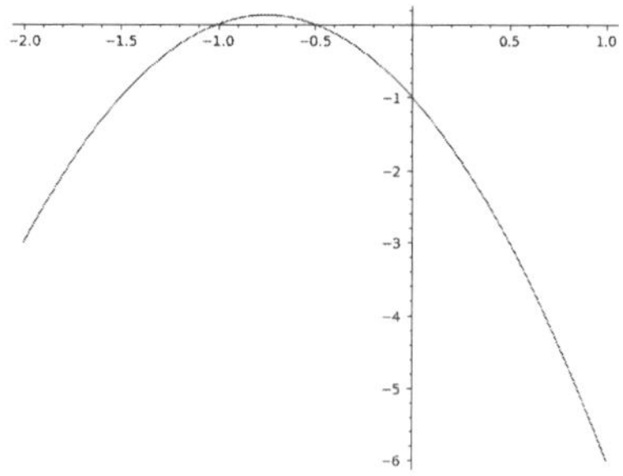

답. [x == (−1/2), x == −1] ■

9. 연립방정식 $\begin{cases} x-y=-1 \\ 2x^2-xy=2 \end{cases}$의 해를 구하여라.

답안 $\begin{cases} x-y=-1 & \cdots\cdots ① \\ 2x^2-xy=2 & \cdots\cdots ② \end{cases}$

①에서 $y=x+1$을 ②에 대입하면

$2x^2-x(x+1)=2,\ x^2-x-2=0$

$(x-2)(x+1)=0$

$\therefore\ x=2$ 또는 $x=-1$

따라서 주어진 연립방정식의 해는 다음과 같다.

$\begin{cases} x=2 \\ y=3 \end{cases}$ 또는 $\begin{cases} x=-1 \\ y=0 \end{cases}$

참고 https://mathbang.net/14 **동영상** https://youtu.be/usk41nEJ1Js

실습실 **http://matrix.skku.ac.kr/KOFAC/**

```
var ('x, y')
solve ([x − y == −1, 2*x^2 − x*y == 2], x, y)
```

[[x == −1, y == 0], [x == 2, y == 3]]   # $(-1,0)$ 과 $(2,3)$

답. $\begin{cases} x-y=-1 \\ 2x^2-xy=2 \end{cases}$의 해는 $(-1,0)$, $(2,3)$이다. ■

10. **두 점** $A(-1,\ 1)$, $B(a,\ b)$**를 이은 선분** AB**를** $1:2$**로 내분하는 점** P**의 좌표가** $(1,\ 0)$ **일 때,** a, b**의 값은?**

답안 두 점 $A(-1,\ 1)$, $B(a,\ b)$를 이은 선분 AB를 $1:2$로 내분하는 점 P의 좌표는 $P\left(\dfrac{1\times a+2\times(-1)}{1+2},\ \dfrac{1\times b+2\times 1}{1+2}\right)$이므로 $\dfrac{a-2}{3}=1$, $\dfrac{b+2}{3}=0$를 풀면 $a=5$, $b=-2$이다.

참고 https://mathbang.net/439 **동영상** https://youtu.be/mmcN7fOXOjA

실습실 **http://matrix.skku.ac.kr/KOFAC/**

```
var('a, b')
solve([(2*(−1) + a)/3 == 1, (2*1 + b)/3 == 0], a, b)
```

```
[[a == 5, b == −2]]
```

답. $a=5$, $b=-2$이다. ■

11. **두 점** $A(-1,\ a)$, $B(a,\ 2)$ **사이의 거리가** $\sqrt{17}$**일 때, 양수** a**의 값은?**

답안 $\overline{AB}=\sqrt{(a+1)^2+(2-a)^2}=\sqrt{17}$

양변을 제곱하여 정리하면

$2a^2-2a-12=0$ $\qquad$ $a^2-a-6=0$, $(a+2)(a-3)=0$

$a=-2$ 또는 $a=3$ $\qquad$ 따라서 양수(positive) a의 값은 3

참고 https://mathbang.net/138 **동영상** https://youtu.be/jz3A_ZqZbFU

```
var ('a')
solve ((a + 1)^2 + (2 − a)^2 == 17, a)
```

```
[a == 3, a == −2]
```

답. $A(-1,\ a)$, $B(a,\ 2)$ 사이의 거리가 $\sqrt{17}$일 때 $a=-2$ 또는 $a=3$.
따라서 양수 a의 값은 3이다. ■

12. 주어진 점과 반지름을 이용하여 원의 방정식을 구하여라.

$$\text{중심점 } (-1, 2),\ \text{반지름 } r = 3$$

참고 https://mathbang.net/454 **동영상** https://youtu.be/Hz3_Cqb0yr8

실습실 **http://matrix.skku.ac.kr/KOFAC/**

```
var('x, y')  # 중심 (−1, 2), 반지름 r = 3 인 원의 방정식 (x+1)^2+(y−2)^2 = 9 을 그려보자.
implicit_plot((x + 1)^2 + (y − 2)^2 == 9, (x, −5, 3), (y, −2, 6))
```

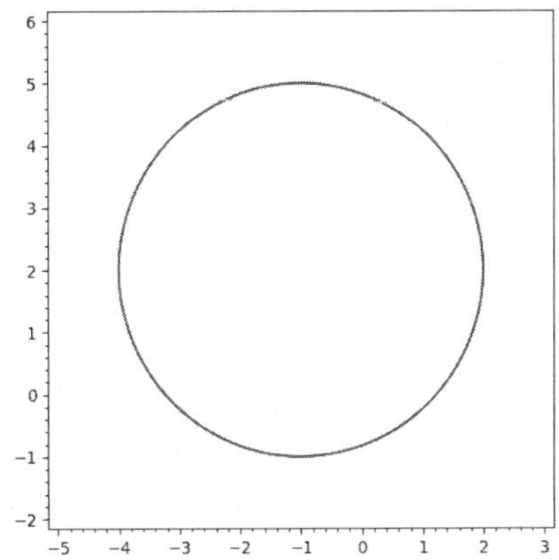

답. 주어진 원의 방정식은 $(x+1)^2+(y-2)^2=9$ 이다. ■

13. 전체집합 $U=\{x \mid x\text{는 } 10\text{ 이하의 자연수}\}$의 두 부분집합

$$A=\{2,\ 4,\ 6,\ 8\},\ B=\{1,\ 2,\ 3,\ 4,\ 6\}$$

에 대하여 집합 A^c-B를 구하여라.

참고 https://mathbang.net/289

동영상 https://mathbang.net/11 **동영상** https://youtu.be/Ak3SkXJMeUg

```
U = Set([1..10])                               # 집합 생성
A = Set([2, 4, 6, 8])
B = Set([1, 2, 3, 4, 6])
C = (U.difference(A)).difference(B)            # 차집합, 여집합 A^c =U.difference(A))
print (C)                                      # 집합 C = A^c − B
```

{9, 10, 5, 7}

답. $A^c-B=\{5, 7, 9, 10\}$ 이다. ■

■ **고1 수학 문제집** http://matrix.skku.ac.kr/K-10-RMPG/ (이상구 교수팀이 개발하여 ㈜프로키언 (대표: 이재윤)에 기술 이전한 특허 기술 RMPG(Random Math Problem Generator) (특허등록번호 : 10-1560802)이 적용된 작품입니다.)

과제 (Open Problem)

Week 1 과제 (1) 위의 실습실을 둘러보시고, 유사한 문제를 코드를 바꾸면서 풀어보세요. (2) 그 후 궁금한 어떤 질문 또는 할 수 있게 된 일 및 학습하는 과정에서 배우거나 느낀 내용 또는 본인의 문제를 직접 풀어보고 구한 답을 간단하게 I-campus 강의실 BBS(QnA 또는 문의게시판)에 공유하세요. (3) 중간고사 전에 본인이 풀어보고 공유하거나, 질문하거나, 답변한 문제/내용들을 모아서 제출하고 발표하게 됩니다.

[수원 방화수류정]

2주차 복습(고2 수학1, 수학2)

학습목표	이번 주차에서는 고2 수학 1, 2 내용을 문제와 함께 간단히 복습한다.
핵심개념	고 2 수학1, 수학 2 https://youtu.be/j0EI6z2xjSw (80분)
실습실	http://matrix.skku.ac.kr/S-calculus/W2/ http://matrix.skku.ac.kr/11th-Grade-1/ http://matrix.skku.ac.kr/11th-Grade-2/

1. [대입수능 기출문제, https://www.suneung.re.kr/] $4^{-\frac{1}{2}} \times \left(2^{\sqrt{3}}\right)^{\frac{\sqrt{3}}{2}}$ 의 값은?

참고 https://mathbang.net/587 **동영상** https://youtu.be/ofFOKaG-4is

실습실 **http://matrix.skku.ac.kr/KOFAC/**

```
result = 4^(−1/2)*(2^(sqrt(3)))^(sqrt(3)/2)
print (result)
print (result.n(digits=7))
```

답. sqrt(2), $4^{-\frac{1}{2}} \times \left(2^{\sqrt{3}}\right)^{\frac{\sqrt{3}}{2}} = 1.414214$ # 유효숫자 7자리 ■

2. $\log_2 4 - \log_{\frac{1}{3}} 27$의 값은?

참고 https://mathbang.net/595 **동영상** https://youtu.be/ttH3m3jSSvw

http://matrix.skku.ac.kr/KOFAC/

```
result = log(4, 2) − log(27, 1/3)
print (result)
```

답. $\log_2 4 - \log_{\frac{1}{3}} 27 = 5$ ■

3. 원점 O와 점 $P(-2, \sqrt{5})$를 지나는 동경 OP가 나타내는 각의 크기 중 하나를 θ라고 할 때, $\sin\theta$, $\cos\theta$, $\tan\theta$, $\sin\theta\tan\theta - \cos\theta$의 값을 각각 구하시오.

참고 https://calcproject.tistory.com/415?category=864459

동영상 https://youtu.be/8rtkeAzvpYE

http://matrix.skku.ac.kr/KOFAC/

```
a = atan2(sqrt(5), −2)                              # tanθ = √5/−2, θ = atan2(y, x) (−π/2<θ<π/2),
print (sin(a))                                      # sin θ 값의 한 표현
print ()                                            # 빈칸
print (sin(a).simplify_full())                      # sin θ 실제 값
print (cos(a).simplify_full())                      # cos θ
print (tan(a).simplify_full())                      # tan θ
print ((sin(a)*tan(a)−cos(a)).simplify_full())      # sin θ * tan θ − cos θ
```

답. sin(pi − arctan(1/2*sqrt(5))) # sin θ 값의 수학적 표현, $\theta=\pi-\tan^{-1}(\frac{\sqrt{5}}{2})$

sin θ= 1/3*sqrt(5) # sin θ 의 (수치적) 값

cos θ= −2/3 # cos θ 값

−1/2*sqrt(5) # tan θ 값

−1/6 # $\sin\theta\tan\theta-\cos\theta$ 값 ■

4. **함수 $y = a\sin(bx-c)$의 그래프가 아래 그림과 같을 때, 상수 a, b, c의 값은? (단, $a>0, b>0, 0<c<\pi$)**

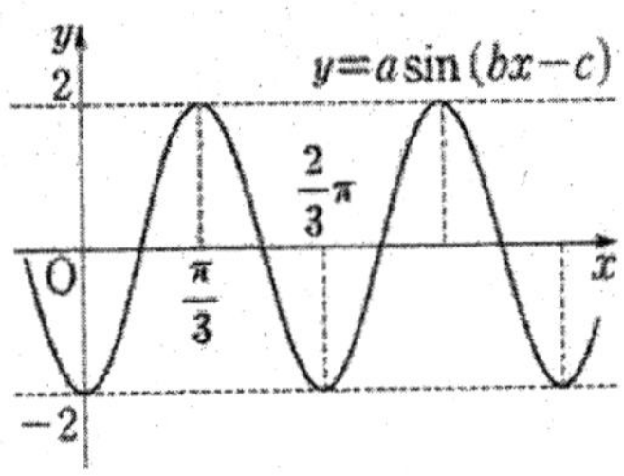

답. $f(x) = 2\sin(3x-\frac{\pi}{6})$

참고 https://m.blog.naver.com/soonenghelper/221346829792

동영상 https://youtu.be/O23p8n-fxlo

http://matrix.skku.ac.kr/KOFAC/

```
var('a, b, c, x')
@interact
def _(a = slider(−5, 5, step_size = 1, default = 1, label = "a", display_value = True),
      b = slider(−5, 5, step_size = 1, default = 1, label = "b", display_value = True),
      c = slider(−2*pi, 2*pi, step_size = pi/12, default = 0, label = "c", display_value = True)):
```

```
f(x) = a*sin(b*x − c)
print("f(x) =", f(x))
print("a =", a, "b =", b, "c =", c)
show(plot(f(x), (x, −5, 5), aspect_ratio = 1, ymin = min(−5, −abs(a) + c), ymax =
max(5, abs(a) + c)))
```

답. f(x) = 2*sin(−1/6*pi + 3*x), a = 2 b = 3 c = 1/6*pi ■

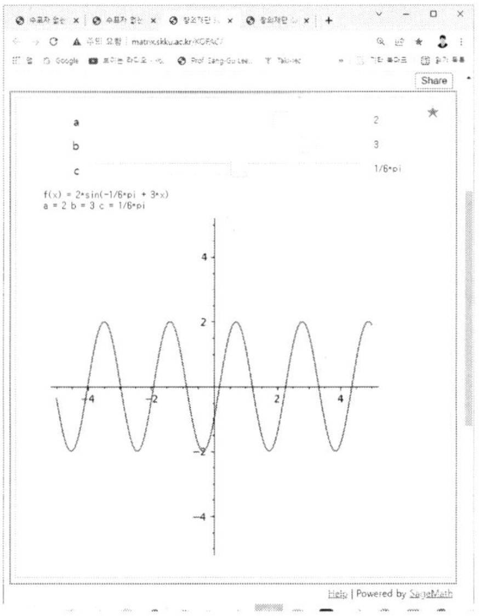

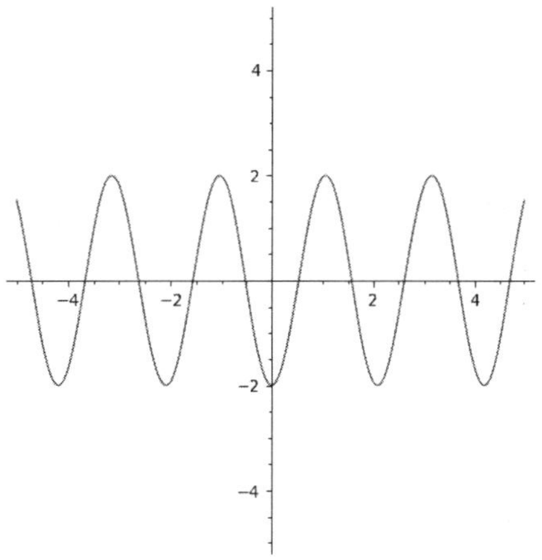

5. 첫째항이 1005, 공차가 -4인 등차수열 $\{a_n\}$에서 처음으로 10보다 작게 되는 항은 몇 번째 항인지 구하시오.

참고 https://mathbang.net/608 **동영상** https://youtu.be/5cYZX47w7gQ

실습실 **http://matrix.skku.ac.kr/KOFAC/ 에서 Sage (또는 python) 언어를 실행**

http://matrix.skku.ac.kr/KOFAC/

```
n, a = 0, 1005          # n 은 index이고 수열의 초기값 a_1 = 1005
while a > 10:           # a_n = 1005 − 4*n + 4, a_n < 10 이 되는 첫 번째 항은?
    a −= 4              # a의 다음 항은 합의 항보다 4가 적은 수
    n += 1              # index는 0 부터 1 씩 커진다, 249*(3/4) = 999/4 >0
print(n + 1)            # a > 10 일때까지 반복했으므로, 그 다음 항에서 10보다 작아짐.
```

답. 250번째 항 ■

5. $a_1 = 1$, $a_{n+1} = a_n + (-1)^n$ $(n = 1, 2, 3, \cdots)$으로 정의된 수열 $\{a_n\}$의 제10항은?

참고 https://bhsmath.tistory.com/169 **동영상** https://youtu.be/ddxNUDUcoP8

실습실 **http://matrix.skku.ac.kr/KOFAC/** **Sage언어를 실행**

http://matrix.skku.ac.kr/KOFAC/

```
a = 1                          # 수열의 초항
for i in range(1, 10):         # a10까지 9번 실행
    print(a)
    a += (-1)^i                # 점화식, a += (-1)**i  in python
print()
print(a)
```

답. a_10 = 0 ■

6. 공비가 r인 등비수열 $\{a_n\}$의 제4항이 8, 제8항이 128일 때, r의 값은? (단, $r > 0$)

참고 https://mathbang.net/611 **동영상** https://youtu.be/wFwQCYN9mcU

http://matrix.skku.ac.kr/KOFAC/

```
var ('a, r')
eq1 = a*r^3 == 8               # 4항이 8
eq2 = a*r^7 == 128             # 8항이 128
solve([eq1, eq2], a, r, solution_dict=True)
```

[{a: -I, r: -2*I}, {a: I, r: 2*I}, **{a: 1, r: 2}**, {a: -1, r: -2}]

답. (r>0 이므로) 우리가 찾는 공비 r = 2 이다. ■

7. 수열 $\{a_n\}$ 이 $a_1 = 1$, $a_{n+1} = a_n + n - 1$ $(n = 1, 2, 3, \cdots)$ 을 만족시킬 때, a_{12} 의 값을 구하라.

답. $a_{n+1} = a_n + n - 1$의 n에 $1, 2, 3, \cdots, n-1$을 차례로 대입하여 변끼리 더하면

$$a_2 = a_1 + 1 - 1$$
$$a_3 = a_2 + 2 - 1$$
$$a_4 = a_3 + 3 - 1$$
$$\vdots$$
$$+\big)\ a_n = a_{n-1} + (n-1) - 1$$

$$
\begin{aligned}
a_n &= a_1 + 1 + 2 + \cdots + (n-1) - (n-1) \\
&= 1 + 1 + 2 + 3 + \cdots + (n-2) \\
&= 1 + \frac{(n-2)(n-1)}{2}
\end{aligned}
$$

$$\therefore a_{12} = 1 + \frac{(12-2)(12-1)}{2} = 1 + \frac{10 \cdot 11}{2} = 56$$

참고 https://mathbang.net/606 **동영상** https://youtu.be/jp-F6PzjfkA

http://matrix.skku.ac.kr/KOFAC/

```
# 점화식
def a(n):
    if n == 1:
        return 1
    else:
        return a(n - 1) + n - 2
print(a(12))
```

답. $a_{12} = 56$ ■

8. 수열 $1, \frac{1}{1+2}, \frac{1}{1+2+3}, \frac{1}{1+2+3+4}, \cdots$의 첫째항부터 제100항까지의 합을 구하여라.

참고 https://mathbang.net/325 **동영상** https://youtu.be/pI4D2Z1ETS0

http://matrix.skku.ac.kr/KOFAC/

```
var ('k, n')
a(n) = sum(k, k, 1, n).expand()     # 1부터 n까지의 합(분모)
b(n) = 1/a(n)                       # 위의 수열
print (b(n))
SS = sum(b(n), n, 1, 100)           # 100항까지의 합
print(SS)
print(SS.n(digits=4))
```

2/(n^2 + n)

답. 200/101 = 1.980 ■

9. $\lim_{x \to -3} \frac{x^2+x-6}{x+3}$ 의 값을 구하여라.

참고 https://hoban123.tistory.com/47 **동영상** https://youtu.be/nKScxhbE7Cc

http://matrix.skku.ac.kr/KOFAC/

```
f(x) = (x^2 + x − 6)/(x + 3)                # 함수 정의
limit (f(x), x = −3)                        # 실제 극한 값 계산
```

답. $\lim_{x \to -3} \frac{x^2+x-6}{x+3} = -5$ ■

10. 함수 $f(x) = x^5 + 5$일 때 $f'(x)$는 얼마인가?

참고 https://j1w2k3.tistory.com/989 **동영상** https://youtu.be/rWTtKGP4JZQ

http://matrix.skku.ac.kr/KOFAC/

```
f(x) = x^5 + 5
diff (f(x), x)                              # f(x)의 도함수 구하기
```

답. $f'(x)$ = 5*x^4 # f(x)의 도함수 ■

11. [https://www.suneung.re.kr/] 곡선 $y = x^3 - x + 3$ 위의 점 $(1, 3)$에서의 접선의 방정식을 구하여라.

참고 https://url.kr/qikrt7 **동영상** https://youtu.be/8RflWNldCV8

http://matrix.skku.ac.kr/KOFAC/

```
f(x) = x^3 − x + 3                          #함수 f(x) 입력
df(x) = diff(f(x), x)                       # f(x)를 x에 대하여 미분
x0 = 1
print("접선의 방정식: y =", f(x0)+df(x0)*(x−x0) )    # 접선의 방정식 구해서 출력하기
p1 = plot(f(x), (x, −3, 3))                 # f(x) 그래프그리기
p2 = plot(f(x0) + df(x0)*(x − x0), (x, −3, 3), color = 'red')    # 접선 그래프 그리기
p1 + p2
```

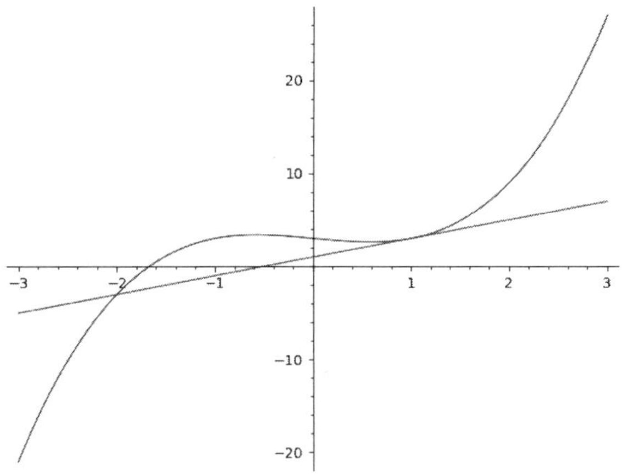

답. 접선의 방정식: y = 2*x + 1 ■

12. **구간** $[-4,\ 2]$**에서 함수** $f(x)=x^3+3x^2-9x-10$**의 최댓값과 최솟값을 구하여라.**

답안 $f(x)=x^3+3x^2-9x-10$에서 $f'(x)=3x^2+6x-9=3(x+3)(x-1)$

$f'(x)=0$에서 $x=-3$ 또는 $x=1$이다.

구간 $[-4,\ 2]$에서 함수 $f(x)$의 증가와 감소를 표로 나타내면 다음과 같다.

x	-4	$\cdots$	-3	$\cdots$	1	$\cdots$	2
$f'(x)$		$+$	0	$-$	0	$+$	
$f(x)$	10	↗	17	↘	-15	↗	-8

따라서 양 끝값과 극값을 비교하면 최댓값: $f(-3)=17$, 최솟값: $f(1)=-15$

참고 https://j1w2k3.tistory.com/490 **동영상** https://youtu.be/Xa16IyL9oJY

http://matrix.skku.ac.kr/KOFAC/

```
f(x) = x^3+ 3*x^2 −9*x −10                                         # 함수 f(x)
df(x) = diff(f(x), x)                                              # f(x)를 미분한 f'(x) 구함
print(solve(df(x) == 0, x))                                        # f'(x)가 0이 되는 x (임계점)
print(f(−4), f(−3), f(1), f(2))
p0 = scatter_plot([[1, f(1)], [−3, f(−3)], [−4, f(−4)], [2, f(2)]])  #극값,양 끝값 표시
p1 = plot(f(x), (x, −4, 2), color = 'black')                       # 함수 f(x) 그리기
p2 = plot(df(x), (x,−4, 2), color = 'red')                         # 함수 f'(x) 그리기
p0 + p1 + p2
```

```
[x == −3, x == 1]
10 17 −15 −8
```

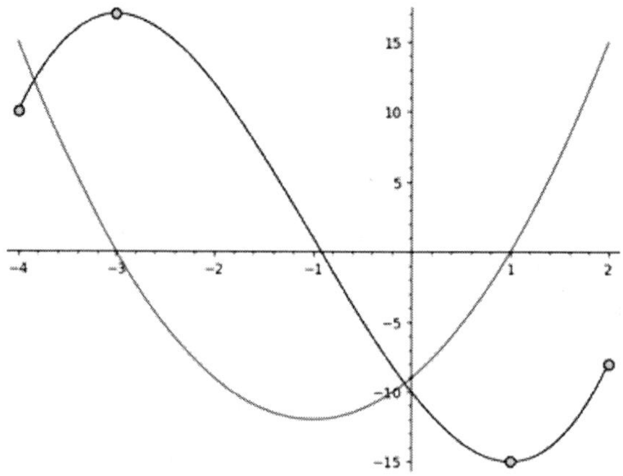

답. 최댓값: $f(-3) = 17$, 최솟값: $f(1) = -15$ ■

13. **다음 부정적분을 구하여라.**

$$\int (2x^2 - 3x + 4)dx$$

참고 https://j1w2k3.tistory.com/690

동영상 https://youtu.be/O6-76l-4ec　　https://youtu.be/83E6EpBsosQ

http://matrix.skku.ac.kr/KOFAC/

```
integral (2*x^2 - 3*x + 4, x)        # 부정 적분(적분상수는 제공하지 않음)
```

답. 2/3*x^3 − 3/2*x^2 + 4*x　# 2/3*x^3 − 3/2*x^2 + 4*x + C ■

14. **다음 정적분 $\int_{-3}^{2} (x^2 + 2x + 4)dx$을 구하여라.**

참고 https://url.kr/yqc6xv　**동영상** https://youtu.be/EpIux-_sNhs

http://matrix.skku.ac.kr/KOFAC/

```
integral (x^2 + 2*x + 4, x, -3, 2)        # 정적분
```

답. $\int_{-3}^{2} (x^2 + 2x + 4)dx = 80/3$ ■

15. **곡선** $y=x^3-3x^2+2x$**와** x**축으로 둘러싸인 부분의 넓이** S**를 구하여라.**

답안 $y=x(x-1)(x-2)$이므로 이 곡선은 x축과 $x=0,\ 1,\ 2$에서 만난다. 따라서 그림에서 구하는 넓이는

$$S_1=\int_0^1(x^3-3x^2+2x)dx=\left[\frac{1}{4}x^4-x^3+x^2\right]_0^1=\frac{1}{4}$$

$$S_2=-\int_1^2(x^3-3x^2+2x)dx=-\left[\frac{1}{4}x^4-x^3+x^2\right]_1^2=\frac{1}{4}$$

$$\therefore\ S=S_1+S_2=\frac{1}{4}+\frac{1}{4}=\frac{1}{2}$$

참고 https://j1w2k3.tistory.com/929 **동영상** https://youtu.be/hmBWRDv5EMw

http://matrix.skku.ac.kr/KOFAC/

```
var ('x')                                   # 변수 선언
f(x) = x^3 - 3*x^2 + 2*x                    # 함수 f(x) 정의
print (integral (abs(f(x)), x, 0, 2))       # x축과 만나는 점의 구간 (0, 2)에서 |f(x)| 를 적분
plot(f(x), (x, 0, 2), fill = True)          # 시각화
```

답. 1/2 ■

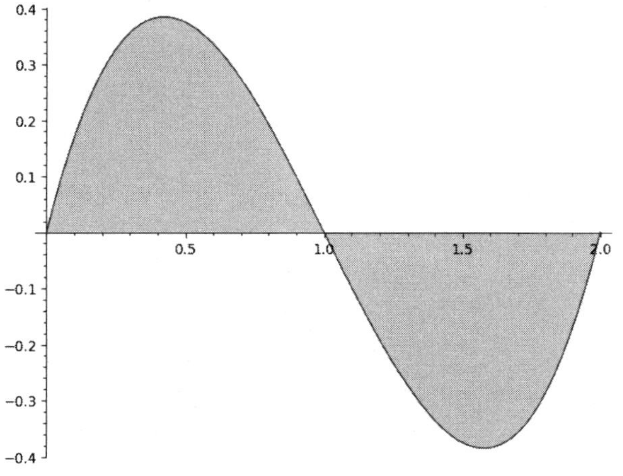

■ **고2 수학 문제집** http://matrix.skku.ac.kr/K-11-2-RMPG/ (이상구 교수팀이 개발하여 ㈜프로키언 (대표: 이재윤)에 기술 이전한 특허 기술 RMPG(Random Math Problem Generator) (특허 등록번호 : 10-1560802)이 적용된 작품입니다.)

과제 (Open Problem)

Week 2 과제 (1) 위의 Week 1 과 Week 2 교안과 실습실을 둘러보시고, 유사한 문제를 코드를 바꾸면서 풀어보세요. (2) 그 후 궁금한 어떤 질문 또는 할 수 있게 된 일 및 학습하는 과정에서 배우거나 느낀 내용 또는 본인의 문제를 직접 풀어보고 구한 답을 [매주 3문제 또는 3개 이상의 질문/답변] 간단하게 I-campus 강의실 BBS(QnA 또는 문의게시판)에 공유하세요. (3) 중간고사 전에 본인이 풀어보고 공유하거나, 질문하거나, 답변한 문제/내용들을 모아서 제출하고 발표하게 됩니다.

3주차 1차시 복습(고3 미적분)

학습목표	이번 주차에서는 **고3 미적분 내용**을 문제와 함께 간단히 복습한다.
핵심개념	고 3 **미적분 https://youtu.be/2k0PJ4zs9q4_** https://youtu.be/BpHb64s8nyY (1차시, 40분)
실습실	http://matrix.skku.ac.kr/S-calculus/W3/ http://matrix.skku.ac.kr/12th-Grade-1/ http://matrix.skku.ac.kr/12th-Grade-2/

1. $\lim_{n\to\infty}\dfrac{n+1}{n^2+n}$ 의 값은 얼마인가?

답안 $\lim_{n\to\infty}\dfrac{n+1}{n^2+n}=\lim_{n\to\infty}\dfrac{1+\dfrac{1}{n}}{n+1}=\dfrac{1}{\infty}=0$

참고 https://iygames.tistory.com/ **동영상** https://youtu.be/T7KRCjx8Zgs

http://matrix.skku.ac.kr/KOFAC/

```
var ('n, i')
f(n) = (n + 1) / (n^2 + n)
ans = limit(f(n), n = +oo)
print ("답: 극한값은 %d 이다"%(ans))
p = plot(f(n), (n, 1, 15), color = 'red')
q = list_plot([(i, f(i)) for i in range(1, 16, 1)], color = 'blue')
show (p + q)
```

답. 극한값은 0이다 ■

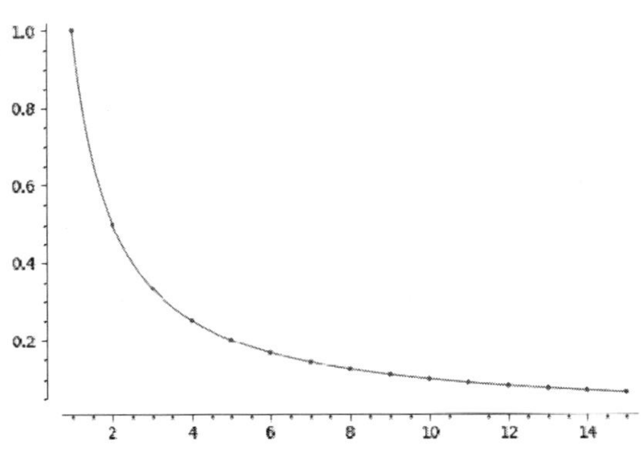

2. 극한 $\lim_{n\to\infty}\frac{7^{n+1}-3}{7^n+3^n}$의 값은 얼마인가?

답안 분자분모를 7^n으로 나누면 극한 값은 7이다.

참고 https://m.blog.naver.com/mindo1103/ **동영상** https://youtu.be/eIrV-PxnXTg

http://matrix.skku.ac.kr/KOFAC/

```
var ('n')
f(n) = (7^(n + 1) − 3) / (7^n + 3^n)
ans = limit(f(n), n = infinity)
print ("답: 분자, 분모를 7^n으로 나누어 n을 무한대로 보내면 극한값은 %d 이다"%(ans))
p = plot (f(n), (n, 1, 15), color = 'orange')
q = list_plot ([(i, f(i)) for i in range(1, 16)], color = 'green')
show (p + q)
```

답. 분자, 분모를 7^n으로 나누어 n을 무한대로 보내면 극한값은 7이다. ■

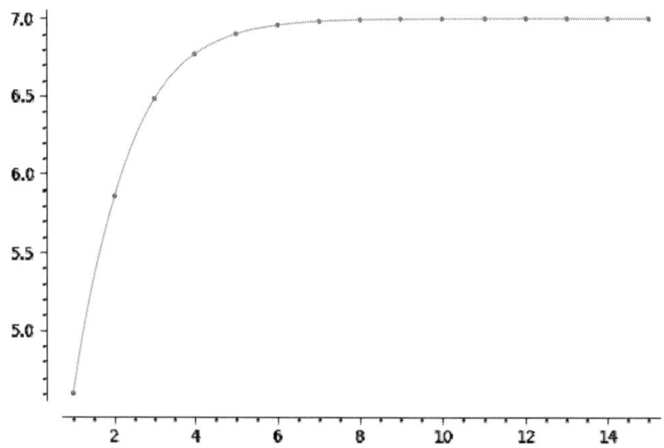

3. $\lim_{n\to\infty} n(\sqrt{n+3}-\sqrt{n})^2$의 값은 얼마인가?

답안 $\lim_{n\to\infty} n(\sqrt{n+3}-\sqrt{n})^2=\lim_{n\to\infty}\frac{n(n+3-n)^2}{(\sqrt{n+3}+\sqrt{n})^2}=\lim_{n\to\infty}\frac{9}{\left(\sqrt{1+\frac{3}{n}}+\sqrt{1}\right)^2}=\frac{9}{4}$

참고 https://m.blog.naver.com/mindo1103/ **동영상** https://youtu.be/eIrV-PxnXTg

http://matrix.skku.ac.kr/KOFAC/

```
var ('n')
f(n) = n*(sqrt(n + 3) − sqrt(n))^2
```

```
ans = limit(f(n), n = oo)
print ("답: 수열 a_n은 수렴하고, 극한값은 %f 이다"%(ans))
p = plot (f(n), (n, 1, 100), color = 'orange')
q = list_plot ([(i, f(i)) for i in range(1, 101, 5)], color = 'green')
show (p + q)
```

답. 수열 a_n은 수렴하고, 극한값은 2.25=9/4이다. ■

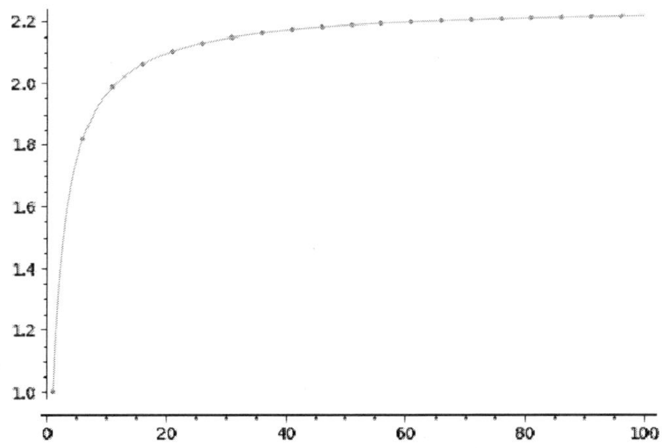

4. 다음 급수의 수렴, 발산을 조사하고, 수렴하면 그 합을 구하시오.

$$1+\frac{1}{3}+\left(\frac{1}{3}\right)^2+\cdots+\left(\frac{1}{3}\right)^{n-1}+\cdots$$

답안 $a_n = (\frac{1}{3})^{n-1}$, $\sum_{n=1}^{\infty}(\frac{1}{3})^{n-1} = \lim_{n\to\infty}\dfrac{1(1-(\frac{1}{3})^n)}{1-\frac{1}{3}} = \frac{3}{2}$이므로 수렴한다.

참고 https://m.blog.naver.com/biomath2k/ **동영상** https://youtu.be/mlGP0tDQM-Q

http://matrix.skku.ac.kr/KOFAC/

```
var ('n, k')
S(n) = sum ((1/3)^(k − 1), k, 1, n)      # 부분합
limit (S(n), n = +oo)
```

답. 3/2 ■

5. 다음 급수의 수렴, 발산을 조사하고, 수렴하면 그 합을 구하시오.

$$\frac{1}{1\cdot 2}+\frac{1}{2\cdot 3}+\frac{1}{3\cdot 4}+\frac{1}{4\cdot 5}+\cdots$$

답안
$$a_n = \frac{1}{n(n+1)}$$
$$\sum_{n=1}^{\infty}\frac{1}{n(n+1)} = \sum_{n=1}^{\infty}1\left(\frac{1}{n}-\frac{1}{n+1}\right) = \lim_{n\to\infty}\left(1-\frac{1}{n+1}\right) = 1$$

참고 https://m.blog.naver.com/biomath2k/ **동영상** https://youtu.be/mlGP0tDQM-Q

http://matrix.skku.ac.kr/KOFAC/

```
var ('n, k')
a(k) = 1/(k*(k + 1))           # 일반항
S(n) = sum (a(k), k, 1, n)     # 부분합
limit (S(n), n = +oo)
```

답. 1 ■

6. $\lim_{x\to\infty}\log_3\frac{9x+1}{x}$ 의 값은 얼마인가?

답안 $\lim_{x\to\infty}\log_3\frac{9x+1}{x}=\lim_{x\to\infty}\log_3\left(9+\frac{1}{x}\right)=\log_3 9=2$

참고 https://j1w2k3.tistory.com/ **동영상** https://youtu.be/D7Ndwum5QZg

http://matrix.skku.ac.kr/KOFAC/

```
f(x) = log((9*x + 1)/x, 3)
limit (f(x), x = +oo)
```

답. 2 ■

7. $\lim_{x\to\infty}\left(1+\frac{1}{2x}\right)^{-4x}$ 의 값은 얼마인가?

답안 $\lim_{x\to\infty}\left(1+\frac{1}{2x}\right)^{-4x}=\lim_{x\to\infty}\left\{\left(1+\frac{1}{2x}\right)^{2x}\right\}^{-2}=e^{-2}=\frac{1}{e^2}$

참고 https://j1w2k3.tistory.com/ **동영상** https://youtu.be/tzjsWjKanNg

http://matrix.skku.ac.kr/KOFAC/

```
limit ((1 + 1/(2*x))^(−4*x), x = +oo)
```

답. e^(−2) ■

8. 다음 함수를 미분하시오.

$$y = \sin x - \cos x$$

답안 $(\sin x)' = \cos x$, $(\cos x)' = -\sin x$이므로 $\therefore y' = \cos x + \sin x$

참고 https://m.blog.naver.com/biomath2k/ **동영상** https://youtu.be/DlL3mhaJHP0

http://matrix.skku.ac.kr/KOFAC/

```
diff(sin(x) − cos(x), x)          #함수 미분하기, 도함수를 구하시오.
```

답. cos(x) + sin(x)

두 함수의 미분은 각각 함수에 미분을 취하여서도 구할 수 있다. ■

9. 함수 $f(x) = (x+1)^3 + \ln x$에 대하여 $f'(1)$의 값을 구하시오.

답안 $f'(x) = 3(x+1)^2 + \frac{1}{x}$ 따라서 $f'(1) = 13$

참고 https://m.blog.naver.com/junhyuk7272/ **동영상** https://youtu.be/kYhy6D7_ov0

http://matrix.skku.ac.kr/KOFAC/

```
f(x) = (x + 1)^3 + log(x)
df(x) = diff(f(x), x)             #함수 미분하기, 도함수를 구하시오.
df(1)                             #x=1 에서의 도함수를 구하시오.
```

답. 13 ■

10. 다음 함수를 미분하시오.

$$y = \frac{1 + \sin x}{\cos x}$$

답안 $y' = \frac{\cos x \cos x - (1 + \sin x)(-\sin x)}{\cos^2 x} = \frac{1 + \sin x}{1 - \sin^2 x} = \frac{1}{1 - \sin x}$

$= (\sin(x) + 1)/\cos(x)^2$

참고 https://bhsmath.tistory.com/ 동영상 https://youtu.be/guqNFbdwJ6A

http://matrix.skku.ac.kr/KOFAC/

```
var('x')
f(x) = (1 + sin(x))/cos(x)
diff(f(x), x).simplify_full()          # 미분하기
```

답. (sin(x) + 1)/cos(x)^2 ■

11. 곡선 $y = xe^x - 1$ 위의 점 $(0, -1)$에서의 접선의 방정식을 구하여라.

답안 $f(x) = xe^x - 1$이라 하면 $f'(x) = e^x + xe^x$이다. 점 (0, −1)에서의 접선의 기울기가 $f'(0) = 1$이므로 구하는 접선의 방정식은 $y = x - 1$이다.

참고 https://m.blog.naver.com/2620950/ 동영상 https://youtu.be/riO_ev39GSE

http://matrix.skku.ac.kr/KOFAC/

```
f(x) = x*exp(x) − 1
df(x) = diff(f(x), x) # 미분하기
x0 = 0                         # x=0 에서 ...
print("y =", f(x0) + df(x0)*(x − x0))
p = plot(f(x), (x, −1, 1))
q = plot(f(x0) + df(x0)*(x − x0), (x, −1, 1), color = 'red')
show(p + q)
```

답. y = x − 1 ■

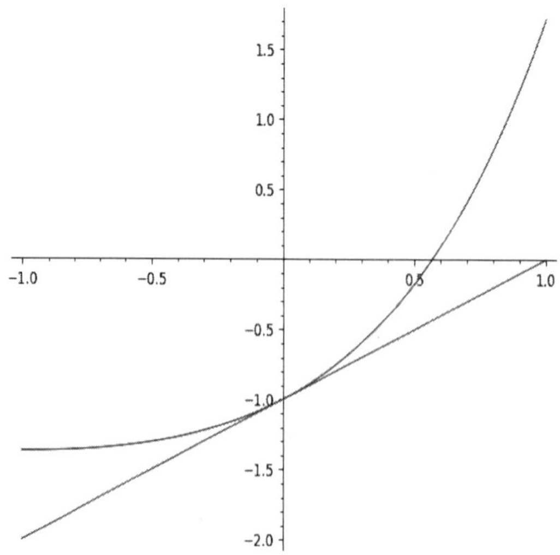

12. 함수 $f(x) = \dfrac{x}{2\ln x}$ 의 임계점(critical points)에서의 극값(극솟값)을 구하여라.

답안 $f(x) = \dfrac{x}{2\ln x}$ 에서 $0 < x < 1$ 또는 $x > 1$ 이고

$$f'(x) = \frac{2\ln x - x \cdot \dfrac{2}{x}}{(2\ln x)^2} = \frac{2(\ln x - 1)}{(2\ln x)^2}$$

$f'(x) = 0$ 에서 $\ln x = 1$, $x = e$ 이고 $f(x)$ 는 $x = e$ 에서 극솟값 $\dfrac{e}{2}$ 을 가진다.

참고 https://m.blog.naver.com/honeyeah/ **동영상** https://youtu.be/43s-3rB9qp4

http://matrix.skku.ac.kr/KOFAC/

```
var('x')
f(x) = x/(2*log(x))
df(x) = diff(f(x), x)
print(solve(df(x) == 0, x))    # 여기에서 e를 얻음
print('극솟값 :', f(e))
plot(f(x), (x, 0, 20), ymax = 6, ymin = −4, detect_poles = 'show')
```

극값(critical points): e == x

답. 극솟값 : 1/2*e # $f(x)$ 는 $x = e$ 에서 극솟값 $\dfrac{e}{2}$ 을 가진다. ■

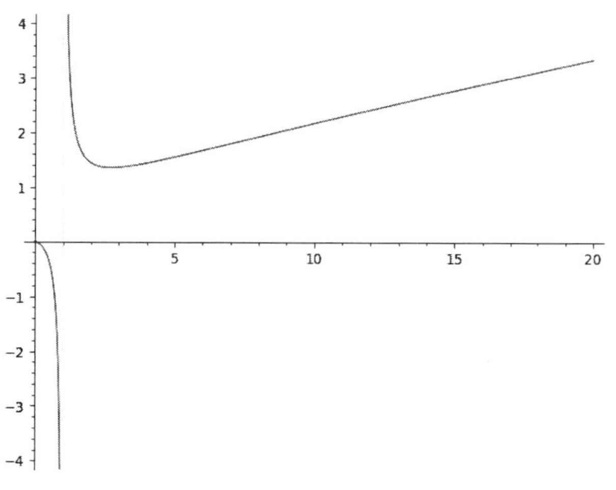

13. $-2 \leqq x \leqq 2$에서 **함수** $f(x) = \dfrac{x}{x^2 - x + 1}$ **의 최댓값과 최솟값을 구하여라.**

답안 극값은 $f'(x) = \dfrac{x^2 - x + 1 - x(2x-1)}{(x^2 - x + 1)^2} = \dfrac{1 - x^2}{(x^2 - x + 1)^2} = \dfrac{(1+x)(1-x)}{(x^2 - x + 1)^2} = 0$을 만족하므로 $x = -1$ 또는 $x = 1$. $f(1) = 1$, $f(-1) = -\dfrac{1}{3}$이고 폐구간에서의 양끝값에 대한 함수값은 $f(-2) = -\dfrac{2}{7}$, $f(2) = \dfrac{2}{3}$ 이므로 $f(x)$의 최댓값은 $f(1) = 1$, 최솟값은 $f(-1) = -\dfrac{1}{3}$이다.

참고 https://vegatrash.tistory.com/ **동영상** https://youtu.be/0m8krZq7-aI

http://matrix.skku.ac.kr/KOFAC/

```
var('x')
f(x) = x/(x^2 − x + 1)
df(x) = diff(f(x)) # 함수 미분하기
print(solve(diff(f(x)) == 0, x))                # 여기서 x = −1, x = 1을 얻음
ma = max(f(−1), f(1), f(−2), f(2))              # find maximum value
mi = min(f(−1), f(1), f(−2), f(2))              # find minimum value
print('최댓값 =', ma)
print('최솟값 =', mi)
plot(f(x), (x, −2, 2))                          # 함수 그리기
```

```
[x == −1, x == 1]
```

답. 최댓값 = 1, 최솟값 = −1/3 ■

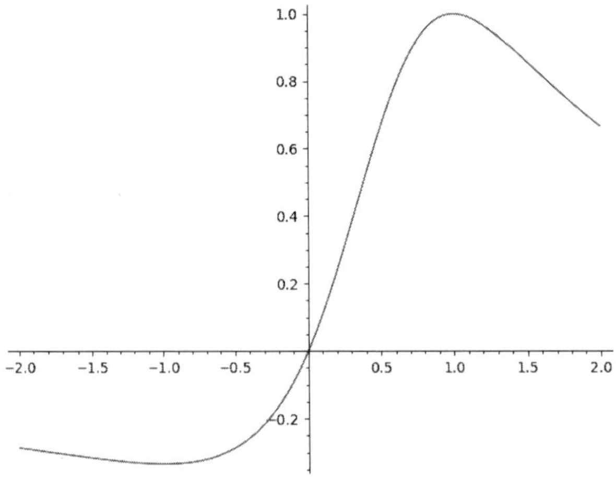

14. 무한급수 $\lim_{n\to\infty}\left(\frac{1}{n+1}+\frac{1}{n+2}+\frac{1}{n+3}+\dots+\frac{1}{2n}\right)$의 값을 구하시오.

답안 $\lim_{n\to\infty}\left(\frac{1}{n+1}+\frac{1}{n+2}+\frac{1}{n+3}+\dots+\frac{1}{2n}\right)$

$$= \lim_{n\to\infty}\sum_{k=1}^{n}\frac{1}{n+k} = \lim_{n\to\infty}\sum_{k=1}^{n}\frac{1}{1+\frac{k}{n}}\cdot\frac{1}{n}$$

$$= \int_0^1 \frac{1}{1+x}dx = [\ln(1+x)]_0^1 = \ln 2$$

참고 https://m.blog.naver.com/junhyuk7272/ **동영상** https://youtu.be/jpid1vpNzm8

http://matrix.skku.ac.kr/KOFAC/

```
f(x) = 1/(1 + x)
L= integral(f(x), x, 0, 1)
print(L)
print(L.n(digits=5))                    # 유효숫자 5자리의 근사값
```

답. log(2)
0.69315 ■

15. $\int \frac{1}{x(x+1)}dx$ 를 구하여라.

답안 $\int \frac{1}{x} - \frac{1}{x+1}dx = \ln|x| - \ln|x+1| = \ln\left|\frac{x}{x+1}\right| + C$

참고 https://blog.naver.com/ssooj/ **동영상** https://youtu.be/MYG93_hHoQg

http://matrix.skku.ac.kr/KOFAC/

```
var('x')
f(x) = integral(1/(x*(x + 1)), x).simplify_full()       # 함수 적분하기
print(" %s + C" %(f(x)))                                 # 적분상수 C를 더하는 명령어
```

답. $\int \frac{1}{x(x+1)}dx$ = −log(x + 1) + log(x) + C ■

16. $0 \le x \le \frac{\pi}{4}$에서 두 곡선 $y=\sin x$, $y=\cos x$ 및 y축으로 둘러싸인 부분의 넓이를 구하시오.

답안

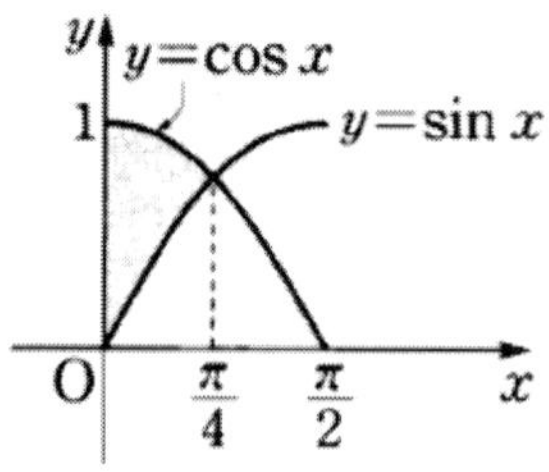

두 곡선의 교점의 x좌표는 $\sin x = \cos x$에서 $x = \frac{\pi}{4}\left(\because\ 0 \leqq x \leqq \frac{\pi}{4}\right)$

$0 \le x \le \frac{\pi}{4}$일 때 $\sin x \le \cos x$이므로

$$S=\int_0^{\frac{\pi}{4}}(\cos x-\sin x)dx=[\sin x+\cos x]_0^{\frac{\pi}{4}}=\sqrt{2}-1$$

참고 https://m.blog.naver.com/tprc88/ **동영상** https://youtu.be/uyiopvZxEaA

http://matrix.skku.ac.kr/KOFAC/

```
f(x) = sin(x)
g(x) = cos(x)
p1 = plot(f(x), (x, 0, pi/4))
p2 = plot(g(x), (x, 0, pi/4), color = 'red')
show(p1 + p2)
print (solve(f(x) == g(x), x, to_poly_solve = True)) # x = 1/4*pi
show (integral(g(x) - f(x), x, 0, 1/4*pi))
```

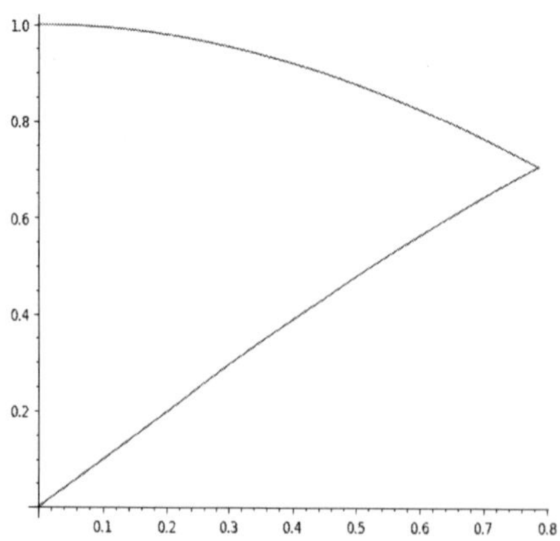

[x == 1/4*pi + pi*z 1619 : 주기가 pi인 일반해],

적분값: sqrt(2) − 1

답. $S=\int_0^{\frac{\pi}{4}}(\cos x-\sin x)dx=[\sin x+\cos x]_0^{\frac{\pi}{4}}=\sqrt{2}-1$=sqrt(2) − 1 ■

17. 수직선 위를 움직이는 점 P의 속도 v가 $v(t)=\dfrac{t}{t^2+1}$ 일 때, 점 P가 $t=0$ 에서 $t=1$ 까지 움직인 거리를 구하시오.

답안 $v(t)=\dfrac{t}{t^2+1}$ 이므로 $t=0$ 에서 $t=1$ 까지 점 P가 움직인 거리를 s 라 하면

$$s=\int_0^1 |v|\,dt=\int_0^1\left|\frac{t}{t^2+1}\right|dt=\frac{1}{2}\int_0^1\frac{2t}{t^2+1}dt=\frac{1}{2}\left[\ln(t^2+1)\right]_0^1=\frac{1}{2}\ln 2$$

참고 https://m.blog.naver.com/junhyuk7272/ **동영상** https://youtu.be/r2HYbv-ZScg

http://matrix.skku.ac.kr/KOFAC/

```
var('t')
v(t) = t/(pow(t, 2) + 1)                        # 식 세우기
p1 = plot(v(t), (t, 0, 1), fill=True)
s = integral(v(t), t, 0, 1)                     # 움직인 거리 구하기 위해 적분하기
print ("움직인 거리는 %s이다." %s)
show (p1)
```

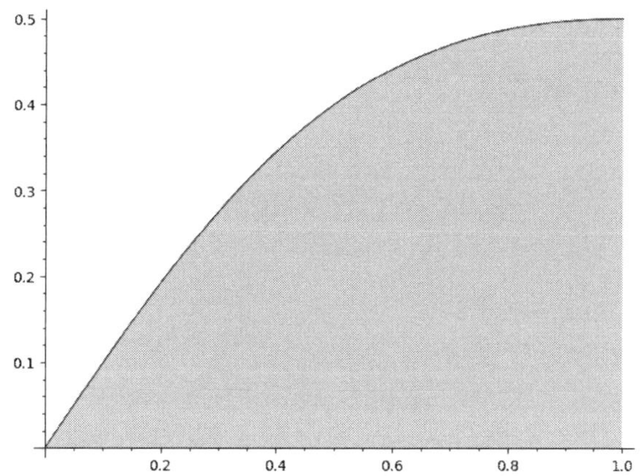

답. 움직인 거리는 $s=\int_0^1 |v|\,dt=\int_0^1\left|\frac{t}{t^2+1}\right|dt$=1/2*log(2)이다. ■

■ **고3 수학 문제집** http://matrix.skku.ac.kr/12th-grade-1/ (이상구 교수팀이 개발하여 ㈜프로키언 (대표: 이재윤)에 기술 이전한 특허 기술 RMPG(Random Math Problem Generator) (특허등록번호 : 10-1560802)이 적용된 작품입니다.)

■ [요약 : SageMath 명령어] 다항식의 전개와 인수분해

```
P(x) = (x − 3)*(x + 4)^3*(x^2 − 5*x + 3)
expand (P(x))                                    # 다항식의 전개
```

```
x^6 + 4*x^5 − 30*x^4 − 113*x^3 + 244*x^2 + 720*x − 576
```

```
factor (P(x))                                    # 다항식의 인수분해
```

```
(x − 3)*(x + 4)^3*(x^2 − 5*x + 3)
```

방정식과 부등식 (http://matrix.skku.ac.kr/KOFAC/에서 실습하시오.)

```
solve (x^2 − 3*x − 2 == 0, x)                    # 방정식의 풀이
```

```
[x == −1/2*sqrt(17) + 3/2, x == 1/2*sqrt(17) + 3/2]
```

```
show (plot (x^2 − 3*x + 2 == 0, x, −1, 4))
solve (x^2 − 3*x + 2 >= 0, x)                    # 부등식의 풀이
```

```
[[x <= 1], [x >= 2]]
```

연립방정식

```
var ('x, y')
solve ([3*x − y == 2, −2*x −y == 1], x, y)       # 연립방정식의 풀이(유일해)
```

```
[[x == (1/5), y == (−7/5)]]
```

```
var ('x, y')                                     # 겹치는 직선
solve ([2*x + y == −1, −4*x − 2*y == 2], x, y)   # 연립방정식의 풀이(무수히 많은 해)
```

```
[[x == −1/2*r1 − 1/2, y == r1]]  # 여기서 r1은 임의의 실수를 의미한다.
```

```
var ('x, y')
solve ([2*x − y == −1, 2*x − y == 2], x, y)      # 연립방정식의 풀이(해가 없음, 평행)
```

```
[] # 해가 없음을 의미한다.
```

■

대학 미적분학

3주차 2차시 함수의 그래프와 방정식의 해

학습목표	이번 주차에서는 함수의 그래프를 그리고 방정식의 해를 구하는 방법을 간단히 살펴본다.
핵심개념	함수, **다항함수**, 지수·로그함수, 삼각함수, 방정식, (근사)해 https://youtu.be/zQnjYU4pyR8 (20분)
실습실	http://matrix.skku.ac.kr/S-calculus/W3/ http://matrix.skku.ac.kr/math4ai-intro/W1/ http://matrix.skku.ac.kr/Cal-Book1/Ch1/

3.1 함수와 그래프 http://matrix.skku.ac.kr/math4ai-intro/W1/

두 변수 x와 y에 대하여 x의 값에 따라 y값이 유일하게 결정되는 관계를 **함수**(function)라고 하며, $y=f(x)$로 표기한다. 함수 f는 다음 그림과 같이 x의 값을 넣으면, y의 값이 나오는 상자와 같이 생각할 수 있다.

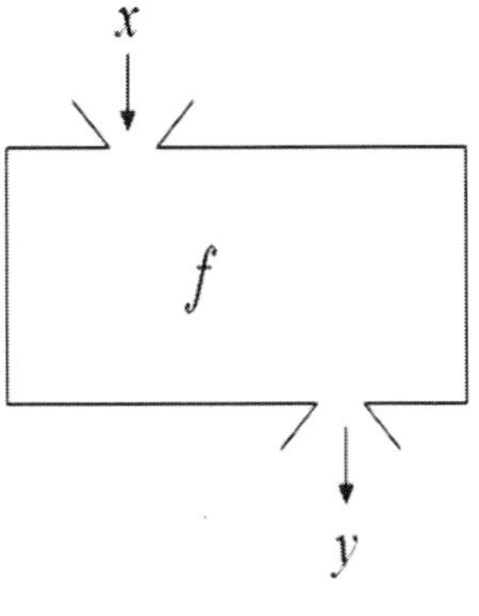

상자 f 에
x를 넣으면 y가 나온다.

이때, 함수 f에 넣을 수 있는 x의 값들의 집합을 f의 **정의역**(domain)이라 하고, x에 대응되는 y의 값들의 집합을 f의 **치역**(range)이라 한다. 그리고 함수 $y=f(x)$에 대하여 x의 값과 그에 대응하는 함숫값 y의 순서쌍 $(x,\ y)$를 좌표로 하는 모든 점을 좌표평면 위에 나타낸 것을 그 **함수의 그래프**(graph)**라고 한다. 고등학교 과정에서 다루는 함수는 다항함수, 유리함수, 삼각함수, 지수함수와 로그함수 등이다.** 각 함수를 알아보고 파이썬 기반 Sage 코드를 활용하여 그래프를 그려보자.

3.2 다항함수(polynomial function, 다항식으로부터 유도되는 함수)

$f(x)$가 x에 관한 다항식인 함수를 다항함수라 한다. 대표적으로는 다음과 같다.

(1) 일차함수 $f(x) = mx + b$

(2) 이차함수 $f(x) = ax^2 + bx + c$

(3) n차 다항함수 $f(x) = a_n x^n + a_{n-1} x^{n-1} + \cdots + a_2 x^2 + a_1 x + a_0 = y$

Note: "일차함수 $y = mx + b$에서 m은 직선의 기울기, b는 y절편이다."

SAGE 에서 함수의 그래프는 **plot 명령어**를 사용한다.

```
P(x) = 2*x^3 + 3*x^2 − 5*x − 6
plot (P(x), (x, −3, 3))                    # plot ( f(x), (x, a, b) )
```

답.

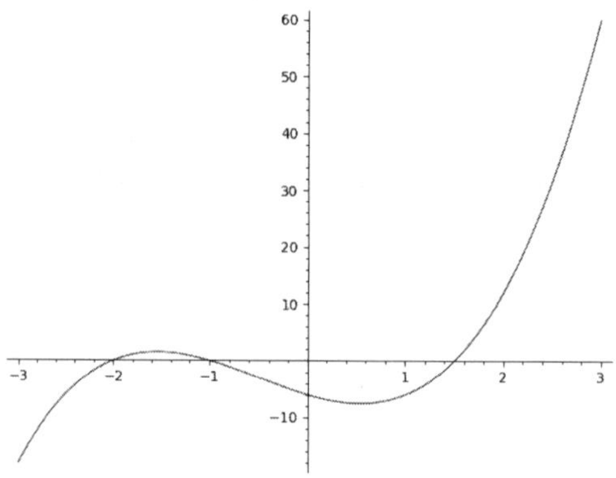

■

열린 문제 1 다른 교재에서 찾은 몇 가지 다항함수의 개형을 그리시오.

[Hint: plot (−x^9 −5*x^4 −130*x^3 −53*x^2 +542*x +3 , (x, −10, 10))]

참고: 교재에 주어진 코드를 변형하여 http://matrix.skku.ac.kr/KOFAC/에서 실습하시오.

3.3 유리함수(有理函數, rational function, 두 다항함수의 비(ratio)로 표현되는 함수)

유리함수는 $f(x)$가 x에 관한 유리식 $\dfrac{P(x)}{Q(x)}$ (여기서 $P(x)$와 $Q(x)$는 다항식)인 함수를 말한다. 예를 들어, $y = f(x) = \dfrac{1}{x}$, $y = f(x) = \dfrac{2x^4 - x^2 + 1}{x^2 - 2}$ 등이 있다. $y = \dfrac{2x^4 - x^2 + 1}{x^2 - 2}$의 그래프는 다음과 같다.

```
plot((2*x^4 − x^2 + 1)/(x^2 − 2), (x, −5, 5), ymin = −20, ymax = 20, detect_poles = 'show')
```

답.

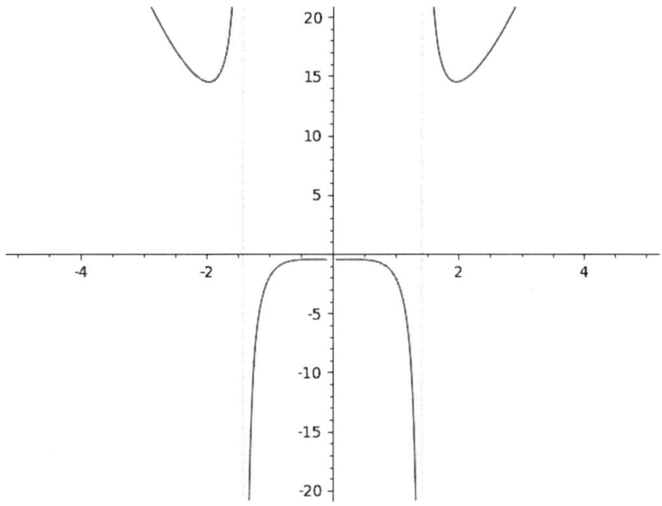

■

참고 유리함수는 $P(x) \neq 0,\ Q(x) = 0$인 x 값에서 **점근선**(Asymptote)이 생긴다. 따라서 점근선 주변에서는 y의 값이 너무 크거나 또는 너무 작을 수 있어 SageMath로 그래프를 그릴 때, 모양이 이상해진다. 이때는 ymin = c, ymax = d와 같은 옵션을 주어 $c \leq y \leq d$ 범위에서만 그림이 그려지도록 하는 것이 좋다. 또한 **detect_poles='show' 옵션을 이용하여 점근선을 시각화 할 수 있다.**

◪ 열린 문제 2 다른 교재에서 찾은 몇 가지 유리함수의 개형을 그리시오.

[Hint: $f(x) = \dfrac{x^3 + x^2 + x}{x^2 - x - 2}$]

참고: 교재에 주어진 코드를 변형하여 http://matrix.skku.ac.kr/KOFAC/에서 실습하시오.

3.4 삼각함수(trigonometric functions, 각의 크기에 따라 변하는 삼각비를 나타내는 함수)

대표적인 삼각함수는 다음과 같다.

(1) $y = f(x) = \sin x$　　　　(2) $y = f(x) = \cos x$

http://matrix.skku.ac.kr/KOFAC/

```
plot(sin(x), (x, −2*pi, 2*pi))          # pi는 π를 의미한다.
plot(cos(x), (x, −2*pi, 2*pi))
```

답.

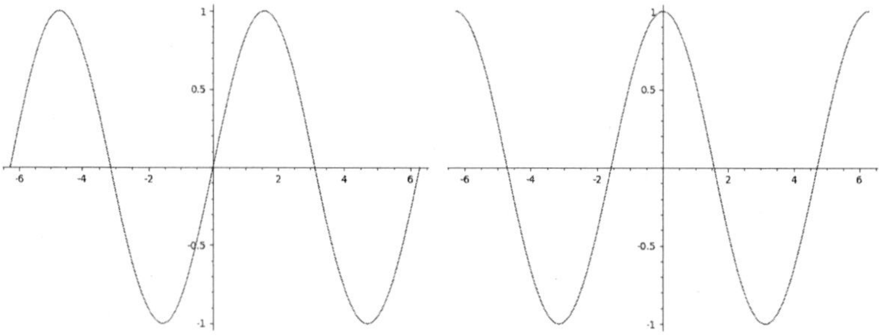

(3) $y=f(x)=\tan x$

http://matrix.skku.ac.kr/KOFAC/

```
plot(tan(x), (x, −2*pi, 2*pi), ymin = −20, ymax = 20, detect_poles = 'show')
```

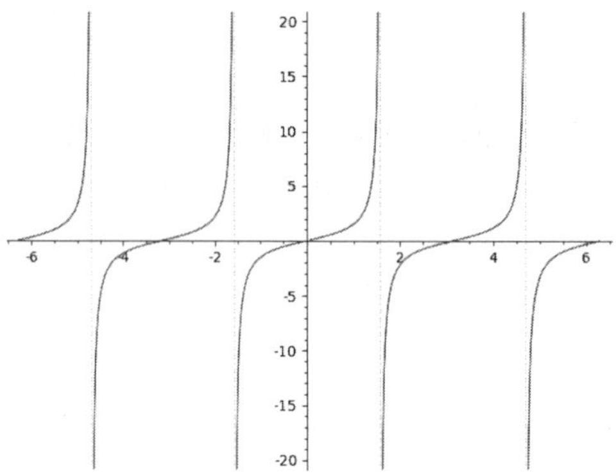

삼각함수는 일정한 패턴이 반복되는 주기함수이다. $\sin x$과 $\cos x$의 주기는 2π이고, $\tan x$의 주기는 π이다. $\sin x$과 $\cos x$는 -1부터 1까지의 값을 취할 수 있으나 $\tan x$는 모든 **실수 값**을 취할 수 있다. 그리고 $\tan x$는 $x=n\pi+\frac{\pi}{2}, n\in\mathbb{Z}$에서 **점근선을 갖는다.**

◪ 열린 문제 3 $y=x\sin\frac{1}{x}$ 그래프의 개형을 그리시오.

[Hint: plot(x*sin(1/x), (x, −2, 2), ymin = −1.5, ymax = 1.5)]

참고: 교재에 주어진 코드를 변형하여 http://matrix.skku.ac.kr/KOFAC/에서 실습하시오.

$$y=\sec x,\ y=\cot x,\ y=\left|\cos\left(x-\frac{\pi}{2}\right)\right|$$

$$f(x)=\sin x,\ g(x)=2\sin x,\ h(x)=\frac{1}{2}\sin x$$

http://matrix.skku.ac.kr/KOFAC/

```
f(x) = sin(x); g(x) = 2*sin(x); h(x) = (1/2)*sin(x)
p1 = plot (f(x), (x, −2*pi, 2*pi))
p2 = plot (g(x), (x, −2*pi, 2*pi), color = 'red')
p3 = plot (h(x), (x, −2*pi, 2*pi), color = 'green')
show ( p1 + p2 + p3 )
```

답.

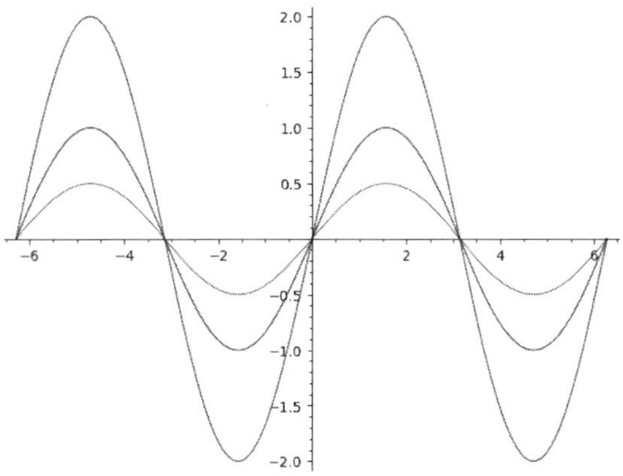

3.5 지수함수(指數函數, exponential function)와 로그함수(log 함수, logarithm)

임의의 실수 x에 대하여 $y = f(x) = a^x$ (여기서 $a > 0,\ a \neq 1$)을 a를 밑(base)로 하는 x의 **지수함수**라고 한다. 지수함수 $y = a^x$는 $a > 1$**일 때 증가함수**, $0 < a < 1$**일 때 감소함수**이다.

http://matrix.skku.ac.kr/KOFAC/

```
plot(2^x, (x, −3, 3))          # 증가함수
plot((1/3)^x, (x, −3, 3))      # 감소함수
```

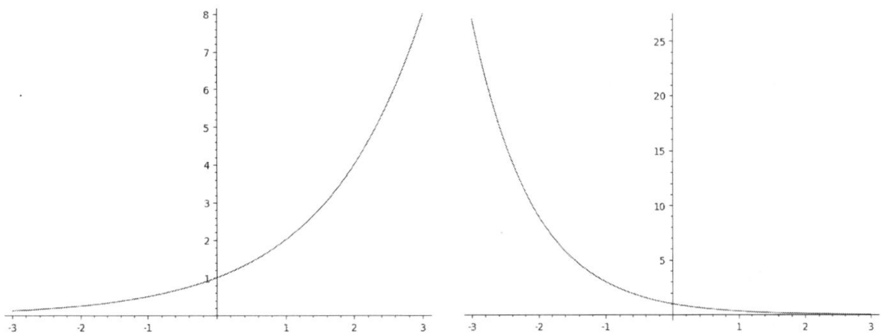

$$f(x) = 2^x, \quad g(x) = 2^x + 2, \quad h(x) = 2^{x+1} - 2$$

http://matrix.skku.ac.kr/KOFAC/

```
f(x) = 2^x
g(x) = 2^x + 2
h(x) = 2^(x + 1) − 2
plot(f(x), (x, −3, 3)) + plot(g(x), (x, −3, 3), color = 'red') + plot(h(x), (x, −3, 3), color = 'black')
```

답.

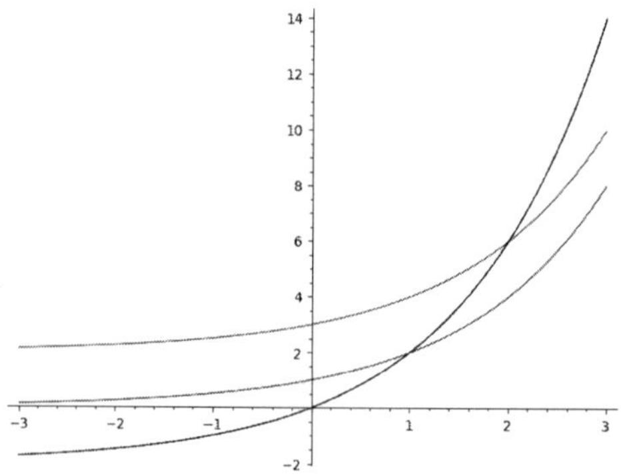

■

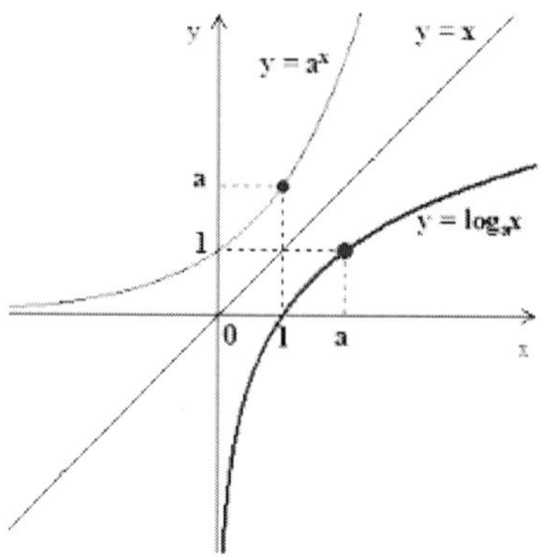

임의의 실수 x에 대하여 $y = f(x) = \log_a x$ (여기서 $a > 0$, $a \neq 1$)를 **밑**(base)**이** a**이고 진수(exponent)가** x**인 로그함수**라고 한다. **로그함수는 지수함수의 역함수**로 $a > 1$**일 때 증가함수,** $0 < a < 1$**일 때 감소함수**이다. **로그함수** $y = f(x) = \log_a x$**는** $x > 0$**인 범위에서만 존재한다.**

http://matrix.skku.ac.kr/KOFAC/

```
plot(log(x, 2), (x, 0, 4))          # 밑(base)이 2인 로그함수, 증가함수
plot(log(x, 1/3), (x, 0, 10))       # 감소함수
```

답.

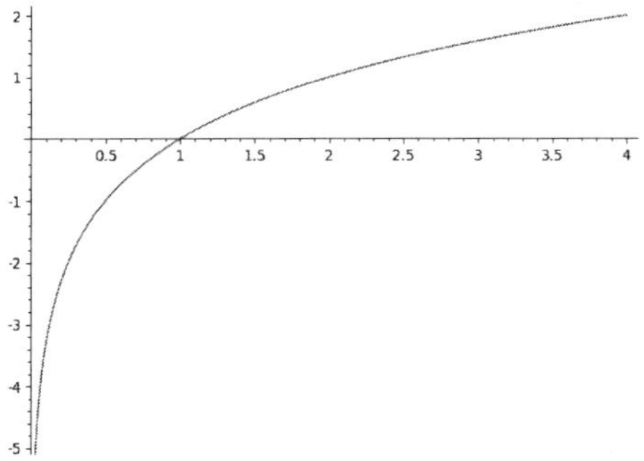

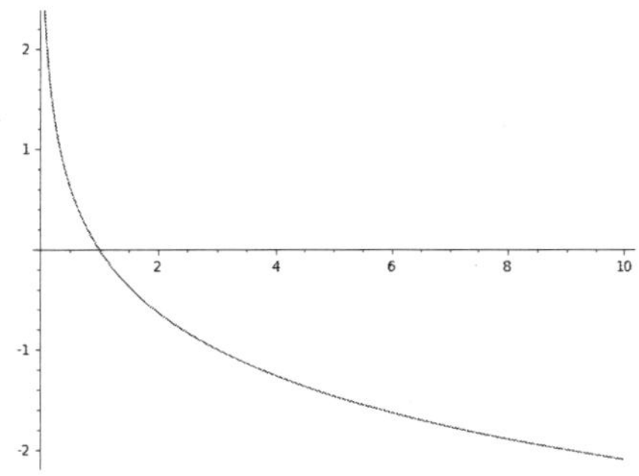

■

$f(x)=\log_2 x,\ g(x)=\log_2(x-2),\ h(x)=\log_2 x+3,\ t(x)=\log_2(x-2)+3$

http://matrix.skku.ac.kr/KOFAC/

```
f(x) = log(x, 2)
g(x) = log(x − 2, 2)
h(x) = log(x, 2) + 3
t(x) = log(x − 2, 2) + 3
plot(f(x), (x, 0, 5)) + plot(g(x), (x, 2, 5), color = 'red') + plot(h(x), (x, 0, 5), color = 'black') +
plot(t(x), (x, 2, 5), color = 'green')
```

답.

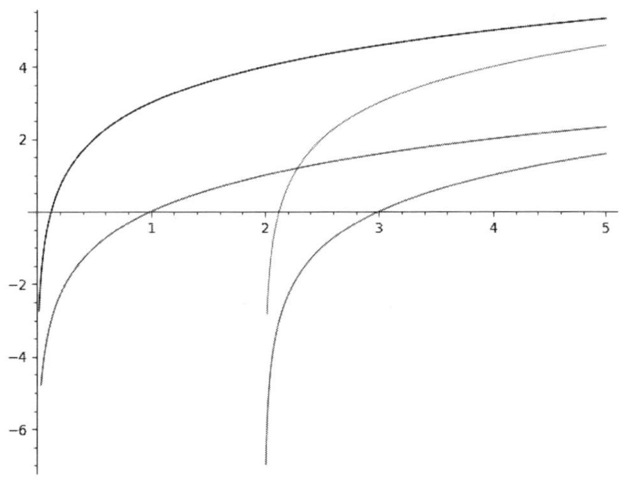

■

◪ 열린 문제 4 앞에서 배운 함수들 중 학습한 함수의 합성함수를 만들고, 그래프를 그리시오.

[Hint: plot(sin(e^(1/3)^x), (x, −1.2, 10))]

참고: 교재에 주어진 코드를 변형하여 http://matrix.skku.ac.kr/KOFAC/ 에서 실습.

3.6 방정식의 해 (solution)

방정식이란 미지수 x값에 따라서 등식이 성립하기도 하고 성립하지 않기도 하는 등식 ($f(x)=0$)을 말한다. 고등학교에서 다루는 방정식으로는 **일차방정식, 이차방정식, 삼차방정식 등의 다항방정식과 유리방정식, 무리방정식, 삼각방정식, 지수방정식, 로그방정식** 등이 있다. 이런 방정식의 해를 구하는 것은 인공지능은 물론 모든 수학에서 가장 중요한 문제이다. 우리는 코드를 활용하여 그래프를 그리고 **(근사)해를 구하는 방법**을 간단히 학습한다.

예제 1 다음 방정식의 해를 구하시오.

(1) $x^2-3x+2=0$

(2) $8x^4-2x^3+7x^2-2x-1=0$

(3) $x+\sqrt{x+5}=1$

(4) $2\sin^2 x+\sin x-1=0$

(5) $\log_2 x=3-\log_2(x+2)$

안내 sage에서 방정식의 해는 **solve 명령어**를 사용한다. 이때 방정식의 등호는 두 개(==)를 입력해야 한다. 만일 solve 명령어가 입력한 방정식을 그대로 보여준다면, 이는 solve가 해결하지 못하는 방정식이므로 수학적 지식을 이용하여 동치인 다른 방정식으로 바꾸거나 인수분해를 통해 몇 개의 방정식으로 분리하는 등의 과정이 필요하다. (SageMath는 복소수 범위의 해도 구한다.)

풀이. (1) 인수분해 $(x-1)(x-2)=0$, $x=1$ 또는 $x=2$.

http://matrix.skku.ac.kr/KOFAC/

```
solve (x^2 - 3*x + 2 == 0, x)        # solve(방정식, x)
```

답. [x == 1, x == 2] ■

(2) 같은 방식으로 (중근을 포함) 4개의 해를 구한다.

```
solve (8*x^4 - 2*x^3 + 7*x^2 - 2*x - 1 == 0, x)
```

답. [x == (1/2), x == (−1/4), x == −I (허근 i), x == I (허근 i)] ■

(3) $x+\sqrt{x+5}=1$을 정리한 $\sqrt{x+5}=1-x\ (\geq 0)$의 양변을 제곱하면 $x+5=1-2x+x^2$을 얻는다.

http://matrix.skku.ac.kr/KOFAC/

```
show (plot (x + sqrt(x+5)==1, x, -7, 20))        # 하나의 해 뿐임을 확인할 수 있음
solve (x + 5 == 1 - 2*x + x^2, x)
```

[x == 4, x == −1]

$1-x \geq 0$ 즉 $x \leq 1$을 만족해야 하므로 $x=-1$이 해가 된다. 이때, **sqrt(x+5)= 1−x가 양수라는 조건에 부합하는 해를 고르는 판단 과정**이 필요할 수 있다.

답. $x=-1$. ■

(4) $2\sin^2 x+\sin x-1=0$을 인수분해하면 $(\sin x+1)(2\sin x-1)=0$이므로 두 방정식 $\sin x=-1$, $\sin x=\dfrac{1}{2}$을 풀어도 된다.

http://matrix.skku.ac.kr/KOFAC/

```
solve (2*sin(x)^2 + sin(x) − 1 == 0, x)   # 삼각방정식은 특수각 범위에서 구해줌
```

```
[x == 1/6*pi, x == −1/2*pi]
```

여기서 옵션(to_poly_solve = **'force'**)을 **각각의 방정식에 적용**하면 **일반각**을 얻을 수 있다. 아래의 예에서 z6, z7, z9는 임의의 정수를 의미한다.

http://matrix.skku.ac.kr/KOFAC/

```
solve (sin(x) == −1, x, to_poly_solve = 'force')
# 또는 show(solve(sin(x) == −1, x, to_poly_solve = 'force'))
```

답1. [x == −1/2*pi + 2*pi*z6] (또는 $x = -\dfrac{1}{2}\pi + 2\pi n$)과

http://matrix.skku.ac.kr/KOFAC/

```
solve (sin(x) == 1/2, x, to_poly_solve = 'force')
```

답2. [x == 5/6*pi + 2*pi*z7, x == 1/6*pi + 2*pi*z8] (또는 $\dfrac{5}{6}\pi + 2\pi n,\ \dfrac{1}{6}\pi + 2\pi n$) ■

(5) $\log_2 x = 3-\log_2(x+2)$을 정리하면

$\Rightarrow\ \log_2 x+\log_2(x+2)=3\ \Rightarrow\ x(x+2)=8,\ 0 \leq x.$

http://matrix.skku.ac.kr/KOFAC/

```
var ('x')                              #변수 x 를 지정한다.
y = plot( x*(x + 2)== 8, (x, −5, 3) )  #이차함수 x*(x + 2) 를 범위와 함께 입력
show (y)
solve (x*(x + 2) == 8, x)              # 구해진 해 중 영보다 큰 값만이 로그함수의 해이다.
```

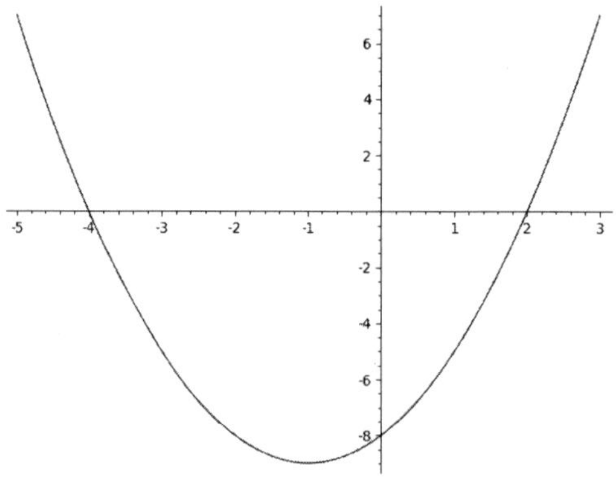

[x == −4, x == 2] # 구해진 해 중 영보다 큰 값만이 로그함수의 해이다. (수학지식)

따라서 $x = 2$ 만이 해가 된다.

답. $x = 2$. ■

[Find solution] solve 명령어로 해결하지 못하는 방정식은 근사해를 구하면 된다.

예를 들어, 다음과 같이 방정식이 있다고 하자.

$$4e^{-x^2}\sin x = x^2 - x + 1$$

먼저 solve 명령어를 활용해보자. 그러면 다음을 얻는다.

http://matrix.skku.ac.kr/KOFAC/

```
show (solve (4*exp(−x^2)*sin(x) == x^2 − x + 1, x))
solve (4*exp(−x^2)*sin(x) == x^2 − x + 1, x)
```

답. $x = -1/2(\sqrt{16e^{x^2}\sin x - 3e^{2x^2}} - e^{x^2})e^{-x^2}$, $x = 1/2(\sqrt{16e^{x^2}\sin x - 3e^{2x^2}} + e^{x^2})e^{-x^2}$

[x == −1/2*(sqrt(16*e^(x^2)*sin(x) − 3*e^(2*x^2)) − e^(x^2))*e^(−x^2),
x == 1/2*(sqrt(16*e^(x^2)*sin(x) − 3*e^(2*x^2)) + e^(x^2))*e^(−x^2)]

그러나 위와 같이 제공된 해는 우리가 원하는 해가 아니다. 이는 기존의 solve 명령어가 잘 해결하지 못하는 방정식이기 때문이다. 이런 경우는 그래프를 그려서 쉽게 더 정확한 근사해를 구할 수 있다. 위의 식의 경우 항을 모두 왼쪽으로 옮겨 다음과 같이 쓸 수 있다.

$$f(x) = 4e^{-x^2}\sin x - x^2 + x - 1 = 0$$

따라서 함수 $y = f(x)$**의 그래프를 그려** x**축과 만나는** x**값을 찾으면 된다.** 이를 위해 적당한 범위에서 **함수의 그래프를 그린 후 확대해 보면 다음과 같다.**

http://matrix.skku.ac.kr/KOFAC/

```
plot (4*exp(−x^2)*sin(x) − x^2 + x − 1, (x, −2, 2))
```

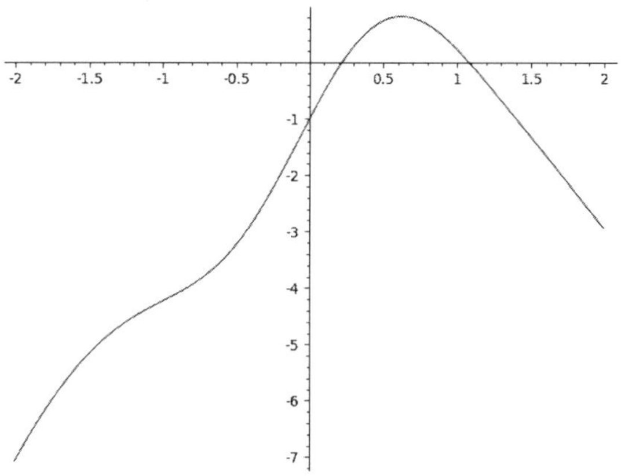

즉, $0 < x < 0.5$와 $1 < x < 1.5$ 사이에 근이 있음을 알 수 있다. 따라서 **범위를 점점 좁혀서** 그래프를 그려가면서 근사해를 감각적으로 구할 수 있다.

[중간값 정리 참조, http://matrix.skku.ac.kr/Cal-Book1/Ch4/]

http://matrix.skku.ac.kr/KOFAC/

```
plot (4*exp(−x^2)*sin(x) − x^2 + x − 1, (x, 0.2, 0.23))
```

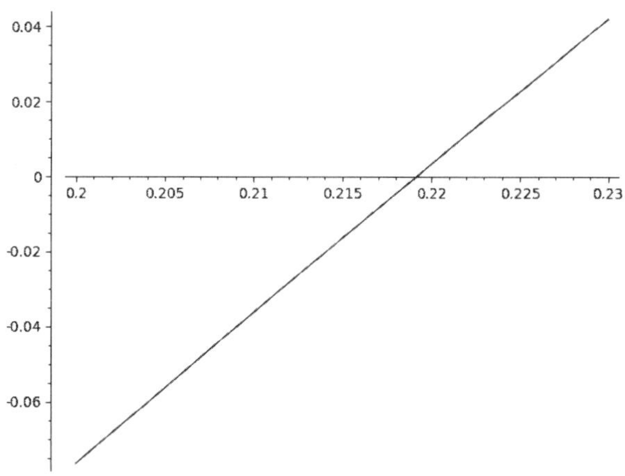

(즉, **0.219** 근처에 하나의 해가 있음을 알 수 있다.)

또한 각각의 해 근처에서, find_root 명령어를 사용하여, 근사해를 모두 구할 수 있다.

먼저 $0 < x < 0.5$ 사이에 있는 해를 구하면

http://matrix.skku.ac.kr/KOFAC/

```
find_root (4*exp(−x^2)*sin(x) − x^2 + x − 1, 0, 0.5)      # find_root(f(x), a, b)
```

답1. 0.21916367723637498

같은 방법으로 그래프에서 본 **1**과 **1.5** 사이의 해는 다음 명령어로 구할 수 있다.

http://matrix.skku.ac.kr/KOFAC/

```
find_root (4*exp(−x^2)*sin(x) − x^2 + x − 1, 1, 1.5)
```

답2. 1.0842246163093805

따라서 답. 근사해는 약 0.22, 1.08 임을 알 수 있다. 이 값이 보통 우리가 원하는 필요한 해이다. ■

[오늘 살펴본 내용을 활용하면 여러분은 이제 그동안 배운 모든 함수의 그래프를 그릴 수 있으며,_그간 배운 대부분의 방정식에 대한 해(근삿값)를 쉽게 구할 수 있다.]

◪ 열린 문제 5 다른 교재를 참고해서 다양한 방정식의 (근사)해를 구하시오.

http://matrix.skku.ac.kr/math4ai/PBL-Record/ http://matrix.skku.ac.kr/2021-Final-PBL/

https://ko.wikipedia.org/wiki/ 근_찾기_알고리즘/ http://matrix.skku.ac.kr/KOFAC/ 에서 실습하시오.

Week 3 과제 위의 열린 문제를 풀어본 후, 본인이 요약/실습/질문/답변한 내용을 Q&A(문의게시판)에 공유하고, 그동안 배운 모든 함수의 그래프를 그릴 수 있으며, **그간 배운 대부분의 방정식에 대한 해(근삿값)를 쉽게 구할 수 있다는 자신감**을 가지기 바랍니다. **4주차 강의 후, 첫달 PBL 보고서를 제출**하시오.

[보고서 양식] http://matrix.skku.ac.kr/PBL/PBL-Report-Form-Korean.hwp

온라인 퀴즈 [Quiz 1]

1. **(True/False). 10pts**

   I did finish my 1st HW in QnA.

   (I did at least one online activities (Self introduction/Motivation/Summary/Practice/Question/Answer) on the bulletin board(QnA).
   (본인은 예습/1주차 강의를 학습한 후, 게시판에서 최소한 하나의 온라인활동(자기소개/학습동기/주차학습요약/Code실습/질문/답변 중)을 하였다.)

2. **(True/False). 10pts**

   I did finish my 2nd week HW in QnA.

   (I did at least 4 online activities (Week 1 Summary/Open Problem/Question/Answer) on the bulletin board(QnA).

   (본인은 1주차 강의를 학습한 후, 게시판에서 매주 (주차학습요약/Code실습/질문/답변 중) 2개 이상=Total more than 4 의 온라인활동을 하였다.)

3. **(True/False). 10pts**

   I did finish my 3rd week HW in QnA.

   (I did at least 4~6 online activities (Week 1/2 Summary/Open Problem/Question/Answer) on the bulletin board(QnA).
   (본인은 1주차/2주차 강의를 학습한 후, 게시판에서 매주 (주차학습요약/Code실습/질문/답변 중) 4~6개 정도=Total more than 4~6 의 온라인활동을 하였다.)

4. **(True/False) 10pts**

   I will attend the next WebEx/Zoom face-face meeting (주소는 TBA).

   (2주차 부터 2주에 한번 씩 OH 에 만나서 직접 얼굴을 보면서 질문 답변하려고 합니다.)

5. **(True/False). 10pts**

   I will submit the first month PBL report after the 4th week lectures.

   (본인은 4주차 강의를 학습한 후, 첫 달 PBL 보고서를 성실하게 채워서 제출 할 것이다)

   [아래 양식을 수정하여, 내용을 성실하게 채워서 제출하시면 됩니다.

   PBL report Form Download(보고서 양식 다운로드)] Korean (HWP) : http://matrix.skku.ac.kr/PBL/PBL-Report-Form-Korean.hwp

   English (MS Word) : http://matrix.skku.ac.kr/PBL/PBL-Report-Form-English.docx ← Modify this form for your semester.

   샘플 PBL 보고서: http://matrix.skku.ac.kr/2021-Final-PBL/ 및
   http://matrix.skku.ac.kr/Cal-Book1/Calculus-1/ (미적분학 1)]

4주차 역함수, 역삼각함수, 쌍곡선함수, 역쌍곡선함수

학습목표	이번 주차에서는 역함수, **역삼각함수**, 쌍곡선함수, **역쌍곡선함수**에 대하여 학습한다.
핵심개념	역함수, **역삼각함수**, 쌍곡선함수, **역쌍곡선함수** (70분) https://youtu.be/JFAsjc3E70U
실습실	http://matrix.skku.ac.kr/S-calculus/W4/ http://matrix.skku.ac.kr/math4ai-intro/W1/ http://matrix.skku.ac.kr/Cal-Book1/Ch2/

4.1 역함수(inverse function)

역함수란 간단히 말해 기존의 함수 f에 대하여 정의역과 치역의 역할을 바꾸고, 대응 관계를 반대로 거슬러 올라가는 규칙을 의미한다. f의 역함수는 f^{-1}로 나타낸다.

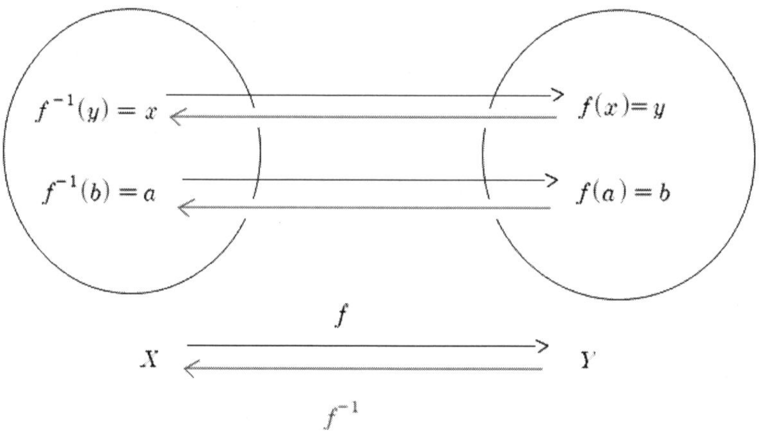

따라서 다음이 성립한다.

$$f(x)=y \quad \Leftrightarrow \quad f^{-1}(y)=x$$

그러나 모든 함수에 대하여 항상 역함수가 존재하는 것은 아니다. 역함수가 정의되려면 치역의 모든 원소에 대하여 정의역의 원소가 하나씩만 대응되어야 하므로, 기존의 함수 f는 정의역 내의 다른 원소에 대하여 항상 다른 원소가 대응되어야 한다.

참고 **역함수가 존재하려면** 기존의 함수는 (치역 범위 내에서) 어떠한 수평선을 그려도 기존의 함수의 그래프와 **두 점 이상에서 만나지 않아야 한다.** 예를 들어, 모든 단조증가(monotone increasing)함수와 단조감소함수는 역함수가 존재한다.

예를 들어, (단조증가) 함수 $f(x)=x^3$은 아래 그림과 같이 수평선이 함수 f의 그래프와 두 점 이상에서 만나지 않는다. 따라서 $f(x)=x^3$의 역함수가 존재한다.

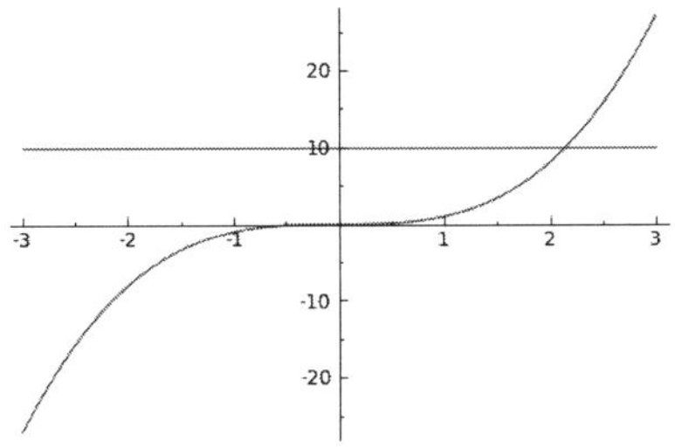

그러나 함수 $g(x)=x^2$은 아래 그림과 같이 **수평선과 두 점에서 만나는 부분이 있으므로** $g(x)=x^2$**의 역함수가 존재하지 않는다.**

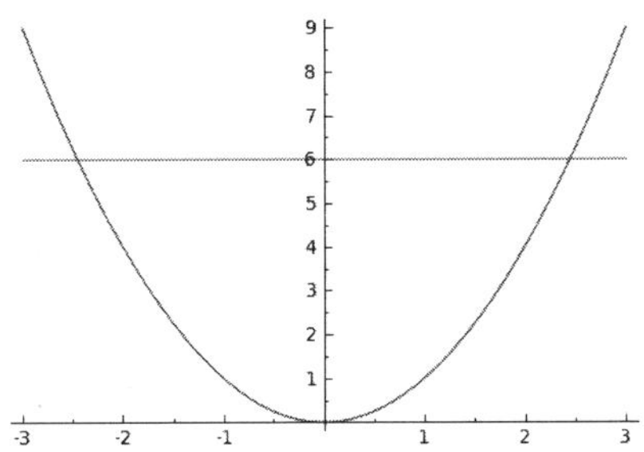

물론 이때에도 함수 g의 정의역을 적절히 줄이면, g의 역함수가 존재하게 할 수 있다. 예를 들어, 함수 g의 정의역을 $x \geq 0$으로 제한하면, 다음 그림과 같이 수평선과 한 점에서만 만나게 되므로 역함수가 존재한다. 이후에 학습하게 되는 역삼각함수와 역쌍곡선함수도 이런 방식으로 정의한다.

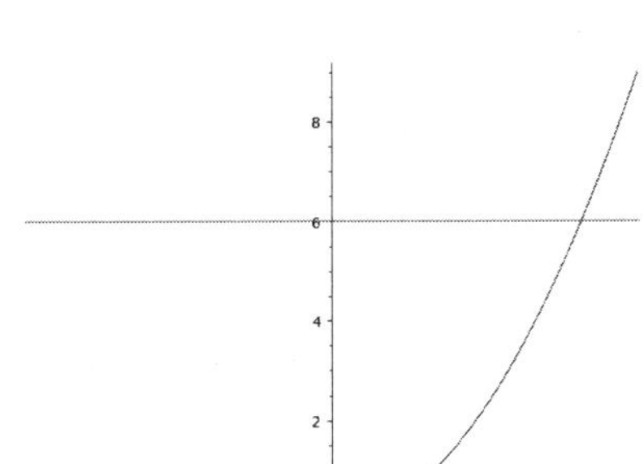

예제 1 함수 $f(x)=x^5+2x+1$은 역함수를 가짐을 보여라.

풀이. Sage 를 이용하여 그려보면

http://matrix.skku.ac.kr/KOFAC/

```
f(x) = x^5 + 2*x + 1
p1 = plot(f(x), (x, −2, 2), ymax = 10, ymin = −10)   # 함수 f의 그래프
p2 = plot(3, (x, −2, 2), color = 'red')              # 수평선
p1 + p2                                              # 두 그래프를 함께 그리기
```

답.

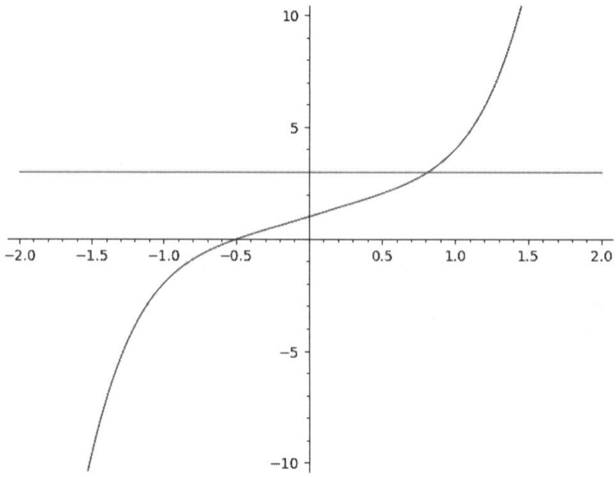

따라서 함수 f는 (모든) 수평선과 오직 한 점에서 만나므로 역함수가 존재한다. ■

x와 y를 교환하는 것은 f의 그래프로부터 f^{-1}의 그래프를 얻는 방법을 알려준다. $f(a)=b$의 필요충분조건은 $f^{-1}(b)=a$ 이므로 점 (a,b)가 f의 그래프 위에 있을 필요충분조건은 점 (b,a)가 f^{-1}의 그래프 위에 있는 것이다. 여기서 점 (b,a)는 점 (a,b)를 직선 $y=x$에 대해 대칭시킨 것이다. 따라서 **역함수 $y=f^{-1}(x)$의 그래프는 $y=f(x)$의 그래프를 직선 $y=x$에 대하여 대칭하여 얻는다.**

참고 함수 f 의 역함수는 다음과 같이 계산하여 구한다.

① **$y=f(x)$로 쓴다.**

② 이 방정식을 (가능하다면) **x를 y의 식으로 푼다.**

③ f^{-1}를 x의 함수로 표현하기 위해 **x와 y를 바꿔서 $y=f^{-1}(x)$를 얻는다.**

예제 2 함수 $f(x) = \dfrac{1}{x-1}$ $(x > 1)$의 역함수를 찾아라.

풀이. 위의 단계에 따라 (1) $y = \dfrac{1}{x-1}$ 라 쓰고, 이를 (2) x에 대해 풀면 다음을 얻는다.

$xy - y = 1 \Rightarrow xy = y+1 \Rightarrow x = \dfrac{y+1}{y} = 1 + \dfrac{1}{y}$ 이고 ($x > 1$이므로) $y > 0$.

이제 (3) x와 y를 바꾸면 $y = 1 + \dfrac{1}{x}$ 이고, $x > 0$ 이다.

따라서 **답.** $f^{-1}(x) = 1 + \dfrac{1}{x}$ $(x > 0)$이다. ■

http://matrix.skku.ac.kr/KOFAC/

```
var ('x, y')
f(x) = 1/(x − 1)
print (solve (y == f(x), x))                     # 여기서 해 x = (y + 1)/y 를 얻음
invf(x) = (x + 1)/x                              # 역함수는 x = (y + 1)/y에서 x 와 y 의 역할을 바꾼다
print ( "f^(−1)(x) =", invf(x) )
p1 = plot (f(x), (x, 1, 5))                      # 원래 함수
p2 = plot (invf(x), (x, 0, 5), color = 'red')    # 역함수 y= (x + 1)/x
p3 = plot (x, (x, 0, 5), linestyle = '—', color = 'grey')   # 대칭축 y = x
show (p1 + p2 + p3, ymax = 5, aspect_ratio = 1)
```

[x == (y + 1)/y]

답. 함수 $f(x) = \dfrac{1}{x-1}$ $(x > 1)$의 역함수 $f^{-1}(x) = 1 + \dfrac{1}{x} = \dfrac{x+1}{x}$ = f^(−1)(x) = (x + 1)/x

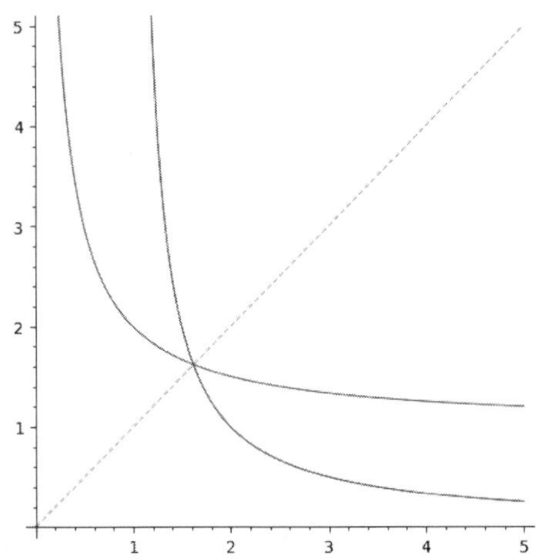

✎ 열린 문제 1 다른 교재를 참고하여 다양한 (가역)함수의 역함수를 구하여 공유하시오.

4.2 역삼각함수(inverse trigonometric function)

역함수가 존재하려면 기존의 함수는 수평선과 두 점 이상에서 만나지 않아야 하므로, (일반적인) 삼각함수 $y=\sin x$는 역함수가 존재하지 않는다. 그러나 정의역을 적절히 줄이면 (각각의 구간에서) 역함수를 생각할 수 있는데, 사실 이는 실제적인 의미에서 타당하다. (왜냐하면 삼각함수는 주기성이 있으므로 사인함수의 경우 함숫값에 대응하는 일정한 범위 내의 한 각만 알면 주기를 더하여 대응하는 모든 각을 알 수 있기 때문이다. 예를 들어, $\sin x=\frac{1}{2}$인 x는 $\left[-\frac{\pi}{2},\frac{\pi}{2}\right]$내에서 $x=\frac{\pi}{6}$밖에 없다. 사인함수의 주기는 2π이므로 $x=2n\pi+\frac{\pi}{6}$ (n은 정수)에서도 $\sin x=\frac{1}{2}$이 성립한다. 마찬가지로 $\sin x=\frac{1}{2}$인 x는 $\left[-\frac{3\pi}{2},-\frac{\pi}{2}\right]$내에서 $x=-\frac{7\pi}{6}$밖에 없으므로 $x=2n\pi-\frac{7\pi}{6}$ (n은 정수)에서도 $\sin x=\frac{1}{2}$이 성립한다. 물론 $x=2n\pi+\frac{\pi}{6}$와 $x=2n\pi-\frac{7\pi}{6}$를 하나의 식 $x=n\pi+(-1)^n\frac{\pi}{6}$ (n은 정수)로 표현할 수도 있다.)

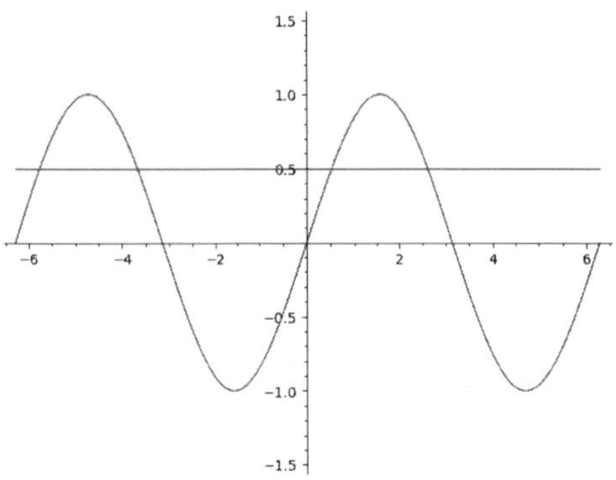

$y=\sin x$의 그래프

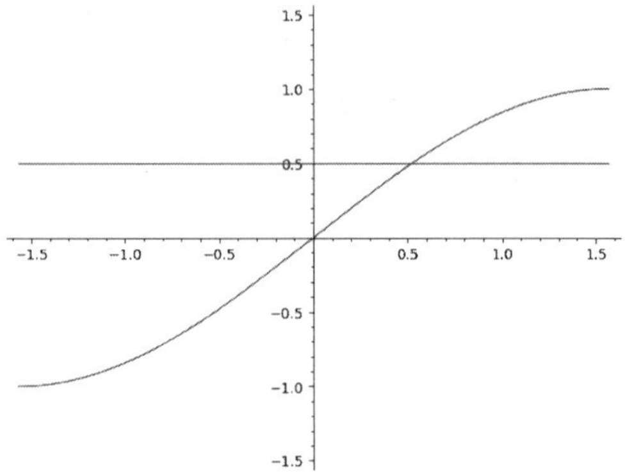

$y=\sin x\,(-\frac{\pi}{2}\le x\le\frac{\pi}{2})$은 역함수를 갖는다.

이제 우리는 $y=\sin x$ $(-\frac{\pi}{2}\le x\le\frac{\pi}{2})$의 역함수를 $y=\sin^{-1}x$ 또는 $y=\arcsin x$로 나타낸다.

http://matrix.skku.ac.kr/KOFAC/

```
p1 = plot (sin(x), (x, -pi/2, pi/2))                          # 사인함수
p2 = plot (arcsin(x), (x, -1, 1), color = 'red')               # 역사인함수 (Inverse Sine Function)
p3 = plot (x, (x, -pi/2, pi/2), linestyle = '--', color = 'grey')  # 대칭축 y = x
show (p1 + p2 + p3, aspect_ratio = 1)
```

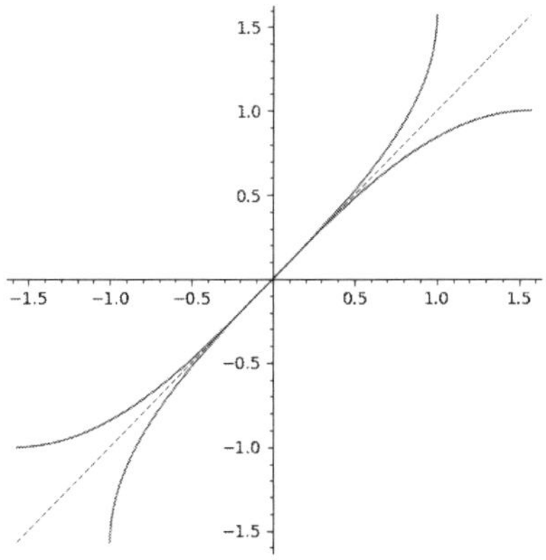

같은 방법으로 $y=\cos x \ (0 \le x \le \pi)$의 역함수를 $y=\cos^{-1}x$ 또는 $y=\arccos x$로 나타낸다.

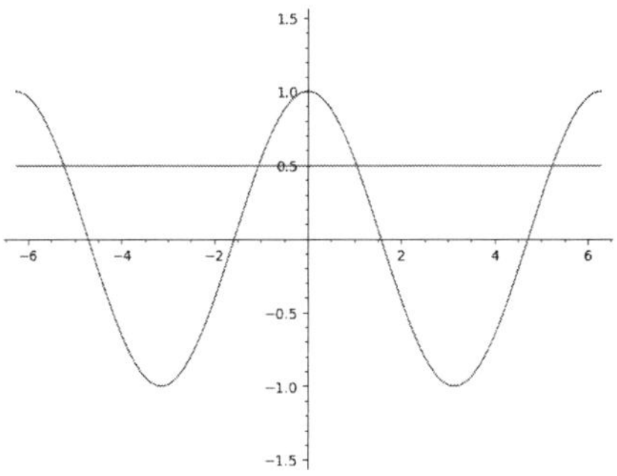

$y=\cos x$의 그래프

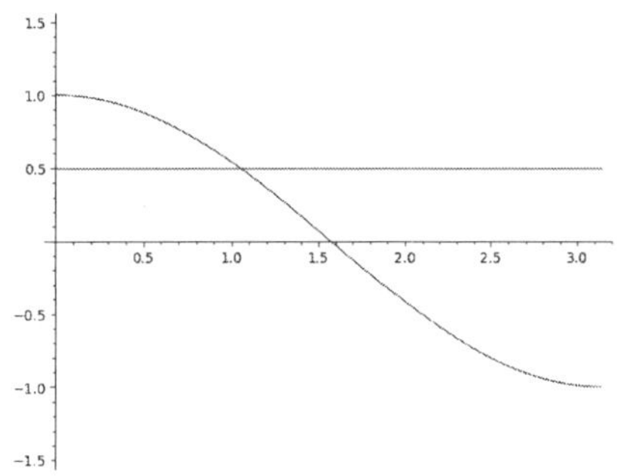

$y=\cos x \, (0 \le x \le \pi)$은 역함수를 갖는다.

http://matrix.skku.ac.kr/KOFAC/

```
p1 = plot(cos(x), (x, 0, pi))                                # 코사인함수
p2 = plot(arccos(x), (x, −1, 1), color = 'red')              # 역사인함수 (Inverse Cosine Function)
p3 = plot(x, (x, −1, 3), linestyle = '--', color = 'grey')   # 대칭축 y = x
show(p1 + p2 + p3, aspect_ratio = 1)
```

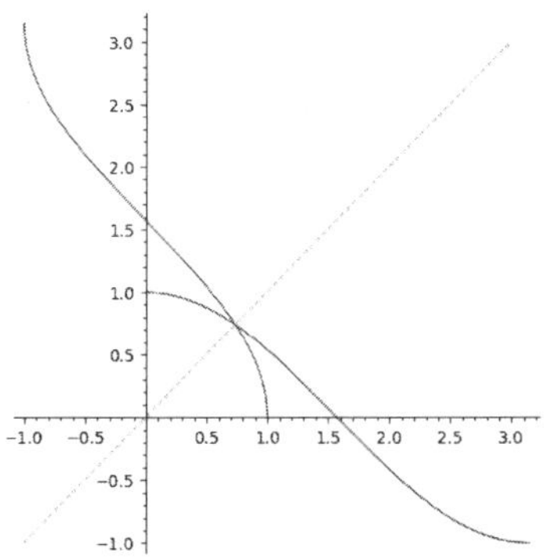

그리고 $y=\tan x\,(-\frac{\pi}{2}<x<\frac{\pi}{2})$의 역함수를 $y=\tan^{-1}x$ 또는 $y=\arctan x$로 나타낸다.

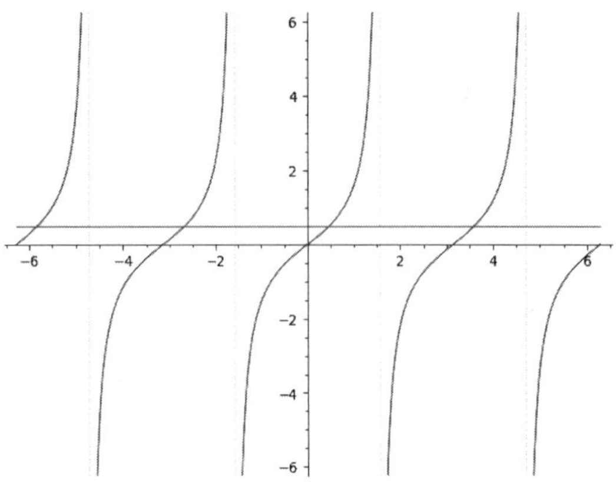

$y=\tan x$의 그래프

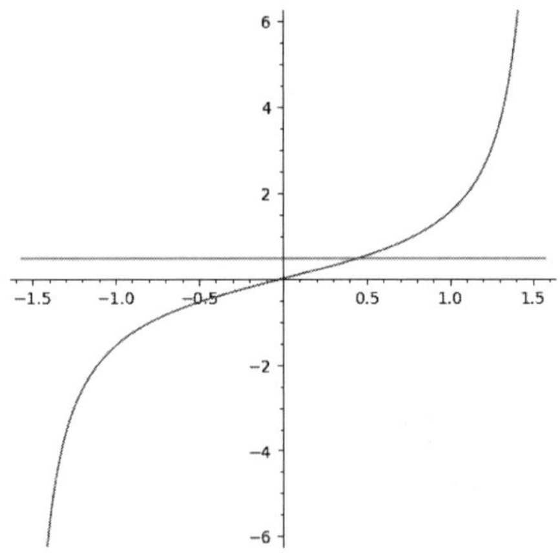

$y=\tan x\,(-\frac{\pi}{2}<x<\frac{\pi}{2})$은 역함수를 갖는다.

http://matrix.skku.ac.kr/KOFAC/

```
p1 = plot (tan(x), (x, −pi/2, pi/2))                              # 탄젠트함수
p2 = plot (arctan(x), (x, −6, 6), color = 'red')                  # 역탄젠트함수
p3 = plot (x, (x, −6, 6), linestyle = '—', color = 'grey')        # 대칭축 y = x
show (p1 + p2 + p3, aspect_ratio = 1, ymax = 6, ymin = −6)
```

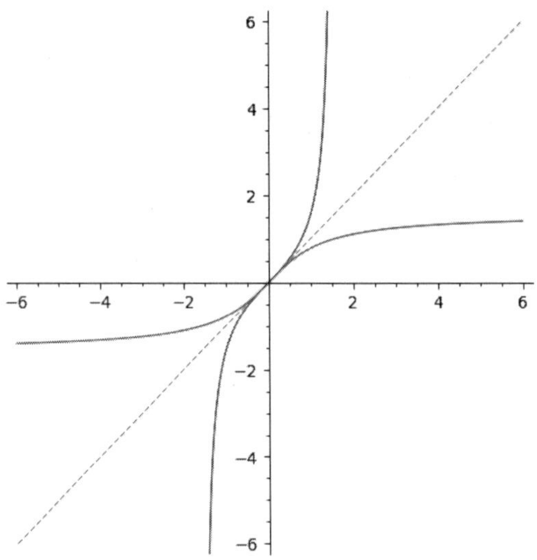

그 외의 역삼각함수는 다음과 같이 정의된다.

① $y = \cot^{-1}x$는 $y = \cot x \ (0 < x < \pi)$의 역함수

② $y = \sec^{-1}x$는 $y = \sec x \ \left(0 \le x < \frac{\pi}{2},\ \pi \le x < \frac{3}{2}\pi\right)$의 역함수

③ $y = \csc^{-1}x$는 $y = \csc x \ \left(0 < x \le \frac{\pi}{2},\ \pi < x \le \frac{3}{2}\pi\right)$의 역함수

열린 문제 2 역삼각함수 $y = \cot x \ (0 < x < \pi)$, $y = \sec x \ \left(0 \le x < \frac{\pi}{2},\ \pi \le x < \frac{3}{2}\pi\right)$, $y = \csc x \ \left(0 < x \le \frac{\pi}{2},\ \pi < x \le \frac{3}{2}\pi\right)$를 그린 아래 그래프를 보고, 각각의 역함수 모양을 추측해 보세요.

http://matrix.skku.ac.kr/KOFAC/

```
p = plot (cot(x), (x, -pi, pi), ymax = 6, ymin = -6)
q = plot (sec(x), (x, -pi, 3*pi/2), color = 'red', detect_poles = 'show')
r = plot (csc(x), (x, -pi, 3*pi/2), color = 'green', detect_poles = 'show')
p3 = plot (x, (x, -pi, 4), linestyle = '--', color = 'grey')                # 대칭축 y = x
show ( p + q + r + p3 )
```

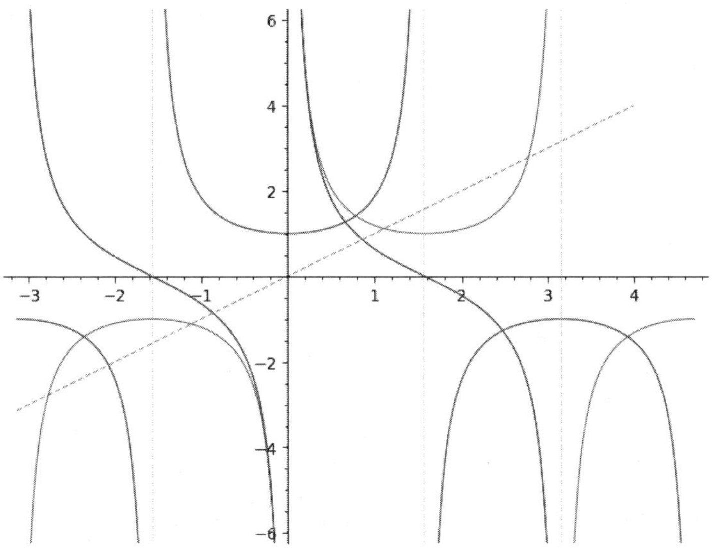

참고: https://www.intmath.com/analytic-trigonometry/7-inverse-trigo-functions.php

그 후 아래 실습실에서

- **함수 그래퍼: http://matrix.skku.ac.kr/cal-lab/sage-grapher.html**
- **매개변수 방정식 Grapher: http://matrix.skku.ac.kr/cal-lab/sage-grapher-para.html**
- **극좌표 방정식 Grapher: http://matrix.skku.ac.kr/cal-lab/sage-grapher-polar.html**
- **음함수(Implicit Function) Grapher: http://matrix.skku.ac.kr/cal-lab/sage-grapher-imp.html**

다양한 함수와 방정식의 그래프를 그려보는 실습을 해보고 느낀점과 시행착오를 공유하세요.

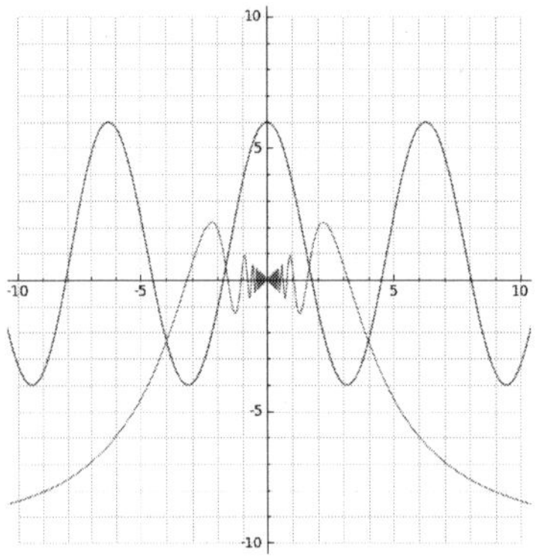

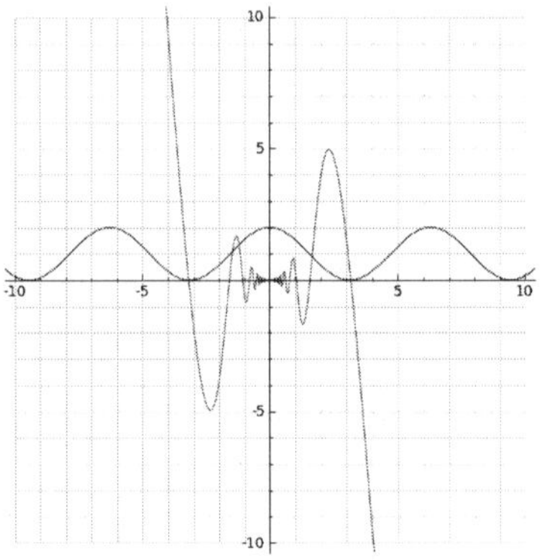

4.3 쌍곡선함수(hyperbolic function)

이 절에서는 삼각함수와 비슷한 성질을 가지는 지수함수들로 정의되는 함수인 **쌍곡선함수**(hyperbolic function)에 대하여 살펴보자. 쌍곡선 함수는 다음과 같이 정의된다.

$$\sinh x = \frac{e^{x} - e^{-x}}{2}, \qquad \cosh x = \frac{e^{x} + e^{-x}}{2}$$

$$\tanh x = \frac{\sinh x}{\cosh x} = \frac{e^{x} - e^{-x}}{e^{x} + e^{-x}}, \qquad \coth x = \frac{1}{\tanh x} = \frac{\cosh x}{\sinh x} = \frac{e^{x} + e^{-x}}{e^{x} - e^{-x}}$$

$$\operatorname{sech} x = \frac{1}{\cosh x} = \frac{2}{e^{x} + e^{-x}}, \qquad \operatorname{csch} x = \frac{1}{\sinh x} = \frac{2}{e^{x} - e^{-x}}$$

순서대로, **쌍곡사인**(hyperbolic sine), **쌍곡코사인**(hyperbolic cosine), **쌍곡탄젠트**(hyperbolic tangent), **쌍곡코탄젠트**(hyperbolic cotangent), **쌍곡시컨트**(hyperbolic secant), **쌍곡코시컨트**(hyperbolic cosecant) **라고 부른다. 예를 들어,** $\sinh x$ **을 "쌍곡사인**(hyperbolic sine) **x" 라고 읽는다.** $\sinh x = \sinh(x) \neq \sin(hx)$ **임에 주의하자. 대표적인 쌍곡선함수의 그래프는 다음과 같다.**

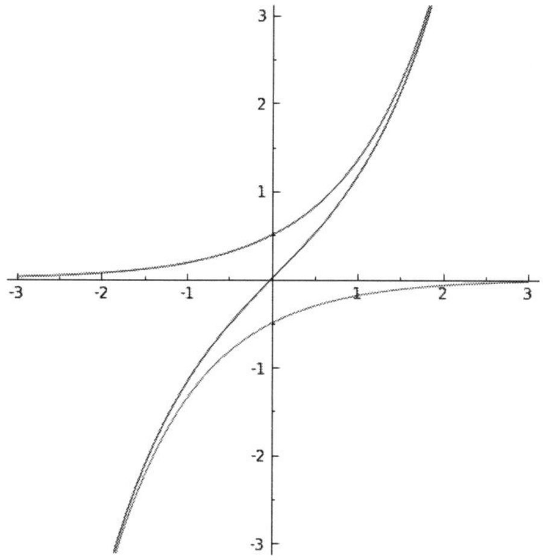

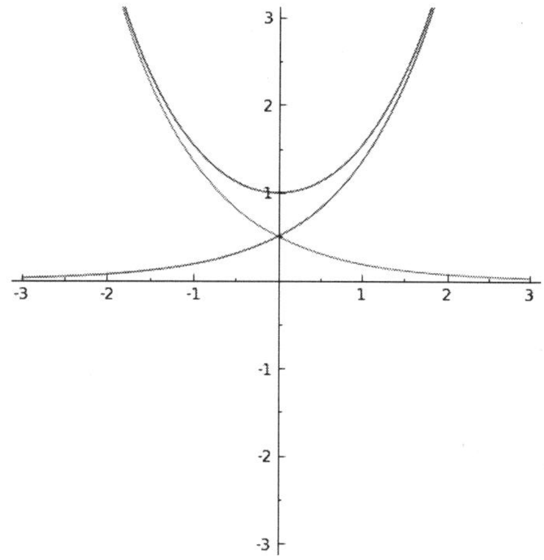

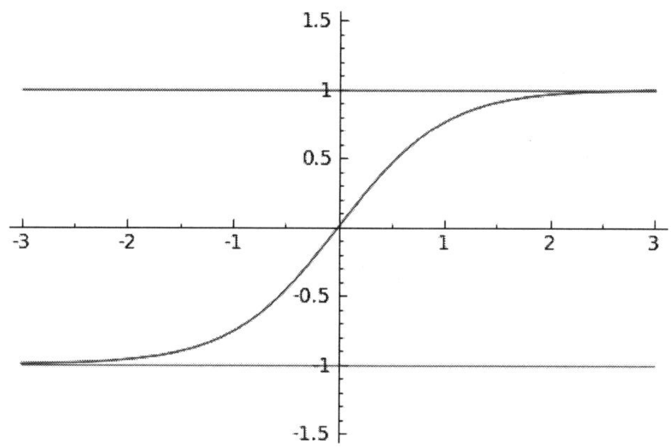

$$y = \sinh x = \frac{e^{x} - e^{-x}}{2} \qquad y = \cosh x = \frac{e^{x} + e^{-x}}{2} \qquad y = \tanh x = \frac{\sinh x}{\cosh x} = \frac{e^{x} - e^{-x}}{e^{x} + e^{-x}}$$

$$y = \frac{1}{2}e^{x} \qquad y = \frac{1}{2}e^{x} \qquad y = 1 \ \text{(수평점근선)}$$

$$y = -\frac{1}{2}e^{-x} \qquad y = \frac{1}{2}e^{-x} \qquad y = -1 \ \text{(수평점근선)}$$

http://matrix.skku.ac.kr/KOFAC/

```
s = plot   (sech(x), (x, −2, 2))                                          # y = sech x의 그래프 (blue)
p= plot (sinh(x), (x, −pi, pi), ymax=5, ymin=−5, color = 'red')           # y = sinh(x)의 그래프
q= plot (cosh(x), (x, −pi, pi), ymax=5, ymin=−5, color = 'green')         # y = cosh(x)의 그래프
r = plot (tanh(x), (x, −pi, pi), ymax=5, ymin=−5, color = 'brown')        # y = tanh(x)의 그래프
show ( s + p + q + r )
```

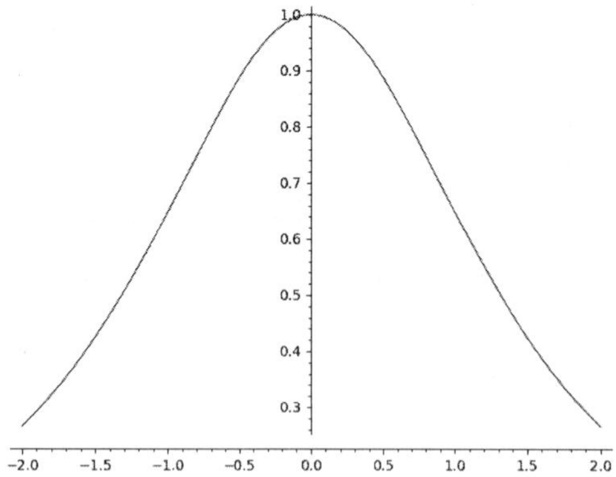

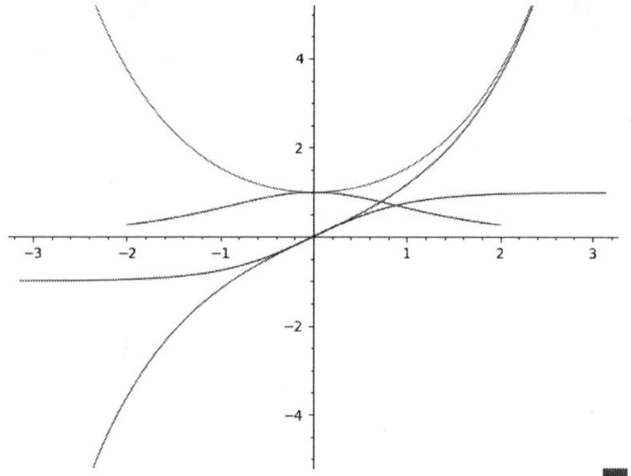

■

쌍곡선함수의 정의에 의해 다음 성질을 얻는다.

$\sinh(-x) = -\sinh x$ $\qquad$ $\cosh^2 x - \sinh^2 x = 1$

$\cosh(-x) = \cosh x$ $\qquad$ $\tanh^2 x + \mathrm{sech}^2 x = 1$

$\tanh(-x) = -\tanh x$ $\qquad$ $\coth^2 x - \mathrm{csch}^2 x = 1$

예제 3 $\sinh(-x) = -\sinh x$ 임을 증명하자.

증명. $\sinh(-x) = \dfrac{e^{-x} - e^{x}}{2} = -\dfrac{e^{x} - e^{-x}}{2} = -\sinh x$

http://matrix.skku.ac.kr/KOFAC/

```
p= plot (sinh(−x), (x, −pi, pi), ymax=5, ymin=−5, color = 'red')      # y = sinh(x)의 그래프
q= plot (−sinh(x), (x, −pi, pi), ymax=5, ymin=−5, color = 'green')   # y = coth(x)의 그래프
show ( p + q )
```

답. 좌변과 우변의 그래프가 일치하는 것을 확인 할 수 있다.

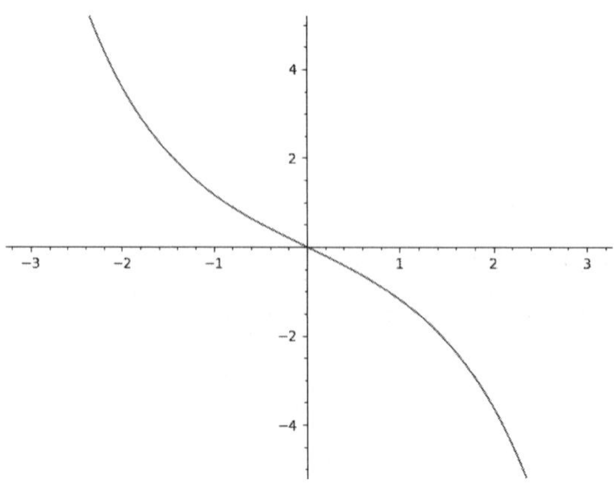

■

예제 4 $\cosh^2 x - \sinh^2 x = 1$ 임을 증명하자.

증명. $\cosh^2 x - \sinh^2 x = \left(\dfrac{e^x + e^{-x}}{2}\right)^2 - \left(\dfrac{e^x - e^{-x}}{2}\right)^2$

$$= \frac{e^{2x} + e^{-2x} + 2}{4} - \frac{e^{2x} + e^{-2x} - 2}{4} = \frac{4}{4} = 1$$

http://matrix.skku.ac.kr/KOFAC/

```
plot ((cosh(x))^2 – (sinh(x))^2, (x, –pi, pi), ymax=2, ymin=–1)
```

답. 좌변과 우변의 그래프가 일치하는 것을 확인 할 수 있다.

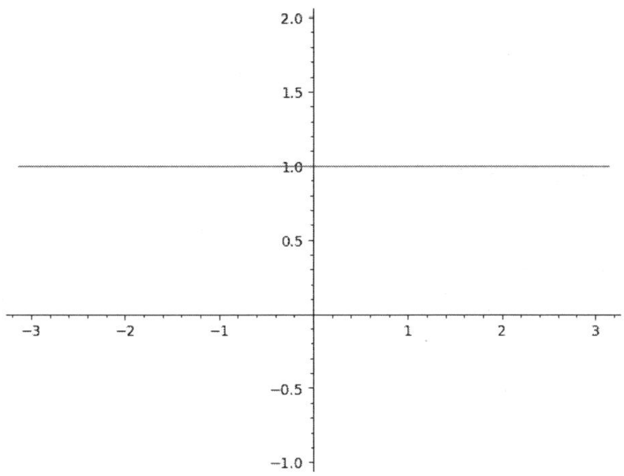

■

열린 문제 3 쌍곡선함수의 성질들에 대하여 토론해보시오.

참고: https://supermemi.tistory.com/62

4.4 역쌍곡선함수(inverse hyperbolic function)

삼각함수에서와 같이 방정식 $y = \sinh x$ 의 역함수를 $x = \sinh y$ 에서 $y = \sinh^{-1} x$ **로 나타낸 것을 역쌍곡선함수**(inverse hyperbolic function)**라 한다**. 예를 들어 $\sinh^{-1} x$ 을 "**Inverse hyperbolic sine x**"라고 읽는다. 이는 **공학**에서 많이 활용된다. **쌍곡선함수가 지수함수로 정의되었으므로 역쌍곡선함수는 로그함수의 형식**으로 다음과 같이 정의된다.

[증명: 예제 5]

$$\sinh^{-1} x = \ln\left(x + \sqrt{1 + x^2}\right) \quad (x \in \mathbb{R})$$

$$\cosh^{-1} x = \ln\left(x \pm \sqrt{x^2 - 1}\right) \quad (x \geq 1)$$

$$\tanh^{-1} x = \frac{1}{2} \ln \frac{1 + x}{1 - x} \quad (-1 < x < 1)$$

$$\coth^{-1}x = \frac{1}{2}\ln\frac{x+1}{x-1} \qquad (x^2 > 1)$$

$$\operatorname{sech}^{-1}x = \ln\left(\frac{1}{x} \pm \sqrt{\frac{1}{x^2} - 1}\right) \qquad (0 < x \le 1)$$

$$\operatorname{csch}^{-1}x = \ln\left(\frac{1}{x} + \sqrt{\frac{1}{x^2} + 1}\right) \qquad (x^2 > 0)$$

예를 들어, (역쌍곡사인) 함수 $y = \sinh^{-1}x = \ln\left(x + \sqrt{1+x^2}\right)$의 그래프는 다음과 같다.

http://matrix.skku.ac.kr/KOFAC/

```
p1 = plot (sinh(x), (x, −2, 2))                                    # y = sinh x의 그래프
p2 = plot (arcsinh(x), (x, −3, 3), color = 'red')                  # y = arcsinh x의 그래프
p3 = plot (x, (x, −3, 3), linestyle = '—', color = 'grey')         # 대칭축 y = x
show (p1 + p2 + p3, aspect_ratio = 1)
```

답.

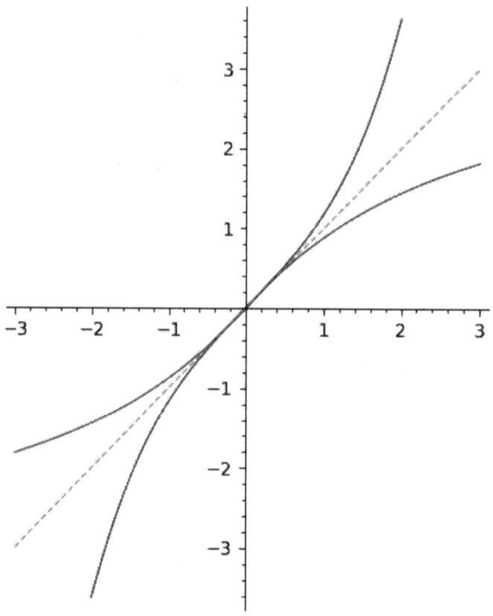

[역쌍곡sine함수,
inverse hyperbolic sine function]

예제 5 $\sinh^{-1}x = \ln\left(x + \sqrt{1+x^2}\right) \quad (x \in \mathbb{R})$임을 보여라.

http://matrix.skku.ac.kr/KOFAC/

```
# p1 = plot (sinh(x), (x, −4, 4))                                  # y = sinh x의 그래프
p2 = plot ( arcsinh(x), (x, −4, 4), color = 'red')                 # y = arcsinh x의 그래프
p3 = plot ( log(x+sqrt(x^2+1), e), (x, −4, 4), color = 'blue')
show ( p2 + p3, aspect_ratio = 1 )
```

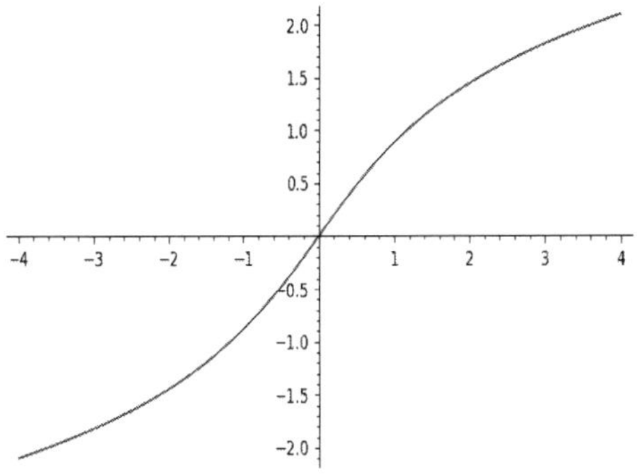 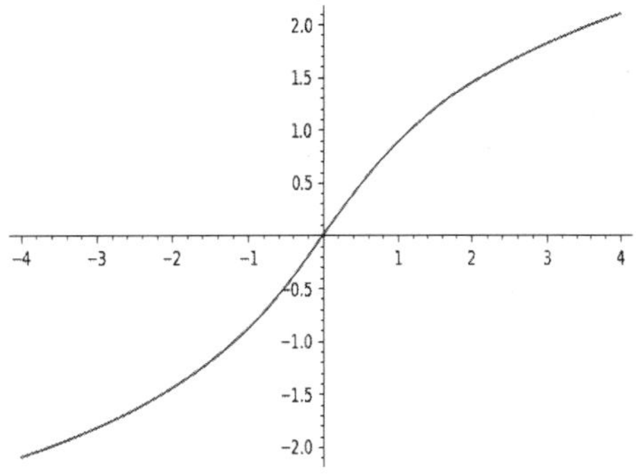

증명. $y = \sinh x$ 의 역함수를 $x = \sinh y$ 에서 $y = \sinh^{-1} x$ 라면

$$x = \sinh y = \frac{e^{y} - e^{-y}}{2} \; --- ①$$

① $\times 2e^{y}$: $(e^{y})^2 - 2x e^{y} - 1 = 0$, 위 방정식을 이차방정식의 근의 공식을 이용하여 풀면 $e^{y} = x \pm \sqrt{1+x^2}$ 에서 $e^{y} > 0$ 이므로 $e^{y} = x + \sqrt{1+x^2}$ 의 양변에 ln 을 취하면 다음을 얻는다.

$$\therefore \; \sinh^{-1} x = y = \ln\left(x + \sqrt{1+x^2}\right)$$ ■

http://matrix.skku.ac.kr/KOFAC/

```
var ('x, y')
f(x) = (e^x − e^(−x))/2        # y = sinh x
solve (y == f(x), x)
```

[x == log(y − sqrt(y^2 + 1)), x == log(y + sqrt(y^2 + 1))] $= \ln\left(y + \sqrt{1+y^2}\right)$

 # 이 중에서 로그함수의 정의역은 양수이므로, 오른쪽 답만 골라 x 와 y를 교체하면

답. 역쌍곡사인함수(inverse hyperbolic sine function) $\sinh^{-1} x = \ln\left(x + \sqrt{1+x^2}\right)$**을 얻는다.**

■

열린 문제 4 나머지 역쌍곡선함수의 정의에 대해 실습하고 얻은 결과를 공유하세요.

[참고: https://hekbms.tistory.com/410]

Week 4 과제 위의 열린 문제를 풀어본 후, 본인이 요약/실습/질문/답변한 내용을 Q&A (문의게시판)에 공유하시오. 그리고 지난 4주간 QnA에서 학습한 내용을 모아서, 각각의 문제에 대한 정확한 질문과 얻은 결론, 그리고 토론에 참여한 사람들의 이름을 모아 1st PBL 보고서를 제출하시오.

[보고서 양식 (다운로드)] http://matrix.skku.ac.kr/PBL/PBL-Report-Form-Korean.hwp

5주차 함수의 극한

미적분학의 개념 http://matrix.skku.ac.kr/Calculus-Story/index.htm

학습목표	이번 주차에서는 함수의 극한에 관하여 학습한다. (1차시, 40분) https://youtu.be/Didz3qkHCqM
핵심개념	**함수의 극한, 극한 정리, 연속함수, 중간값 정리** (2차시, 18분) https://youtu.be/Vde0ah_FcJo
실습실	http://matrix.skku.ac.kr/S-calculus/W5/ http://matrix.skku.ac.kr/math4ai-intro/W7/ http://matrix.skku.ac.kr/Cal-Book1/Ch2/

5.1. 함수의 극한(limit) http://matrix.skku.ac.kr/math4ai-intro/W7/

다음 질문을 생각해보자!

'x가 1에 **한없이** 가까이 갈 때 $f(x)=\dfrac{x^2-1}{x-1}$의 값은 어떻게 될까?'

함수 $f(x)=\dfrac{x^2-1}{x-1}$은 $x=1$에서 분모가 0이 되므로 함숫값이 정의되지 않는다. 그러나 $x \neq 1$일 때,

$$f(x)=\frac{x^2-1}{x-1}=\frac{(x+1)(x-1)}{x-1}=x+1$$

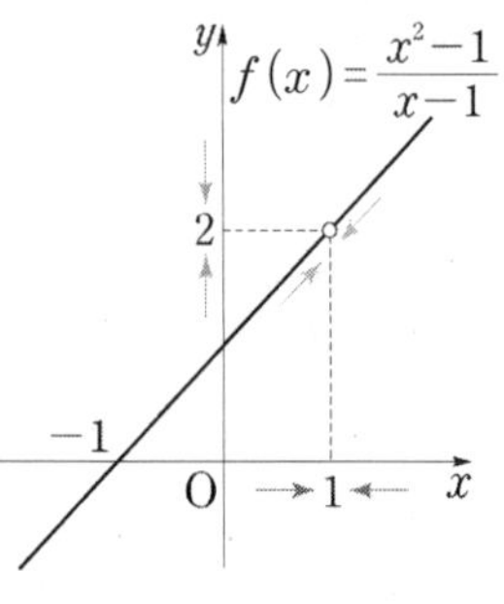

이므로 함수 $f(x)$의 그래프는 오른쪽 그림과 같이 **x의 값이 1이 아니면서 1에 한없이 가까이 갈 때, 2에 가까워진다.** 이를 $x \to 1$일 때 $\dfrac{x^2-1}{x-1} \to 2$ 또는 $\displaystyle\lim_{x \to 1} \frac{x^2-1}{x-1}=2$와 같이 나타낸다.

이와 같이 x가 a에 가까이 갈 때 $f(x)$가 b에 가까워지면, "$x \to a$일 때 $f(x)$가 b에 **수렴**한다"고 하고 $\displaystyle\lim_{x \to a} f(x)=b$로 표기한다. 이때 b를 $f(x)$의 **극한**(limit)이라고 부른다. 수렴하지 않으면 **발산**한다고 한다.

코딩을 활용하면 $x \to 1$일 때 함수 $f(x) = \dfrac{x^2-1}{x-1}$의 극한을 직접 확인할 수 있다. 명령어를 통하여 계산하거나 함수의 그래프 그리기를 통해 극한을 쉽고 간단하게 예측하고 그 값을 구할 수 있다.

다음은 Sage를 이용하여 함수 $f(x) = \dfrac{x^2-1}{x-1}$의 $x=1$ 근처에서 함숫값 $f(x)$를 계산하고, 그래프를 그린 것이다.

http://matrix.skku.ac.kr/KOFAC/

```
f(x) = (x^2 − 1)/(x − 1)                # 함수 정의
show (plot (f(x), (x, −1, 2)))          # 함수 그리기
n = 10
for i in range(1, n):                   # 1보다 크면서 1에 가까이 있는 x값에 대해서 f(x) 계산
  s = (1 + 1/(10^i)).n()
  print ("x =", s, "f(x) =", f(s).n())
print ()                                # 한 줄 비우기
for i in range(1, n):                   # 1보다 작으면서 1에 가까이 있는 x값에 대해서 f(x) 계산
  s = (1 − 1/(10^(n − i))).n()
  print ("x =", s, "f(x) =", f(s).n())
```

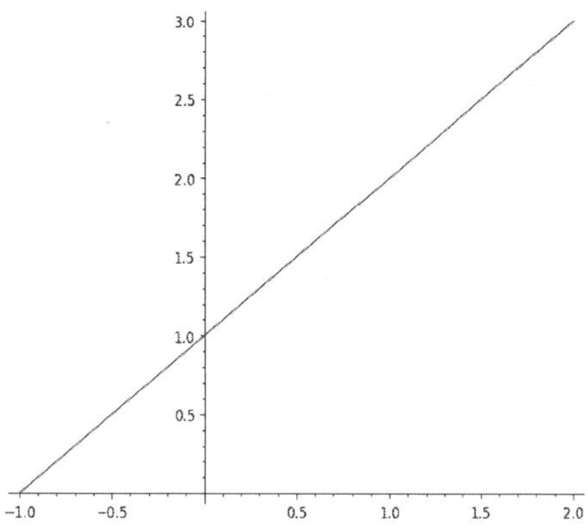

x = 1.10000000000000 f(x) = 2.10000000000000

x = 1.01000000000000 f(x) = 2.01000000000000

x = 1.00100000000000 f(x) = 2.00099999999992

x = 1.00010000000000 f(x) = 2.00009999999939

x = 1.00001000000000 f(x) = 2.00001000000083

x = 1.00000100000000 f(x) = 2.00000100008890

x = 1.00000010000000 f(x) = 2.00000009992007

x = 1.00000001000000 f(x) = 2.00000000000000

답1. x = 1.00000000100000 f(x) = 2.00000000000000 (오른쪽에서 1로 접근)

답2. x = 0.999999999000000 f(x) = 2.00000000000000 (왼쪽에서 1로 접근)

x = 0.999999990000000 f(x) = 1.99999998889777

x = 0.999999900000000 f(x) = 1.99999990007993

x = 0.999999000000000 f(x) = 1.99999900002212

x = 0.999990000000000 f(x) = 1.99998999999917

x = 0.999900000000000 f(x) = 1.99989999999950

x = 0.999000000000000 f(x) = 1.99899999999997

x = 0.990000000000000 f(x) = 1.99000000000000

x = 0.900000000000000 f(x) = 1.90000000000000 ■

Sage를 이용하여 직관적으로 x가 1에 가까이 갈 때 $f(x)$는 2에 가까이 감을 확인하고 예측할 수 있다. 또한 위 예시의 극한을 **Sage 명령어 limit 를 이용하여** 계산하면 다음과 같다.

http://matrix.skku.ac.kr/KOFAC/

```
limit ((x^2 - 1)/(x - 1), x = 1)          # limit (f(x), x = a)
```

답. 2 ■

이 방법을 그간 접한 다양한 함수의 극한 구하는 문제에 적용하여, 각각의 극한값을 구할 수 있다.

참고 위에 제시된 **극한의 정의**는 고등학교에서 배우는 직관적인 것으로, **극한의 엄밀한 정의**는 아래 주소 2장의 [정의 7] **Epsilon-Delta 개념**을 참고하면 된다.
http://matrix.skku.ac.kr/Cal-Book1/Ch2/

5.2 좌극한과 우극한(one-sided limit)

앞서 살펴본 극한의 정의에서 **"$x \to a$는 x의 값이 a가 아니면서 a에 한없이 가까이 갈 때"**를 의미한다. 따라서 a를 기준으로 a의 양쪽에서 a에 가까이 갈 때의 함숫값의 변화를 살펴보게 된다. 그러나 함수가 $x = a$의 한쪽에서만 정의가 되거나 $x = a$의 양쪽에서 함수의 정의가 다른 경우 극한을 계산할 필요가 있다. 이를 위해 다음과 같이 **함수의 좌극한과 우극한**이 정의된다.

① **좌극한(left-hand limit)**

x의 값이 a보다 작으면서 a에 한없이 가까이 갈 때 $f(x)$가 L에 가까이 가면

$$\lim_{x \to a^-} f(x) = L$$

로 나타내고 이를 x가 a에 접근할 때 $f(x)$의 **좌극한**이 L이라고 한다.

② **우극한(right-hand limit)**

x의 값이 a보다 크면서 a에 한없이 가까이 갈 때 $f(x)$가 L에 가까이 가면

$$\lim_{x \to a^+} f(x) = L$$

로 나타내고 이를 x가 a에 접근할 때 $f(x)$의 우극한이 L이라고 한다.

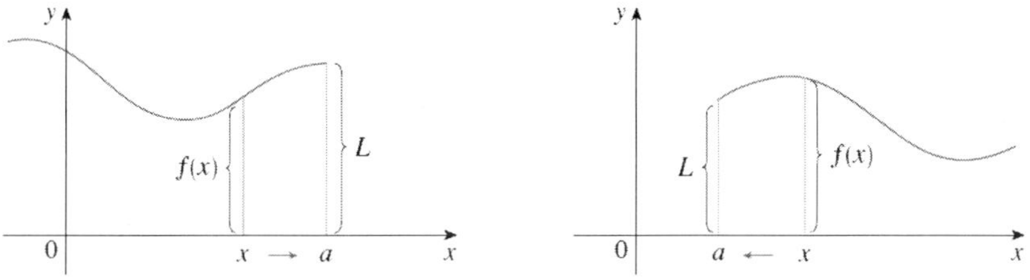

(a) $\lim_{x \to a^-} f(x) = L$　　(b) $\lim_{x \to a^+} f(x) = L$

참고 **우극한 $\lim_{x \to a+} f(x)$와 좌극한 $\lim_{x \to a-} f(x)$가 모두 존재하고, 그 값이 같으면** $x = a$에서의 극한값(limit)이 존재한다고 한다.

예제 1 극한 $\lim_{x \to 0} \frac{|x|}{x}$이 존재하지 않음을 확인하라.

풀이. **Sage**를 이용하여 좌극한과 우극한을 계산해보면

http://matrix.skku.ac.kr/KOFAC/

```
print ( limit (abs(x)/x, x = 0, dir = '−') )          # dir은 방향, 음의 방향
print ( limit (abs(x)/x, x = 0, dir = '+') )          # dir은 방향, + 양의 방향
```

좌극한 : **−1**

우극한 : **1**

따라서 $x \to 0$일 때 좌극한과 우극한이 **다르므로 극한 $\lim_{x \to 0} \frac{|x|}{x}$이 존재하지 않는다.** ■

예제 2 함수 $f(x) = \begin{cases} x, & 0 < x < 1 \\ 1-x, & 1 < x < 2 \end{cases}$에 대하여 극한 $\lim_{x \to 1^+} f(x)$, $\lim_{x \to 1^-} f(x)$을 구하여라.

풀이. **Sage**를 이용하여 **함수 f의 그래프**를 그려보면 다음과 같다.

http://matrix.skku.ac.kr/KOFAC/

```
f1(x) = x
f2(x) = 1 − x
f(x) = piecewise ([ ( (0, 1), f1 ) , ( (1, 2), f2 ) ])          # 구간에 따라 다르게 정의된 함수
plot ( f(x), (x, 0, 2), exclude = [1] )
```

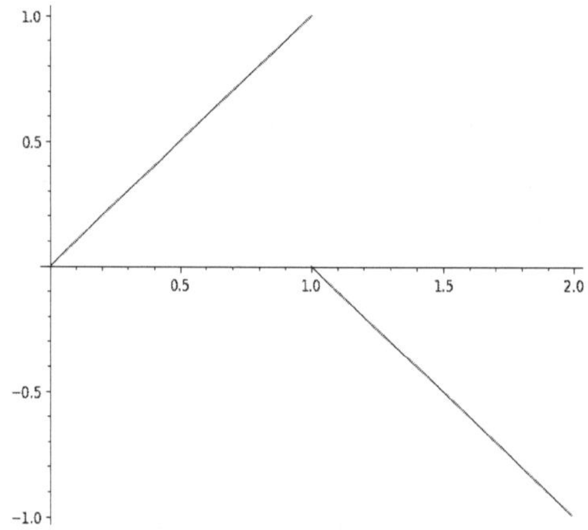

따라서 좌극한 $\lim_{x \to 1^-} f(x)$은 다음과 같다.

http://matrix.skku.ac.kr/KOFAC/

```
limit(x, x = 1, dir = '−')
```

답. 좌극한 : **1**

마찬가지로 우극한 극한 $\lim_{x \to 1^+} f(x)$은 다음과 같다.

http://matrix.skku.ac.kr/KOFAC/

```
limit (1 − x, x = 1, dir = '+')
```

답. 우극한 : **0**

```
f1(x) = x
f2(x) = 1 − x
f(x) = piecewise ([ ( (0, 1), f1 ) , ( (1, 2), f2 ) ])          # 구간에 따라 다르게 정의된 함수
show (plot ( f(x), (x, 0, 2), exclude = [1] ) )
print ( limit (x, x = 1, dir = '−') )
print ( limit (1 − x, x = 1, dir = '+') )
```

좌극한과 우극한이 다르므로 $\lim_{x \to 1} f(x)$은 존재하지 않는다. ■

참고 sage 에서 **예제 2** 와 같이 구간에 따라 다르게 정의된 함수(piecewise function)의 극한은 **limit 명령어로 바로 구할 수 없다.** 따라서 먼저 함수의 그래프를 그려서 확인 후 계산해야 한다.

열린 문제 1 다른 교재를 참고하여 다양한 함수의 극한(좌, 우극한)을 구하시오.

5.3 무한 극한(infinite limit)과 무한대에서의 극한(limit at infinity)

다음 질문을 생각해보자!

'$f(x) = \dfrac{1}{(x-1)^2}$에 대하여 x가 1에 한없이 가까워질 때, $f(x)$는 어떻게 되는가?'

먼저 sage 를 이용하여 **함수 f의 그래프**를 그려보면 다음과 같다.

http://matrix.skku.ac.kr/KOFAC/

```
f(x) = 1/(x − 1)^2                # 함수 정의
plot (f(x), (x, −5, 5), ymin = −1, ymax = 5, detect_poles = 'show')
```

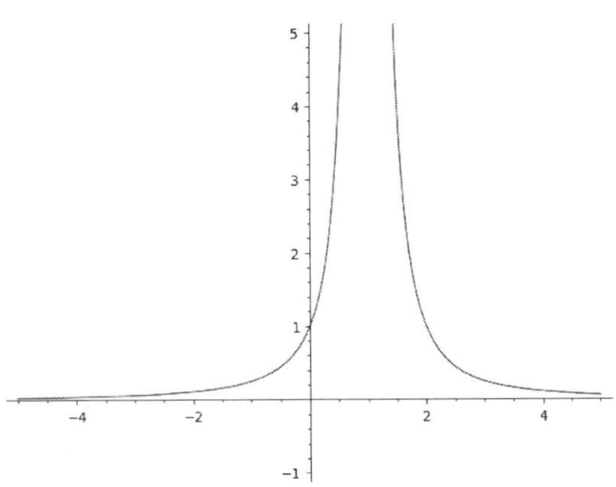

따라서 x가 1에 가까워질 때 $f(x)$의 값은 무한히 커짐을 알 수 있다. 이를 $x \to 1$일 때 $\frac{1}{(x-1)^2} \to +\infty$ 또는 $\lim_{x \to 1} \frac{1}{(x-1)^2} = +\infty$와 같이 나타낸다.

Sage 명령어 **limit** 를 이용하여 극한을 계산하면 다음과 같다.

http://matrix.skku.ac.kr/KOFAC/

```
limit ( 1/(x - 1)^2, x = 1)
```

답. +Infinity　　# 무한극한 ■

이와 같이 $x \to a$일 때, 함숫값 $f(x)$가 한없이 커지면, $x \to a$ 일 때 $f(x)$는 **양의 무한대로 발산**한다고 하고,

$$x \to a\text{일 때 } f(x) \to \infty \text{ 또는 } \lim_{x \to a} f(x) = \infty$$

로 나타내며, **이때 $f(x)$의 극한은 ∞라고 한다.**

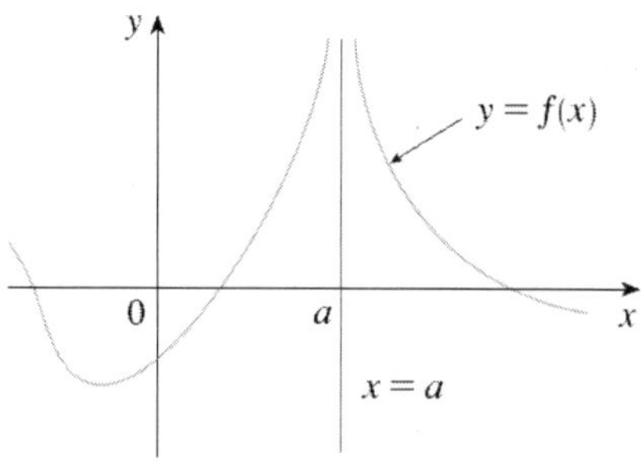

마찬가지로, $x \to a$일 때, 함숫값 $f(x)$가 음수로서 절댓값이 한없이 커지면 $x \to a$일 때, $f(x)$는 **음의 무한대로 발산**한다고 하고,

$$x \to a\text{일 때 } f(x) \to -\infty \text{ 또는 } \lim_{x \to a} f(x) = -\infty$$

로 나타내며, **이때 $f(x)$의 극한은 $-\infty$라고 한다.**

참고 좌극한과 우극한도 마찬가지로 정의된다.

$\lim_{x \to a^+} f(x) = -\infty$　$\lim_{x \to a^-} f(x) = -\infty$　$\lim_{x \to a^+} f(x) = \infty$　$\lim_{x \to a^-} f(x) = \infty$

위의 네 극한 중 어느 하나가 성립할 때, 직선 $x = a$를 $y = f(x)$의 그래프의 **수직점근선(vertical asymptote)**이라 한다.

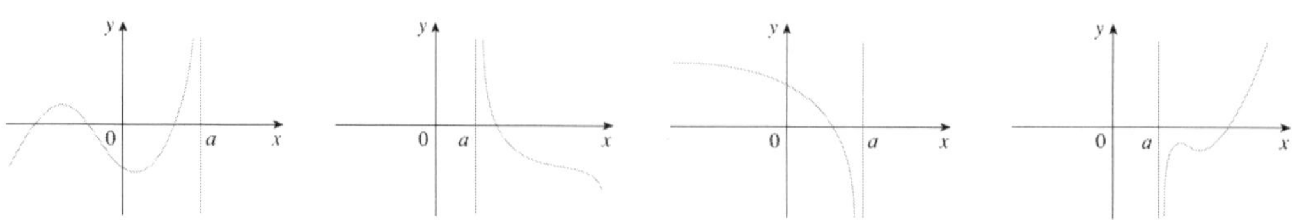

(a) $\lim_{x \to a^-} f(x) = \infty$　(b) $\lim_{x \to a^+} f(x) = \infty$　(c) $\lim_{x \to a^-} f(x) = -\infty$　(d) $\lim_{x \to a^+} f(x) = -\infty$

예제 3 극한 $\lim_{x\to 0^+} \ln x$을 구하여라.

풀이. Sage를 이용하여 극한을 계산하면 다음과 같다.

http://matrix.skku.ac.kr/KOFAC/

```
limit ( log(x), x = 0, dir = '+')
```

답. −Infinity

따라서 다음 그림과 같이 $x=0$은 $y=\ln x$의 그래프의 수직점근선이 된다.

http://matrix.skku.ac.kr/KOFAC/

```
var ('x, y')
p1 = plot (log(x), (x, 0, 5))   # 함수의 그래프
p2 = implicit_plot(x == 0, (x, −1, 5), (y, −3, 2), color = 'red')   # 수직 점근선
p1 + p2
```

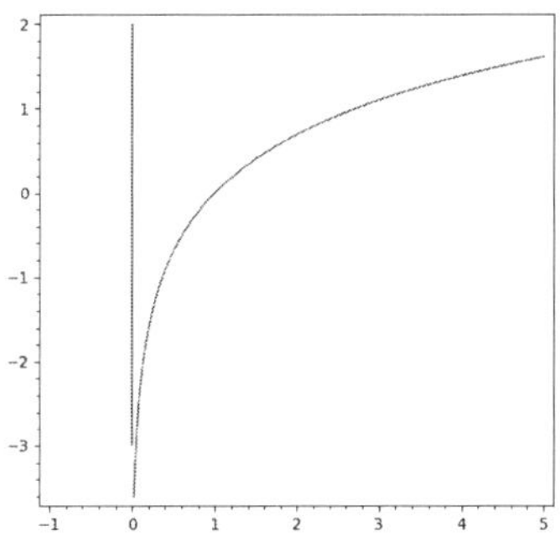

■

이제 $x\to\infty$일 때의 함수의 극한을 정의하자. x가 양수이면서 한없이 커질 때 함숫값 $f(x)$가 어떤 유한한 값 L에 가까워진다면 $x\to\infty$일 때, $f(x)$는 L에 수렴(converge)한다고 하고,

$$x\to\infty \text{일 때 } f(x)\to L \text{ 또는 } \lim_{x\to\infty} f(x)=L$$

로 나타내며, 이때 $f(x)$의 극한은 L라고 한다.

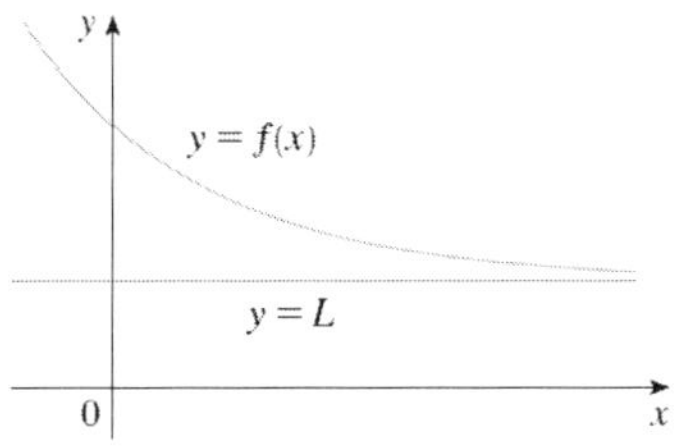

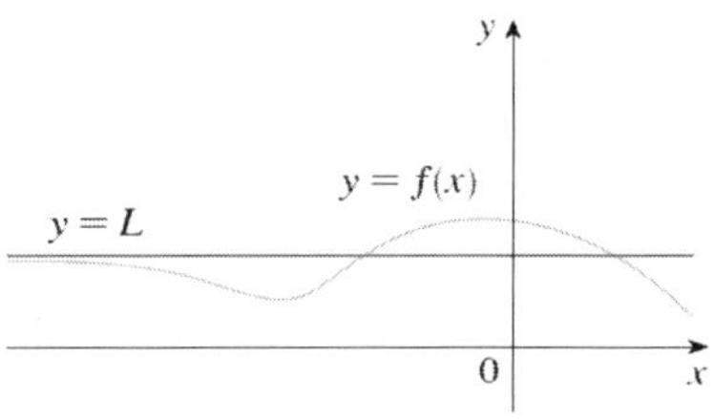

마찬가지로 x가 음수로서 그 값이 한없이 커질 때 함숫값 $f(x)$가 어떤 유한한 값 L에 가까워진다면, $x \to -\infty$일 때, $f(x)$는 L에 수렴한다고 하고,

$$x \to -\infty \text{일 때 } f(x) \to L \text{ 또는 } \lim_{x \to -\infty} f(x) = L$$

로 나타내며, 이때 $f(x)$의 극한은 L라고 한다.

참고 다음 극한 중 어느 하나가 성립할 때, 직선 $y = L$을 $y = f(x)$의 그래프의 **수평점근선(horizontal asymptote)**이라고 한다.

$$\lim_{x \to \infty} f(x) = L, \quad \lim_{x \to -\infty} f(x) = L$$

예제 4 $y = \dfrac{2x}{x-1}$의 그래프의 수평점근선을 찾아라.

풀이. sage를 이용하여 함수 $f(x) = \dfrac{2x}{x-1}$의 그래프를 그리면 다음과 같다.

http://matrix.skku.ac.kr/KOFAC/

```
f(x) = 2*x/(x − 1)
plot ( f(x), (x, −5, 8), ymin = −5, ymax = 5, detect_poles = 'show' )
```

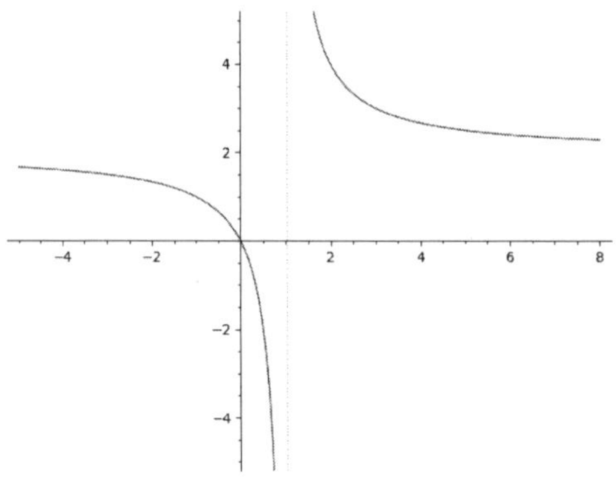

수평점근선을 구하기 위해 $x \to \infty$일 때와 $x \to -\infty$일 때의 함수 f의 극한을 구하면 다음과 같다.

http://matrix.skku.ac.kr/KOFAC/

```
print ( limit(2*x/(x − 1), x = +oo))      # oo는 무한대 oo를 의미
print ( limit(2*x/(x − 1), x = −oo))
```

```
2
2
```

따라서 $y=\dfrac{2x}{x-1}$ 의 그래프의 **수평점근선은 $y=2$ 이다.**

답.

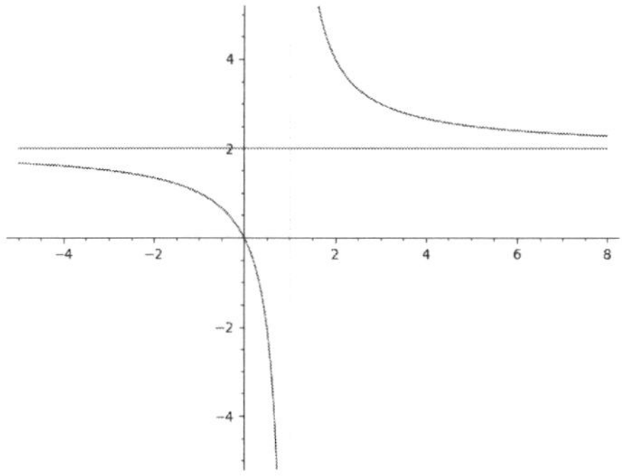

■

마지막으로 x가 양수이면서 한없이 커질 때 함숫값 $f(x)$가 한없이 커지면 이를 $\lim_{x\to\infty} f(x)=\infty$ 으로 나타낸다. 마찬가지로 다음 극한도 유사하게 정의된다.

$$\lim_{x\to -\infty} f(x)=\infty \quad \lim_{x\to\infty} f(x)=-\infty \quad \lim_{x\to -\infty} f(x)=-\infty$$

◪ 열린 문제 2 다른 교재를 참고하여 다양한 함수의 수직(수평)점근선을 구하시오.

5.4 극한 법칙(limit laws)

극한에 관하여 다음이 성립한다. c가 상수이고 (극한) $\lim_{x\to a} f(x)$와 $\lim_{x\to a} g(x)$ 이 존재할 때

① $\lim_{x\to a}[f(x)\pm g(x)]=\lim_{x\to a} f(x)\pm \lim_{x\to a} g(x)$, $\lim_{x\to a} x=a$, $\lim_{x\to b} x=b$

합(차)의 법칙(합(차)의 극한은 극한들의 합(차)이다.)

② $\lim_{x\to a} cf(x)=c\lim_{x\to a} f(x)$ **상수배의 법칙**(함수의 상수배의 극한은 그 함수의 극한의 상수배이다)

③ $\lim_{x\to a}[f(x)g(x)]=\left(\lim_{x\to a} f(x)\right)\left(\lim_{x\to a} g(x)\right)$ **곱의 법칙**(곱의 극한은 극한들의 곱이다.)

④ $\lim_{x\to a}\dfrac{f(x)}{g(x)}=\dfrac{\lim_{x\to a} f(x)}{\lim_{x\to a} g(x)}$ (단 $\lim_{x\to a} g(x)\neq 0$) **몫의 법칙**(몫의 극한은 극한들의 몫이다)

⑤ $\forall\, n\in\mathbb{R}^+$, $\lim_{x\to a}[f(x)]^n=[\lim_{x\to a} f(x)]^n$ $\lim_{x\to a} x^n=a^n$ $\lim_{x\to a}\sqrt[n]{x}=\sqrt[n]{a}$ 거듭제곱의 법칙

⑥ $\forall\, n\in\mathbb{R}^+$, $\lim_{x\to a}\sqrt[n]{f(x)}=\sqrt[n]{\lim_{x\to a} f(x)}$ (단, n은 짝수이고 $\lim_{x\to a} f(x)>0$) **제곱근의 법칙**

예제 5 극한 $\lim_{x\to -2}\dfrac{x^3+2x^2-1}{5-3x}$을 구하라.

풀이. **극한법칙을 활용하여 계산하면 다음과 같다.**

$$\lim_{x\to -2}\frac{x^3+2x^2-1}{5-3x}=\frac{\lim_{x\to -2}(x^3+2x^2-1)}{\lim_{x\to -2}(5-3x)}=\frac{\lim_{x\to -2}x^3+2\lim_{x\to -2}x^2-\lim_{x\to -2}1}{\lim_{x\to -2}5-3\lim_{x\to -2}x}$$

$$=\frac{(-2)^3+2(-2)^2-1}{5-3(-2)}=\frac{-8+8-1}{5+6}=-\frac{1}{11}$$

Sage를 이용하여 극한을 계산하면 다음과 같다.

http://matrix.skku.ac.kr/KOFAC/

```
limit ( (x^3 + 2*x^2 − 1)/(5 − 3*x), x = −2 )
```

답. −1/11 ■

참고 극한법칙에 따라 다항함수와 유리함수의 극한계산은 직접 함수를 대입하는 것과 같다. 즉 f가 다항함수 또는 유리함수일 때, a에서 유리함수의 분모가 0이 아니고 $f(a)$가 정의되면, $\lim_{x\to a}f(x)=f(a)$로 계산한다. 마찬가지로 각 삼각함수의 정의역에 속하는 a에 대해서는 $\lim_{x\to a}f(x)=f(a)$으로 계산한다.

그러나 모든 극한계산이 직접 대입으로 구해지는 것은 아니다. 예를 들어, 극한 $\lim_{x\to 1}\dfrac{x^2-1}{x-1}$의 경우 극한법칙 ④를 적용할 수 없다. 이는 분모에 직접 $x=1$을 대입하면 0이 되기 때문이다. 이때 분자에도 $x=1$을 대입하면 0이 되는데, 이러한 형태의 극한을 부정형($\dfrac{0}{0}$)이라 한다. 이런 경우는 약간의 조작이 필요한데 이것이 가능한 이유는 사실 **극한을 계산할 때** x가 1로 다가가는 경우를 고려하는 것이지, $x=1$일 때 함수가 정의가 되는 지의 여부는 중요하지 않기 때문이다. $x=1$일 때 분모, 분자가 모두 0이 되는 다항식이므로 분모와 분자는 모두 $x-1$이라는 인수를 가지고 있다. 따라서 다음과 같이 계산할 수 있다.

$$\lim_{x\to 1}\frac{x^2-1}{x-1}=\lim_{x\to 1}\frac{(x-1)(x+1)}{x-1}=\lim_{x\to 1}(x+1)=2$$

이제 극한계산에서 중요한 정리인 **샌드위치 정리 (조임 정리, Squeeze 또는 Sandwich Theorem)**를 소개한다. 이는 직접 계산하기 어려운 극한을 구하는 데 주로 사용된다.

샌드위치 정리(Sandwich Theorem) 함수 f, g, h가 점 a를 포함하는 적당한 개구간 I 내의 모든 점 x에 대해서 (단, 점 a는 제외해도 좋다) $f(x) \le g(x) \le h(x)$ 를 만족한다고 하자. 그러면 다음이 성립한다.

$$\lim_{x\to a} f(x) = \lim_{x\to a} h(x) = L \text{ 이면 } \lim_{x\to a} g(x) = L \text{이다.}$$

예제 6 $\lim_{x\to 0} x^2 \sin\frac{1}{x} = 0$ 임을 보여라.

풀이. $-1 \le \sin(\frac{1}{x}) \le 1$ 이므로 $-x^2 \le x^2 \sin(\frac{1}{x}) \le x^2$이다. $\lim_{x\to 0} x^2 = 0 = \lim_{x\to 0}(-x^2)$ 이므로 샌드위치 정리에 의해 $\lim_{x\to 0} x^2 \sin(\frac{1}{x}) = 0$이다. Sage 를 이용하여 그래프를 그려보면 다음과 같다.

http://matrix.skku.ac.kr/KOFAC/

```
p1 = plot(x^2*sin(1/x), (x, −1/2, 1/2))
p2 = plot(x^2, (x, −1/2, 1/2), color = 'red')
p3 = plot(−x^2, (x, −1/2, 1/2), color = 'green')
show (p1 + p2 + p3)
# 극한계산
limit (x^2*sin(1/x), x = 0)
```

답. 0 ■

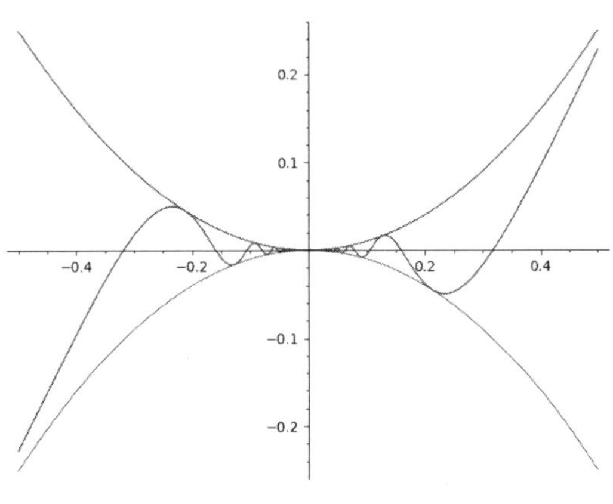

[참고] 함수 그래퍼: **http://matrix.skku.ac.kr/cal-lab/sage-grapher.html**

참고 극한법칙은 모든 극한(limit) 계산에 다 적용된다. (좌극한, 우극한, 무한대와 관련된 극한)

5.5 연속(continuity)

함수의 극한에서는 $x = a$일 때 $f(x)$값의 존재 여부는 중요하지 않다. 즉 $f(a)$가 존재하지 않아도 극한 $\lim_{x \to a} f(x)$은 정의될 수 있다. 만일 $f(a)$가 정의되고 **극한** $\lim_{x \to a} f(x)$**이 정의되며** $\lim_{x \to a} f(x) = f(a)$**이면,** $f(x)$**는** $x = a$**에서 연속(continuous)이라고 한다.**

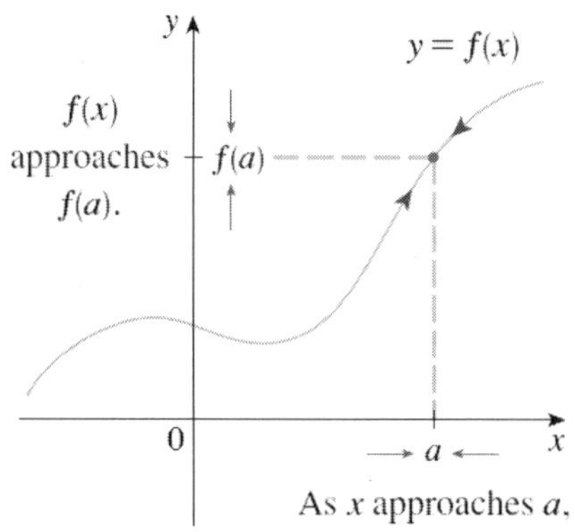

연속인 함수에 대하여 다음이 성립한다.

① f와 g가 a에서 연속이고 c가 상수이면 다음 함수들도 a에서 연속이다.

$$f \pm g \qquad cf \qquad fg \qquad \frac{f}{g} \ (\text{단, } g(a) \neq 0)$$

② 다음과 같은 형태의 함수는 그 함수의 정의역에 있는 모든 수에서 연속이다.

- 다항함수
- 유리함수
- 제곱근함수
- 삼각함수

③ g가 a에서 연속이고 f가 $g(a)$에서 연속이면, $(f \circ g)(x) = f(g(x))$로 주어진 합성함수 $f \circ g$**는** a**에서 연속이다.** 즉 $\lim_{x \to a} f(g(x)) = f(g(a))$이 성립한다.

좌극한, 우극한과 마찬가지로 **좌연속(왼쪽으로부터 연속), 우연속(오른쪽으로부터 연속)**을 정의할 수 있다. $\lim_{x \to a^+} f(x) = f(a)$**이면, 함수** f**는** a에서 우연속이라 하고, $\lim_{x \to b^-} f(x) = f(b)$이면, 함수 f는 b에서 좌연속이라 한다. 그리고 함수 f가 개구간(open interval)의 모든 점에서 연속이면, f는 그 개구간에서 연속이라고 한다. 만일 함수 f가 (a, b)에서 연속이고, a에서 우연속, b에서 좌연속이면 f는 폐구간 $[a, b]$에서 연속이라고 말한다.

예제 7 극한 $\lim_{x \to 2^+} \arctan\left(\frac{1}{x-2}\right)$을 구하여라.

풀이. Sage를 이용하여 극한을 계산하면 다음과 같다.

http://matrix.skku.ac.kr/KOFAC/

```
limit (arctan(1/(x − 2)), x = 2, dir = '+')
```

답. 1/2*pi ■

폐구간에서 연속인 함수에 대하여 다음과 같이 중요한 정리가 성립한다.

중간값 정리(Intermediate Value Theorem) f가 폐구간 $[a, b]$에서 **연속**이고, N이 $f(a)$와 $f(b)$ 사이의 임의의 수라고 하자. 여기서 $f(a) \neq f(b)$이다. 그러면 $f(c) = N$을 만족하는 수 $c \in (a, b)$에 존재한다.

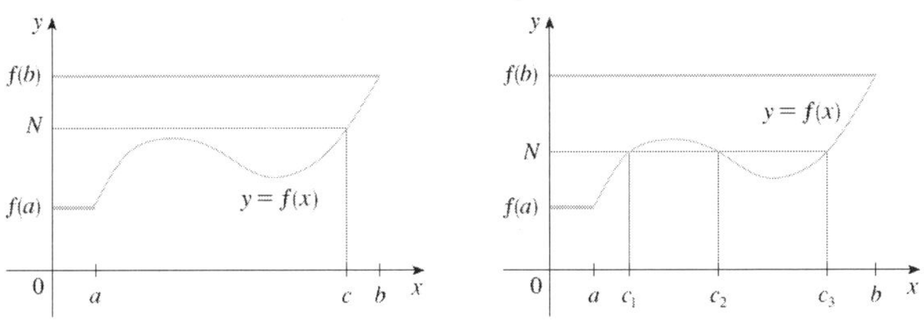

예제 8 방정식 $4x^3 - 6x^2 + 3x - 2 = 0$의 근이 1과 2 사이에 존재함을 보여라.

풀이. $f(x) = 4x^3 - 6x^2 + 3x - 2$라 하면, 함수 f는 다항함수이므로 항상 연속이다. 따라서 폐구간 $[1, 2]$에서도 연속이다. 또한 $f(1) = -1 < 0$, $f(2) = 12 > 0$에서 $f(1) < N = 0 < f(2)$이므로 중간값 정리에 의해 $f(c) = 0$을 만족하는 근 c가 개구간 $(1, 2)$사이에 적어도 하나 존재한다.

Sage를 이용하여 함수 f의 그래프를 $[1, 2]$에서 그려보면 $f(c) = 0$을 만족하는 근 c가 개구간 $(1, 2)$사이에 적어도 하나 존재함을 확인할 수 있다.

http://matrix.skku.ac.kr/KOFAC/

```
f(x) = 4*x^3 − 6*x^2 + 3*x − 2
plot (f(x), (x, 1, 2))
```

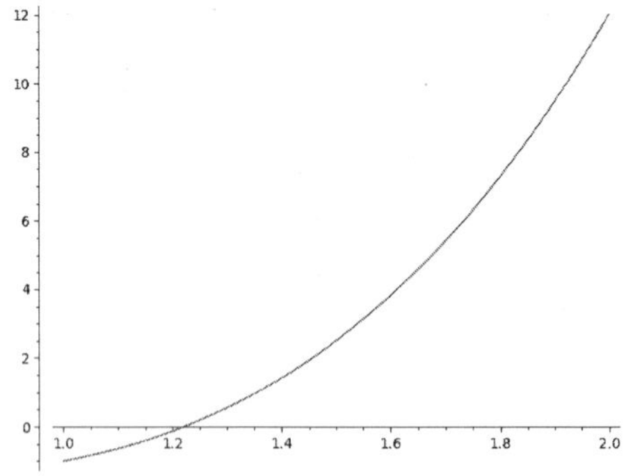

실제로 sage 의 find_root 명령어를 이용하여 개구간 $(1, 2)$사이의 근사해를 구할 수 있다.

http://matrix.skku.ac.kr/KOFAC/

```
f(x) = 4*x^3 - 6*x^2 + 3*x - 2
L = find_root (f(x), 1, 2)          # 방정식 f(x) = 0의 (1, 2) 사이의 근사해
print (L)
N (L, digits=5)                     # 유효숫자 5자리의 근사값
```

답. 1.2211247851537002 # 유효숫자 5자리의 근사값

따라서 방정식 $4x^3 - 6x^2 + 3x - 2 = 0$의 개구간 $(1, 2)$사이의 **근사해는 약 1.2211이 된다.** ■

열린 문제 3 다른 교재를 참고하여 다양한 방정식의 모든 (근사)해를 구하시오.

Week 5 과제 위의 열린 문제를 풀어본 후, 본인이 요약/실습/질문/답변한 내용을 Q&A (문의게시판)에 공유하시오. 그리고 지난 5주간 QnA에서 학습/토론/결론을 얻은 내용들을 모아서, 제출한 1st PBL 보고서를 수정/보완하세요. [준비된 학생은 제출한 1st month PBL 보고서를 발표하시오.]

[보고서 양식 (다운로드)] http://matrix.skku.ac.kr/PBL/PBL-Report-Form-Korean.hwp

[1st PBL 보고서 수정/보완본 샘플 (Sample)] http://matrix.skku.ac.kr/2021-W-Final-PBL/

6주차 도함수, 접선의 방정식, 미분 법칙

학습목표	이번 주차에서는 접선의 방정식, 도함수, 미분, 미분 법칙에 관하여 학습한다.
핵심개념	**도함수, 접선의 방정식, 미분,** 미분 법칙, 중간고사 복습 (40분) https://youtu.be/269uVGhQg6s
실습실	http://matrix.skku.ac.kr/S-calculus/W6/ http://matrix.skku.ac.kr/math4ai-intro/W7/ http://matrix.skku.ac.kr/Cal-Book1/Ch2/

6.1 접선의 방정식과 미분계수

다음 질문을 생각해보자!

점 $P(1,\ 1)$에서 포물선 $y = x^2$에 대한 접선의 방정식을 구하시오.

함수 $f(x)$의 그래프 상의 한 점 $P(x_0, f(x_0))$에서 접선의 기울기가 m임을 알면 다음 공식에 의해 **접선의 방정식**을 쉽게 구할 수 있다.

$$y - f(x_0) = m(x - x_0)$$

우선, 포물선 $y = x^2$ 위의 점 $P(1,\ 1)$ 근처에서 한 점 $Q(x, x^2)$를 선택하여 **할선 (Secant line) PQ의 기울기**를 계산하자.

$$m_{\sec} = \frac{y - f(x_0)}{x - x_0} = \frac{x^2 - 1}{x - 1} = \frac{f(x) - f(1)}{x - 1}$$

이제 점 Q를 점 P로 이동함에 따라 할선 PQ는 접선에 가까워짐을 볼 수 있다. 따라서 접선의 기울기는 할선 PQ의 기울기의 $Q \to P$일 때의 **극한**으로 정의하는 것이 타당하다.

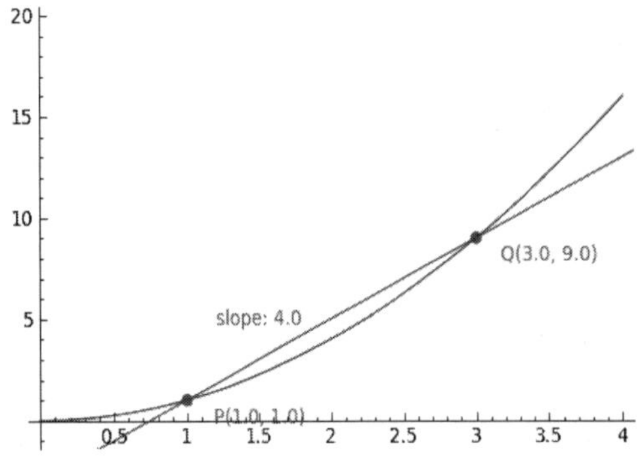

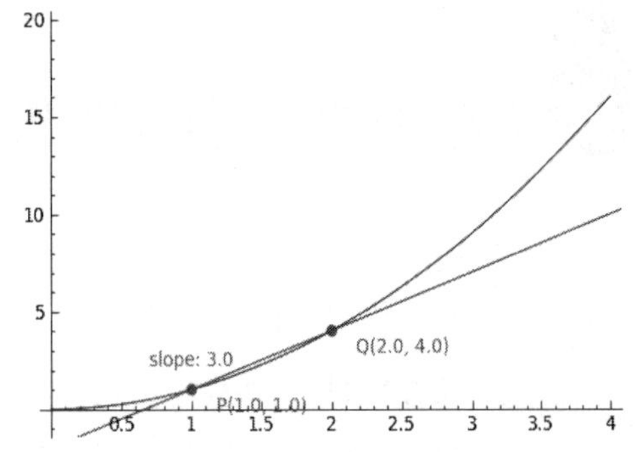

즉, $m_{\tan}=\lim_{x\to1}\frac{f(x)-f(1)}{x-1}=\lim_{x\to1}\frac{x^2-1}{x-1}=\lim_{x\to1}\frac{(x-1)(x+1)}{x-1}=\lim_{x\to1}(x+1)=1+1=2$

이다. 따라서 포물선 $y=x^2$ 위의 점 $P(1,\ 1)$에서의 접선의 방정식은 다음과 같다.

$$y-f(x_0)=m_{\tan}(x-x_0) \Rightarrow y-1=2(x-1),\ \text{즉},\ y=2(x-1)+1=2x-1.$$

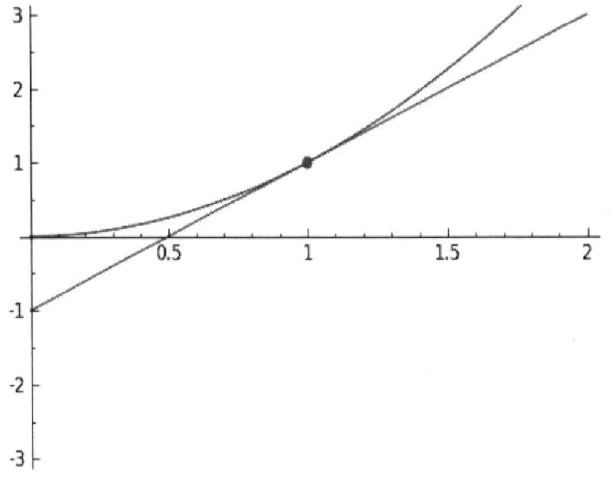

이제 접선의 기울기에 해당하는 극한을 다음과 같이 정의하자. 함수 f의 정의역 내에 속하는 점 a에 대하여, 극한값

$$\lim_{x\to a}\frac{f(x)-f(a)}{x-a}=\lim_{h\to0}\frac{f(a+h)-f(a)}{h}$$

이 존재하면 **함수 f는 $x=a$에서 미분가능(differentiable)하다**고 하고, 이 극한값을 $x=a$에서의 함수 f의 **미분계수**(differential coefficient)라 하며 $f'(a)$로 나타낸다. 미분계수는 접

선의 기울기를 나타내므로, 점 $(x_0, f(x_0))$ 에서 함수 $y=f(x)$의 그래프에 접하는 **접선의 방정식은 다음과 같이 쓸 수 있다.**

$$y-f(x_0)=f'(x_0)(x-x_0)$$

예제 1 함수 $f(x)=\sqrt{x}$에 대하여 미분계수 $f'(2)$를 구하여라.

풀이. 함수 $f(x)=\sqrt{x}$에 대하여

$$f'(2)=\lim_{x\to 2}\frac{f(x)-f(2)}{x-2}=\lim_{x\to 2}\frac{\sqrt{x}-\sqrt{2}}{x-2}=\lim_{x\to 2}\frac{(\sqrt{x}-\sqrt{2})(\sqrt{x}+\sqrt{2})}{(x-2)(\sqrt{x}+\sqrt{2})}$$

$$=\lim_{x\to 2}\frac{(x-2)}{(x-2)(\sqrt{x}+\sqrt{2})}=\lim_{x\to 2}\frac{1}{(\sqrt{x}+\sqrt{2})}=\frac{1}{2\sqrt{2}}=\frac{1}{4}\sqrt{2}$$

= 1/4*sqrt(2)

이다. Sage 를 이용하여 미분계수를 계산하면 다음과 같다.

http://matrix.skku.ac.kr/KOFAC/

```
f(x) = sqrt(x)
limit ((f(x) - f(2))/(x - 2), x = 2)
```

답. 1/4*sqrt(2) # 미분계수 $f'(2)=\frac{1}{2\sqrt{2}}=\frac{1}{4}\sqrt{2}$=1/4*sqrt(2) ■

예제 2 함수 $f(x)=|x|$은 $x=0$에서 미분가능한가?

풀이. $x=0$에서 미분가능의 여부는 다음의 극한의 존재여부와 같다.

$$f'(0)=\lim_{h\to 0}\frac{f(0+h)-f(0)}{h}=\lim_{h\to 0}\frac{|0+h|-|0|}{h}=\lim_{h\to 0}\frac{|h|}{h}$$

이 극한은 좌, 우극한이 달라서 존재하지 않는다. 따라서 미분가능하지 않다.

Sage 를 이용하여 계산하면 다음과 같다.

http://matrix.skku.ac.kr/KOFAC/

```
f(x) = abs(x)
limit ((f(x) - f(0))/(x - 0), x = 0)
```

답. und # undefined, 존재하지 않는다, 미분불가능하다. ■

예제 3 곡선 $y=\dfrac{1}{x}$ 위의 점 $(2, \dfrac{1}{2})$에서 **접선의 방정식**을 구하여라.

풀이. sage 를 이용하여 미분계수를 계산하면 $f'(2)=-\dfrac{1}{4}$이므로 함수 $f(x)=\dfrac{1}{x}$의 그래프 위의 점 $(2, \dfrac{1}{2})$에서의 접선의 방정식은 $y-\dfrac{1}{2}=-\dfrac{1}{4}(x-2)$ 즉, $y=-\dfrac{1}{4}x+1$ 이다.

http://matrix.skku.ac.kr/KOFAC/

```
f(x) = 1/x
x0 = 2
m = limit ((f(x) − f(x0))/(x − x0), x = x0)                  # 접선의 기울기
print ("접선의 방정식 : y =", f(x0) + m*(x − x0))
p1 = plot (f(x), (x, 0, 6), ymax = 5, ymin = −1)              # 함수 f(x) 그리기
p2 = plot (f(x0) + m*(x − x0), (x, 0, 6), color = 'red')      # 접선 그리기
p3 = point ([(x0, f(x0))], color = 'red', pointsize = 15)     # 접점
p1 + p2 + p3                                                  # 함수 f(x)와 접선을 동시에 보여주기
```

답. 접선의 방정식 : **y = −1/4*x + 1** # $y=-\dfrac{1}{4}x+1$

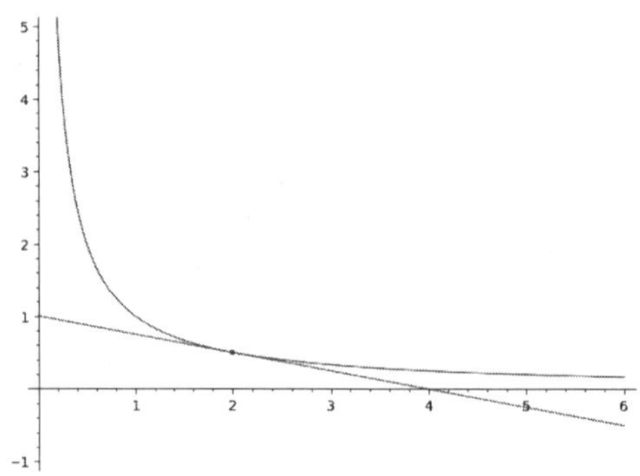

■

연쇄법칙(chain rule) $f(x)$는 $x=a$에서 미분가능이면 $x=a$에서 연속이다. 그러나 역은 성립하지 않는다. 즉 $f(x)$가 $x=a$에서 연속이라도 반드시 미분가능인 것은 아니다. [아래 그림 참조]

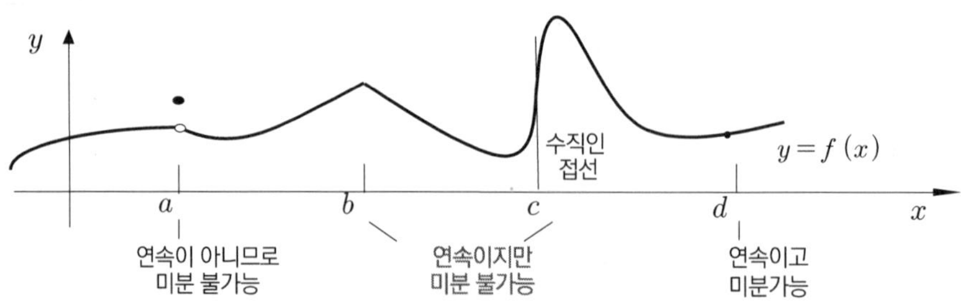

◪ 열린 문제 1 다른 교재를 참고하여 다양한 함수의 한 점에서의 접선의 방정식을 구하시오.

6.2 도함수(derivative)와 고계 도함수

$y = f(x)$가 어떤 구간의 각 점 x에서 미분가능일 때, $f(x)$는 이 구간에서 **미분가능**이라고 한다. 이 경우 각 점 x에 그 점에서의 미분계수를 대응시킴으로써 정해지는 함수를 **$f(x)$의 도함수**(derivative)라 하고 다음 기호들로 나타낸다.

$$f'(x),\ y',\ \frac{dy}{dx},\ \frac{d}{dx}f(x),\ Dy$$

함수 $f(x)$의 도함수를 구하는 것을 $f(x)$를 **미분한다**(differentiate)고 하고, **함수 $y = f(x)$의 도함수는 식 $f'(x) = \lim_{h \to 0} \frac{f(x+h) - f(x)}{h}$으로 구한다.** 따라서 어떤 함수를 미분하여 얻은 그 함수가 도함수이고, 도함수에 변수의 값을 대입하면 그 점에서의 **미분계수**가 나오는 것이다.

예제 4 $f(x) = x^3 + 7x^2 - 6x + 3$에 대하여 $f'(x)$를 구하고, $f(x)$와 $f'(x)$의 그래프를 그려라.

풀이. Sage를 이용하여 도함수 $f'(x)$를 구하고, $f(x)$와 $f'(x)$의 그래프를 같이 그리면 다음과 같다.

http://matrix.skku.ac.kr/KOFAC/

```
f(x) = x^3 + 7*x^2 - 6*x + 3
df(x) = diff (f(x), x)                # 도함수
print ("f(x) =", f(x))
print ("f'(x) =", df(x))
plot (f(x), (x, -8, 4)) + plot (df(x), (x, -8, 4), color = 'red', ymax = 100)
```

f(x) = x^3 + 7*x^2 − 6*x + 3

f'(x) = 3*x^2 + 14*x − 6

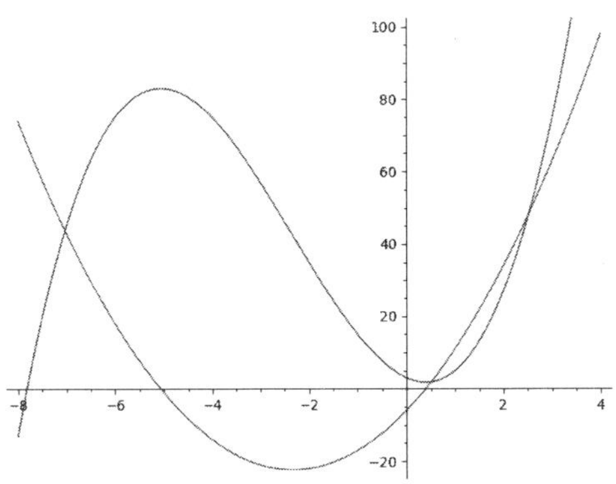

■

함수 $y=f(x)$의 도함수 $y'=f'(x)$가 다시 미분가능이면 그 도함수 $(y')'$를 $y=f(x)$의 **2계 도함수**(2nd derivative)라 하고 다음과 같은 기호로 나타낸다.

$$f''(x),\ y'',\ \frac{d}{dx}\left(\frac{dy}{dx}\right)=\frac{d^2y}{dx^2}$$

미분계수의 응용인 속도와 가속도는 각각 거리를 나타내는 함수의 1계 도함수와 2계 도함수의 예이다. 같은 방법으로 3계 도함수, 4계 도함수, ... 를 정의할 수 있다. **2계 이상의 도함수를 고계 도함수**라고 한다.

예제 5 $f(x)=x^3+7x^2-6x+3$의 2계 도함수를 구하여라.

풀이. $f'(x)=3x^2+14x-6$이므로 $f''(x)=6x+14$가 된다. sage를 이용하여 2계 도함수 $f''(x)$를 구하면 다음과 같다.

http://matrix.skku.ac.kr/KOFAC/

```
f(x) = x^3 + 7*x^2 - 6*x + 3
d2f(x) = diff (f(x), x, 2)          # 2계 도함수
print ( "f"(x) =", d2f(x) )
```

답. f"(x) = 6*x + 14   # 2계 도함수 ■

열린 문제 2 다른 교재를 참고하여 다양한 함수의 도함수와 고계도함수를 구하시오.

6.3 미분 법칙

이제 미분 법칙에 관하여 설명한다. 이는 모두 극한으로부터 증명가능하다. 상수 c와 미분가능한 함수 $f(x)$, $g(x)$에 대하여 다음이 성립한다.

① $(cf(x))'=cf'(x)$

② $(f(x)\pm g(x))'=f'(x)\pm g'(x)$

③ $(f(x)g(x))'=f'(x)g(x)+f(x)g'(x)$

④ $\left(\dfrac{f(x)}{g(x)}\right)'=\dfrac{f'(x)g(x)-f(x)g'(x)}{\{g(x)\}^2}$, 단 $g(x)\neq 0$.

그리고 지금까지 학습한 함수들의 도함수는 다음과 같다. 위의 법칙과 아래 도함수들을 적절히 활용하면, 미분가능한 함수의 도함수를 대부분 계산할 수 있다.

$\frac{d}{dx}(c) = 0$ $\frac{d}{dx}(x) = 1$ $\frac{d}{dx}(x^n) = nx^{n-1}$ $\frac{d}{dx}(e^x) = e$

$\frac{d}{dx}(a^x) = a^x \ln a$ $\frac{d}{dx}(\ln x) = \frac{1}{x}$ $\frac{d}{dx}(\log_a x) = \frac{1}{x \ln a}$

$\frac{d}{dx}(\sin x) = \cos x$ $\frac{d}{dx}(\cos x) = -\sin x$ $\frac{d}{dx}(\tan x) = \sec^2 x$

$\frac{d}{dx}(\cot x) = -\csc^2 x$ $\frac{d}{dx}(\sec x) = \sec x \tan x$ $\frac{d}{dx}(\csc x) = -\csc x \, \mathrm{cc}$

$\frac{d}{dx}\sin^{-1}x = \frac{1}{\sqrt{1-x^2}}$ $\frac{d}{dx}\cos^{-1}x = -\frac{1}{\sqrt{1-x^2}}$ $\frac{d}{dx}\tan^{-1}x = \frac{1}{1+x^2}$

$\frac{d}{dx}\sec^{-1}x = \frac{1}{x\sqrt{x^2-1}}$ $\frac{d}{dx}\csc^{-1}x = -\frac{1}{x\sqrt{x^2-1}}$ $\frac{d}{dx}\cot^{-1}x = -\frac{1}{1+x^2}$

$\frac{d}{dx}(\sinh x) = \cosh x$ $\frac{d}{dx}(\cosh x) = \sinh x$ $\frac{d}{dx}(\tanh x) = \mathrm{sech}^2 x$

$\frac{d}{dx}(\mathrm{csch}\, x) = -\mathrm{csch}\, x \, \mathrm{cot}$ $\frac{d}{dx}(\mathrm{sech}\, x) = -\mathrm{sech}\, x \, \mathrm{tar}$ $\frac{d}{dx}(\coth x) = -\mathrm{csch}^2$

$\frac{d}{dx}(\sinh^{-1}x) = \frac{1}{\sqrt{1+x^2}}$ $\frac{d}{dx}(\cosh^{-1}x) = \frac{1}{\sqrt{x^2-1}}$ $\frac{d}{dx}(\tanh^{-1}x) = \frac{1}{1-x}$

$\frac{d}{dx}(\mathrm{csch}^{-1}x) = -\frac{1}{|x|\sqrt{x^2}}$ $\frac{d}{dx}(\mathrm{sech}^{-1}x) = -\frac{1}{x\sqrt{1-}}$ $\frac{d}{dx}(\coth^{-1}x) = \frac{1}{1-x}$

예제 6 $y = \frac{x^{3/4}\sqrt{x^2+1}}{(3x+2)^5}$ 을 미분하라.

풀이. sage 를 이용하여 계산하면 다음과 같다.

http://matrix.skku.ac.kr/KOFAC/

```
f(x) = x^(3/4)*sqrt(x^2 + 1)/(3*x + 2)^5
show ( diff (f(x), x) )
diff ( f(x), x )
```

답. $f'(x) = \frac{x^{\frac{7}{4}}}{\sqrt{x^2+1}\,(3x+2)^5} + \frac{3\sqrt{x^2+1}}{4(3x+2)^5\, x^{\frac{1}{4}}} - \frac{15\sqrt{x^2+1}\, x^{\frac{3}{4}}}{(3x+2)^6}$

x^(7/4)/(sqrt(x^2 + 1)*(3*x + 2)^5) + 3/4*sqrt(x^2 + 1)/((3*x + 2)^5*x^(1/4))
− 15*sqrt(x^2 + 1)*x^(3/4)/(3*x + 2)^6 ■

예제 7 $f(x)=x\tan^{-1}\sqrt{x}$를 미분하라.

풀이. SAGE를 이용하여 계산하면 다음과 같다.

http://matrix.skku.ac.kr/KOFAC/

```
f(x) = x*arctan(sqrt(x))
show ( diff (f(x), x) )
diff ( f(x), x )
```

답. f'(x) = $\frac{\sqrt{x}}{2(x+1)}+\arctan(\sqrt{x}$, **1/2*sqrt(x)/(x + 1) + arctan(sqrt(x))** ■

예제 8 $\frac{d}{dx}\cos^{-1}(\operatorname{sech}x)$을 구하여라.

풀이. SAGE를 이용하여 계산하면 다음과 같다.

http://matrix.skku.ac.kr/KOFAC/

```
f(x) = arccos(sech(x))
show ( diff (f(x), x) )
diff ( f(x), x )
```

답. $\frac{\operatorname{sech}(x)\tanh(x)}{\sqrt{-\operatorname{sech}^2(x)+1}}$ **sech(x)*tanh(x)/sqrt(−sech(x)^2 + 1)** ■

◪ 열린 문제 3 위에 소개된 공식 또는 다른 교재 및 웹사이트에 소개된 다양한 미분가능한 함수의 도함수와 고계도함수를 구하시오.

Week 6 과제 위의 열린 문제를 풀어본 후, 본인이 요약/실습/질문/답변한 내용을 Q&A (문의게시판)에 공유하시오. 그리고 지난 6주간 QnA에서 협업으로 학습하고, 다른 학생이 <Final OK> 하여 결론을 얻은 내용들을 모아 제출한 1st PBL 보고서의 수정/보완본을 준비된 학생 순으로, 지정해준 시간내에서 발표하고 동료 평가하세요.

[수정본 샘플] http://matrix.skku.ac.kr/2021-W-Final-PBL/

[학생발표 (이우흠, LI Yuxin)] https://youtu.be/a7U99mleObc

7주차 연쇄법칙, 음함수, 매개변수 함수의 미분법

학습목표	이번 주차에서는 연쇄법칙, 음함수, 매개변수 함수의 미분에 관하여 학습한다.
핵심개념	합성함수, **연쇄법칙(chain rule), 음함수와 매개변수 함수의 미분** **https://youtu.be/1bnoS27s1xw** https://youtu.be/oN4nBiYPNPo (60분)
실습실	http://matrix.skku.ac.kr/S-calculus/W7/ http://matrix.skku.ac.kr/Cal-Book1/Ch3/ http://matrix.skku.ac.kr/cal-lab/sage-grapher-imp.html http://matrix.skku.ac.kr/cal-lab/sage-grapher-para.html

7.1 연쇄 법칙

이제 두 함수를 합성한 함수의 도함수를 계산하는 **연쇄법칙(chain rule)**에 대하여 살펴보자.

연쇄법칙(chain rule) 함수 $u = f(x)$가 점 x에서 미분가능하고, 함수 $y = g(u)$가 점 u에서 미분가능하면, 합성함수 $y = (g \circ f)(x) = g(f(x))$도 점 x에서 미분가능하고 아래식이 성리한다.

$$(g \circ f)'(x) = g'(f(x))f'(x) \text{ 또는 } \frac{dy}{dx} = \frac{dy}{du} \cdot \frac{du}{dx}$$

예를 들어, n이 임의의 실수이고 $u = g(x)$가 미분가능하면, 다음이 성립한다.

$$\frac{d}{dx}\{g(x)\}^n = n\{g(x)\}^{n-1} \cdot g'(x)$$

예제 1 다음 함수를 미분하라.

(1) $y = \sin(x^3)$ (2) $y = \sin^3 x$

풀이. (1) $y = \sin(x^3)$의 도함수는 $y = \sin u$, $u = x^3$이므로 연쇄법칙에 의해 다음과 같이 계산된다.

$$\frac{dy}{dx}=\frac{dy}{du}\cdot\frac{du}{dx}=\cos u\cdot(3x)=3x^2\cos(x^3)$$

(2) 마찬가지로 $y'=3\sin^2 x\ \cdot\ (\sin x)'=3\sin^2 x\cos x$ 이다.

Sage 를 이용하여 계산하면 다음과 같다.

http://matrix.skku.ac.kr/KOFAC/

```
print ( diff (sin(x^3), x) )
print ( diff (sin(x)^3, x) )
```

$\frac{dy}{dx}=\frac{dy}{du}\cdot\frac{du}{dx}$ = **3*x^2*cos(x^3)**

답. $y'=3\sin^2 x\ \cdot\ (\sin x)'$ = **3*cos(x)*(sin(x))^2** ■

예제 2 $\frac{d}{dx}\sqrt{x^2+2x}$ 를 구하여라.

풀이. $\frac{d}{dx}\sqrt{x^2+2x}$ 의 도함수는 $y=\sqrt{u}=u^{\frac{1}{2}}$, $u=x^2+2x$ 이므로 연쇄법칙에 의해 다음과 같이 계산된다.

$$\frac{dy}{dx}=\frac{dy}{du}\cdot\frac{du}{dx}=\frac{1}{2}u^{-\frac{1}{2}}(x^2+2x)'=\frac{1}{2\sqrt{u}}(2x+2)=\frac{x+1}{\sqrt{x^2+2x}}$$

Sage 를 이용하여 계산하면 다음과 같다.

http://matrix.skku.ac.kr/KOFAC/

```
diff ( sqrt(x^2 + 2*x), x )
```

답. (x + 1)/sqrt(x^2 + 2*x) ■

예제 3 $g(u)=\left(\frac{u^3-1}{u^3+1}\right)^8$ 의 도함수를 구하여라.

풀이. 연쇄법칙을 적용하면 다음과 같이 계산된다.

$$g'(u)=8\left(\frac{u^3-1}{u^3+1}\right)^7\frac{d}{du}\left(\frac{u^3-1}{u^3+1}\right)=8\frac{(u^3-1)^7}{(u^3+1)^7}\frac{3u^2(u^3+1)-3u^2(u^3-1)}{(u^3+1)^2}$$

$$=\frac{48u^2(u^3-1)^7}{(u^3+1)^9}$$

Sage 를 이용하여 계산하면 다음과 같다.

http://matrix.skku.ac.kr/KOFAC/

```
var('u')
g(u) = ((u^3 - 1)/(u^3 + 1))^8
print ( diff (g(u), u) )
factor (diff (g(u), u) )          # 통분하여 정리할 때
show ( factor (diff (g(u), u) )  )
```

답. 48*(u^2 + u + 1)^7*(u - 1)^7*u^2/((u^2 - u + 1)^9*(u + 1)^9)

$\# \, g'(u) = \dfrac{48u^2(u^3-1)^7}{(u^3+1)^9}$ ■

세 개 이상의 함수가 합성되어도 연쇄법칙을 여러 번 적용하여 도함수를 계산할 수 있다. 예를 들어, **세 함수 $y=f(u)$, $u=g(t)$, $t=h(x)$가 모두 미분가능할 때,** $\dfrac{dy}{dx}$는 연쇄법칙을 두 번 사용하여 다음과 같이 계산한다.

$$\frac{dy}{dx} = \frac{dy}{du} \cdot \frac{du}{dt} \cdot \frac{dt}{dx}$$

예제 4 $h(x) = \tan(x^2 \cos x)$을 미분하라.

풀이. 연쇄법칙을 적용하면 다음과 같이 계산된다.

$$\begin{aligned} h'(x) &= (x^2\cos x)'\sec^2(x^2\cos x) = ((x^2)'\cos x + x^2(\cos x)')\sec^2(x^2\cos x) \\ &= (2x\cos x - x^2\sin x)\sec^2(x^2\cos x) \\ &= x(2\cos x - x\sin x)\sec^2(x^2\cos x) \end{aligned}$$

Sage 를 이용하여 계산하면 다음과 같다.

http://matrix.skku.ac.kr/KOFAC/

```
show ( diff ( tan( x^2 * sin(x)), x )  )
```

답. (x^2*cos(x) + 2*x*sin(x))*(tan(x^2*sin(x))^2 + 1) ■

합성함수의 **고계 도함수**도 유사한 방식으로 연쇄법칙을 활용하여 계산할 수 있다.

예제 5 $y=\sin 2x$일 때, $\frac{d^3y}{dx^3}$, $\frac{d^4y}{dx^4}$을 구하여라.

풀이. $\frac{dy}{dx}=2\cos 2x$, $\frac{d^2y}{dx^2}=2(-2\sin 2x)=-4\sin 2x$ 이므로

$\frac{d^3y}{dx^3}=-4(2\cos 2x)=-8\cos 2x$, $\frac{d^4y}{dx^4}=-8(-2\sin 2x)=16\sin 2x$이다.

Sage를 이용하여 계산하면 다음과 같다.

http://matrix.skku.ac.kr/KOFAC/

```
f(x) = sin(2*x)
print ( diff(f(x), x, 3) )
print ( diff(f(x), x, 4) )
```

답. **-8*cos(2*x)** # $\frac{d^3y}{dx^3}=-8\cos 2x$

답. **16*sin(2*x)** # $\frac{d^4y}{dx^4}=16\sin 2x$ ■

예제 6 $y=\left(\frac{2}{x^4+1}\right)^3+\frac{3}{\sin^2 x}$의 **이계 도함수(second order derivatives)**를 구하여라.

풀이. **Sage**를 이용하여 계산하면 다음과 같다.

http://matrix.skku.ac.kr/KOFAC/

```
p = diff((2/(x^4 + 1))^3 + 3/sin(x)^2, x, 2)        # diff(f(x), x, 2)
print (p)
show (p)
```

답. 1536*x^6/(x^4 + 1)^5 - 288*x^2/(x^4 + 1)^4 + 18*cos(x)^2/sin(x)^4 + 6/sin(x)^2

(의미) $\frac{d^2y}{dx^2}=\frac{1536x^6}{(x^4+1)^5}-\frac{288x^2}{(x^4+1)^4}+18\frac{\cos^2 x}{\sin^4 x}+\frac{6}{\sin^2 x}$ ■

열린 문제 1 다른 교재를 참고하여 다양한 합성함수의 도함수와 고계 도함수를 구하시오.

(참고: http://matrix.skku.ac.kr/calculus/new2.pdf)

7.2 음함수(implicit function)의 미분

지금까지는 $y=f(x)$로 표현되는 함수, 예를 들어, $y=\sin x$, $y=x^3+2x-1$, $y=\sqrt{x^3+1}$와 같은 함수에 대하여만 다루어 왔다. 이를 **양함수**(explicit function)라 한다. 이제 이보다 좀 더 일반적인 함수인 **음함수**(implicit function)에 대하여 살펴보자.

음함수(implicit function)란 간단히 말해, x와 y에 관한 방정식으로 표현된 함수 $F(x, y)=0$을 말한다. 예를 들어, 방정식 $x^2+y^2=25$ 또는 $x^3+y^3=6xy$와 같이 정의역 내의 x에 대하여 방정식을 풀어서 나온 y가 대응되는 함수라고 이해한다. 물론 $x^2+y^2=25$의 경우, 방정식을 만족하는 점 (x, y)들을 좌표평면 상에 모두 표시하면 '중심이 원점이고 반지름이 5인 원'이 된다. 이 식을 y에 관하여 정리하면 $y=\pm\sqrt{25-x^2}$와 같이 두 개의 (양)함수를 합한 모양이다. 따라서 함수가 아니라고도 할 수 있는 이런 식을 함수의 개념을 확장하여 음함수(implicit function)라고 부르고, 그래프에서 보면 두 개의 (양)함수를 합한 곡선이라고 생각할 수 있다. 일반적으로 양함수(explicit function) $y=f(x)$도 $g(x, y)=f(x)-y=0$와 같이 음함수로 나타낼 수 있다.

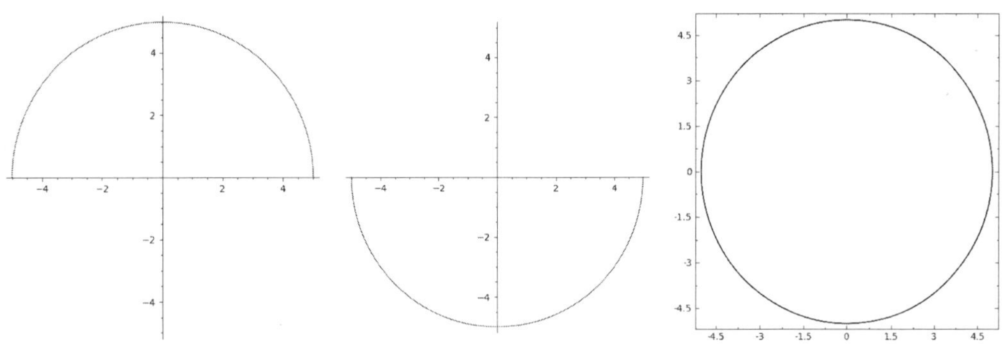

(양함수) $y=\sqrt{25-x^2}$ 과 $y=-\sqrt{25-x^2}$ ⇒ (음함수) $x^2+y^2=25$의 그래프

Sage에서는 implicit_plot 명령어를 이용하여 음함수의 그래프를 그릴 수 있다. 이때는 x와 y에 대하여 모두 변수 선언을 해주어야 하고, 방정식의 등호(=)를 두 개 사용해야 한다.

http://matrix.skku.ac.kr/KOFAC/

```
var ('x, y')                                                    # 변수 선언
implicit_plot ( x^2 + y^2 == 25, (x, -5, 5), (y, -5, 5) )# implicit_plot ( F(x, y) == 0, (x, a, b), (y, c, d) )
```

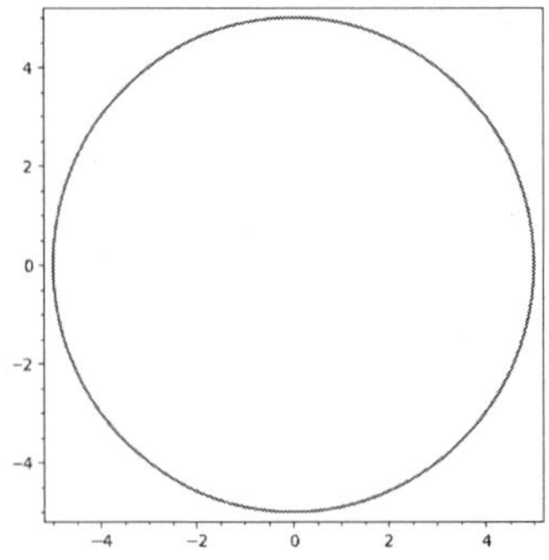

■

예제 7 음함수 $x^3+y^3=6xy$의 그래프를 그려라.

풀이. Sage를 이용하여 그리면 다음과 같다.

http://matrix.skku.ac.kr/KOFAC/

```
var ('x, y')
implicit_plot ( x^3 + y^3 == 6*x*y, (x, −5, 5), (y, −5, 5) )
```

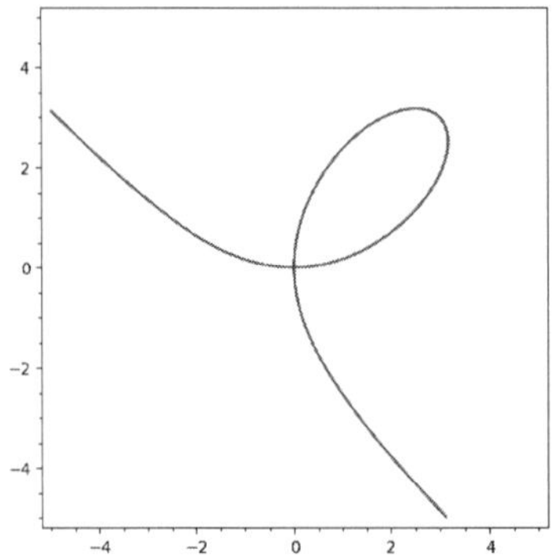

■

이제 **음함수의 도함수를 구하는 방법**에 관하여 살펴보자. 음함수 $F(x,y)=0$의 도함수를 계산할 때, 이를 다시 양함수 $y=f(x)$형태로 고쳐서 미분공식을 이용하여 도함수를 계산할 필요는 없다. 예를 들어, **예제 7**의 음함수 $x^3+y^3=6xy$의 경우, Sage의 solve 명령어를 이용하여 $y=f(x)$ 형태로 고쳐보면 다음과 같이 세 개의 음함수로 구성되어 있음을 확인할 수 있다.

http://matrix.skku.ac.kr/KOFAC/

```
var ('x, y')
show (solve (x^3 + y^3 − 6*x*y == 0, y))
solve (x^3 + y^3 − 6*x*y == 0, y)
```

답. $$y = \frac{x(i\sqrt{3}-1)}{(-\frac{1}{2}x^3+\frac{1}{2}\sqrt{(x^3-32)\,x}}\,x^{\frac{1}{3}} - \frac{1}{2}(\frac{-1}{2}x^3+\frac{1}{2}\sqrt{(x^3-32)x\,x})^{\frac{1}{3}},$$

$$y = \frac{x(-i\sqrt{(3)}-1)}{(-\frac{1}{2}x^3+\frac{1}{2}\sqrt{(x^3-32)x}\,)x^{\frac{1}{3}}} - \frac{1}{2}(-\frac{1}{2}x^3+\frac{1}{2}\sqrt{(x^3-32)x\,x})^{\frac{1}{3}}(-i\sqrt{3}+1),$$

$$y = \frac{2x}{(-\frac{1}{2}x^3+\frac{1}{2}\sqrt{(x^3-32)x}\,)x^{\frac{1}{3}}} + (-\frac{1}{2}x^3+\frac{1}{2}\sqrt{(x^3-32)x\,x})^{\frac{1}{3}}.$$

```
[y == x*(I*sqrt(3) - 1)/(-1/2*x^3 + 1/2*sqrt((x^3 - 32)*x)*x)^(1/3) - 1/2*(-1/2*x^3 + 1/2*sqrt((x^3 - 32)*x)*x)^(1/3)*(I*sqrt(3) + 1),
y == x*(-I*sqrt(3) - 1)/(-1/2*x^3 + 1/2*sqrt((x^3 - 32)*x)*x)^(1/3) - 1/2*(-1/2*x^3 + 1/2*sqrt((x^3 - 32)*x)*x)^(1/3)*(-I*sqrt(3) + 1),
y == 2*x/(-1/2*x^3 + 1/2*sqrt((x^3 - 32)*x)*x)^(1/3) + (-1/2*x^3 + 1/2*sqrt((x^3 - 32)*x)*x)^(1/3)].
```

■

따라서 식이 매우 복잡하여 **이런 방식으로 도함수를 계산하는 것은 사실상 무의미하다**. 이 경우 음함수가 방정식 $x^3+y^3=6xy$의 형태로 주어져 있으므로, 실제 $y=f(x)$에 해당하는 $f(x)$의 구체적인 식을 찾기보다 일단 $y=f(x)$라고 생각하고, 양변을 x에 관하여 미분하는 과정에서 **연쇄법칙을 적용하여 (양변의 x에 대한) 도함수를 구한다**. 구체적으로는 다음을 얻는다.

$$3x^2+3y^2y' = 6x\,y' + 6\,y$$

이를 y'에 관해 정리하면 $y'(3y^2-6x)=6y-3x^2$이므로 $y' = \frac{6y-3x^2}{3y^2-6x} = \frac{2y-x^2}{y^2-2x} = -\frac{x^2-2y}{y^2-2x}$이 된다. 음함수의 도함수를 sage로 계산할 때는 implicit_derivative 명령어를 활용할 수 있다. 이때는 $F(x,y)=0$ 형태로 고쳐서 계산해야 한다. 즉 $x^3+y^3=6xy$의 경우, 다음과 같이 정리해야 한다.

$$F(x,y) = x^3+y^3-6xy=0 \text{ 또는 } F(x,y) = -x^3-y^3+6xy=0$$

http://matrix.skku.ac.kr/KOFAC/

```
var ('x, y')
F(x, y) = x^3 + y^3 - 6*x*y            # F(x, y) = 0
F.implicit_derivative(y, x)            # 음함수의 도함수. y와 x의 순서에 주의
```

답. dy/dx = −(x^2 − 2*y)/(y^2 − 2*x)   # 음함수의 도함수. $y' = -\frac{x^2-2y}{y^2-2x}$ ■

미적분학 2에서 편도함수와 연쇄법칙을 학습하면, 더욱 쉽게 음함수의 도함수를 계산할 수 있다.

예제 8 방정식 $x^3 + xy^3 = xy$으로 주어진 음함수에 대해서 $\dfrac{dy}{dx}$를 구하여라.

풀이. 양변을 x에 관하여 미분하면 다음을 얻는다.

$$3x^2 + (y^3 + x \cdot 3y^2 y') = y + xy'$$

이를 y'에 관해 정리하면 $y'(3xy^2 - x) = y - 3x^2 - y^3$이므로 $y' = \dfrac{y - 3x^2 - y^3}{3xy^2 - x}$이 된다.

Sage를 이용하여 계산하면 다음과 같다.

http://matrix.skku.ac.kr/KOFAC/

```
var ('x, y')
F(x, y) = x^3 + x*y^3 - x*y                    # F(x, y) = 0
F.implicit_derivative(y, x)                    # 음함수의 도함수. y와 x의 순서에 주의
```

답. dy/dx = -(y^3 + 3*x^2 - y)/(3*x*y^2 - x) # $y' = \dfrac{y - 3x^2 - y^3}{3xy^2 - x}$ ■

예제 9 곡선 $y^3 - xy^2 + \cos xy = 2$위의 점 $(0, 1)$에서 **접선의 방정식**을 구하여라.

풀이. Sage를 이용하여 도함수를 계산하면 다음과 같다.

http://matrix.skku.ac.kr/KOFAC/

```
var ('x, y')
F(x, y) = y^3 - x*y^2 + cos(x*y) - 2           # F(x, y) = 0
dydx = F.implicit_derivative(y, x)             # 음함수의 도함수. y와 x의 순서에 주의
dydx
```

dy/dx = -(y^2 + y*sin(x*y))/(2*x*y - 3*y^2 + x*sin(x*y)) # $y' = -\dfrac{y^2 + y\sin(xy)}{2xy - 3y^2 + x\sin(xy)}$

따라서 $(0, 1)$에서의 **접선의 방정식**은 다음과 같다.

http://matrix.skku.ac.kr/KOFAC/

```
m = dydx.subs(x = 0, y = 1)                    # (0, 1) 에서 접선의 기울기
print ( "y =", 1 + m*(x - 0) )                 # 접선의 방정식
p1 = implicit_plot( F(x, y) == 0, (x, -2, 2), (y, -1, 3) )   # 음함수의 그래프
```

```
p2 = plot( 1 + m*(x − 0), (x, −2, 2), color = 'red' )      # 접선의 그래프
p3 = point( [(0, 1)], color = 'red', pointsize = 15 )      # 접점
p1 + p2 + p3
```

답. 접선의 방정식: **y = 1/3*x + 1** # $y=\frac{x}{3}+1.$

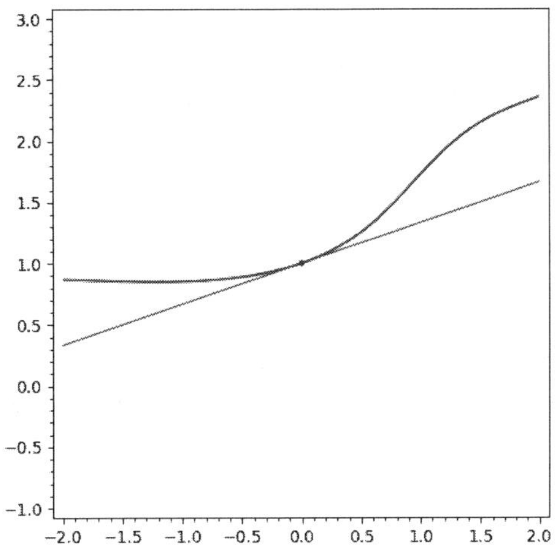

■

음함수의 **고계 도함수**(high order derivatives)도 같은 방법으로 계산하면 된다.

예제 10 방정식 $x^2+y^2=a^2$ 에서 이계 도함수 y''을 구하여라.

풀이. 양변을 x에 관하여 미분하면 다음을 얻는다.

$$2x+2yy'=0$$

이를 y'에 관해 정리하면 $y'=-\frac{x}{y}$이다. 따라서 이계 도함수 y''는 다음과 같다.

$$y''=\frac{d}{dx}(y')=\frac{d}{dx}\left(-\frac{x}{y}\right)=-\frac{1}{y}+\frac{x}{y^2}\cdot y'=-\frac{1}{y}+\frac{x}{y^2}\cdot\left(-\frac{x}{y}\right)=-\frac{1}{y}-\frac{x^2}{y^3}$$

SAGE를 이용하여 이계 도함수(second order derivatives)를 계산하면 다음과 같다.

```
var ('x, y, a')
F(x, y) = x^2 + y^2 − a^2
F.implicit_derivative ( y, x, 2 )
```

답. $y'' = \dfrac{d}{dx}(y') =$ −x^2/y^3 − 1/y # $y'' = -\dfrac{x^2}{y^3} - \dfrac{1}{y}$ ■

◩ 열린 문제 2 다른 교재를 참고하여 다양한 음함수의 그래프를 그리고, 도함수와 특정한 점에서의 접선의 방정식을 구하시오.

7.3 매개변수 함수(parametric function)의 미분

평면에서 곡선의 매개변수표현은 기존의 **양함수** $y = f(x)$**나 음함수** $F(x, y) = 0$의 형태가 아니라 **제3의 변수(주로** t**)의 함수로 다음과 같은 방정식(매개변수 방정식, parametric equation, 매개방정식)**으로 표현되는 곡선을 말한다.

① **매개변수 방정식으로** 주어진 함수 : 연속함수 $x = f(t),\ y = g(t),\ t \in I$ (대부분은 폐구간 $[a, b]$이다)

② **매개변수 곡선** : t가 변함에 따라 점 $(x, y) = (f(t), g(t))$가 그리는 곡선

예를 들어, 다음과 같은 **매개변수 방정식**으로 정의된 함수를 살펴보자.

$$x = f(t) = t^2 - 2t,\ y = g(t) = t + 1,\ t \in [-2, 4]$$

이를 위해, sage를 활용하여 몇 가지 대표되는 t**값에 대응되는** x**값과** y**값을 구하여 순서쌍** (x, y)**를 좌표평면에 나타내면** 다음과 같다.

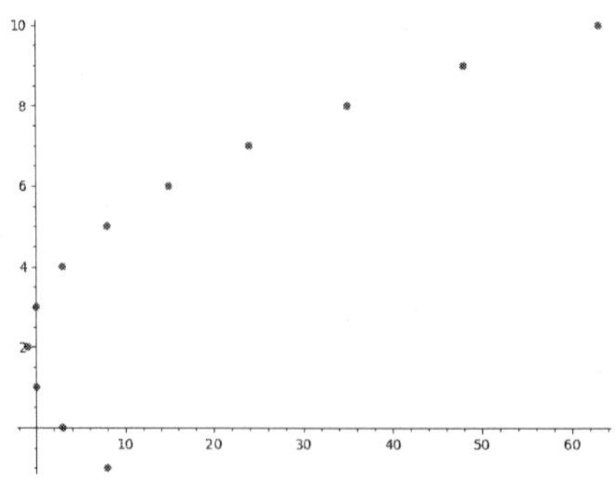

http://matrix.skku.ac.kr/KOFAC/

```
var ( 't' )                                # 매개변수
f(t) = t^2 - 2*t
g(t) = t + 1
r = []                                     # 그래프를 그리기 위한 용도
for i in range(-2, 5):
    print ("t =", i, "x =", f(i), "y = ", g(i))
   r.append((f(i), g(i)))
point (r, color = 'red', pointsize = 30)   # 점을 표시
```

```
t = -2  x = 8   y = -1
t = -1  x = 3   y = 0
t = 0   x = 0   y = 1
t = 1   x = -1  y = 2
t = 2   x = 0   y = 3
t = 3   x = 3   y = 4
t = 4   x = 8   y = 5
```

만일 t값의 간격을 더 촘촘하게 하면, 다음과 같은 그림을 얻을 수 있다.

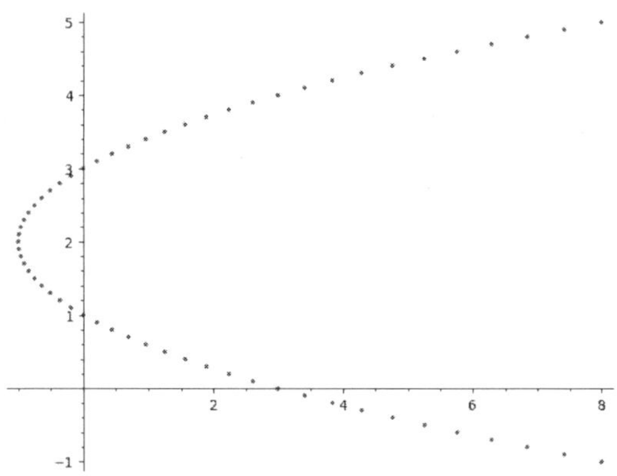

Sage의 **parametric_plot 명령어를 활용하면 매개변수 방정식으로 주어진 함수의 그래프를 그릴 수 있다.** 앞서 얻은 순서쌍 (x, y)를 함께 표시하면 다음과 같다.

http://matrix.skku.ac.kr/KOFAC/

```
var ( 't' )                                # 매개변수
f(t) = t^2 - 2*t
```

```
g(t) = t + 1
r = []                                  # 그래프를 그리기 위한 용도
for i in srange(−2, 4.1, 0.1):
    r.append((f(i), g(i)))

p1 = point(r, color = 'red')
p2 = parametric_plot((f(t), g(t)), (t, −2, 4))
p1 + p2
```

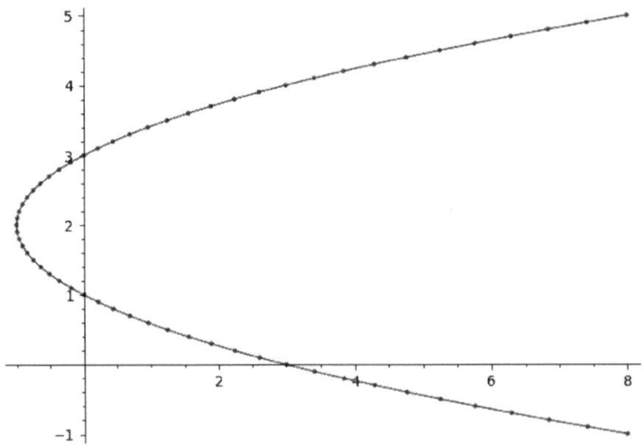

■

매개변수 방정식에서 t를 소거하면 대응하는 곡선을 얻을 수 있다. 이때, t의 범위를 적절히 반영하여야 한다. **예를 들어, 앞서 소개한 매개변수 방정식** $x=t^2-2t$, $y=t+1$, $t\in[-2,4]$**에서 매개변수** t**를 소거해보자.** 먼저 $y=t+1$에서 $t=y-1$을 $x=t^2-2t$에 대입하면 다음을 얻는다.

$$x=(y-1)^2-2(y-1)=y^2-4y+3$$

그리고 범위는 $t\in[-2,4]$이므로 $-1\le x\le 8$, $-1\le y\le 5$이다. 이를 Sage를 이용하여 음함수 명령어를 이용하여 좌표평면에 그리면 다음과 같다.

http://matrix.skku.ac.kr/KOFAC/

```
var ( 'x, y' )
implicit_plot (x == y^2 − 4*y + 3, (x, −1, 8), (y, −1, 5))
```

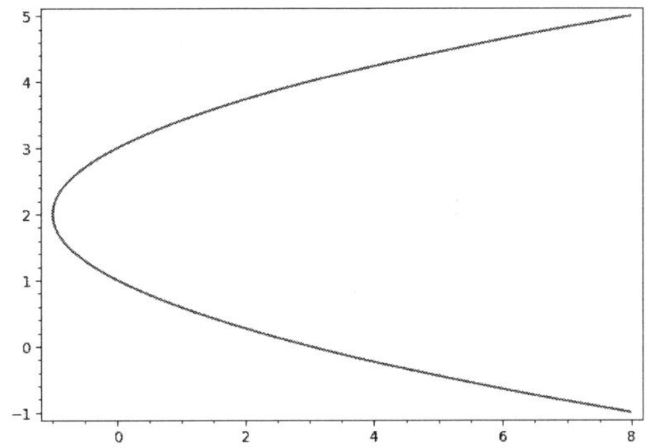

■

매개변수 함수 $x=f(t)$, $y=g(t)$, $t\in[a,b]$가 만드는 곡선에서 $P=(f(a),g(a))$는 시작점, $Q=(f(b),g(b))$는 끝점이라 한다. 만일 **시작점과 끝점이 같은 경우**($P=Q$), 이 곡선은 **'닫힌 곡선(closed curve)'**이라고 하며, $t_1, t_2\in[a,b]$에 대하여 $t_1\neq t_2$일 때 $(f(t_1), g(t_1))\neq(f(t_2),g(t_2))$이 성립하는 경우 이 곡선은 **'단순 곡선(simple curve)'**이라 한다.

양함수(explicit function)도 매개변수 방정식으로 표현할 수 있다. 예를 들어, $y=f(x)$는 $x=t$, $y=f(t)$으로, $x=g(y)$는 $x=g(t)$, $y=t$로 표현할 수 있다.

예제 11 곡선 $x=y^4-3y^2$을 매개변수 방정식으로 바꾸어 parametric_plot을 이용하여 개형을 그려라.

풀이. $y=t$, $x=t^4-3t^2$이라 하고 Sage를 이용하여 매개변수 방정식의 그래프를 그리면 다음과 같다.

http://matrix.skku.ac.kr/KOFAC/

```
var ( 't' )
f(t) = t^4 - 3*t^2
g(t) = t
parametric_plot ( ( f(t), g(t) ), (t, -2, 2) )
```

답.

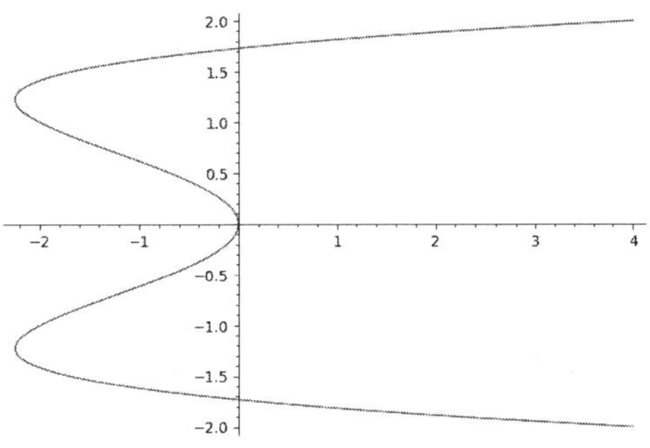

■

예제 12 $0 \le t \le 2\pi$에서 매개변수 방정식 $x = \cos t$, $y = \sin t$로 정의되는 함수의 그래프의 모양이 무엇인지 설명하시오.

풀이. $x^2 + y^2 = \cos^2 t + \sin^2 t = 1$이므로 이 곡선은 중심이 원점이고 반지름이 1인 원이다. Sage를 이용하여 매개변수 방정식의 그래프를 그리면 다음과 같다.

http://matrix.skku.ac.kr/KOFAC/

```
var ( 't' )
f(t) = cos(t)
g(t) = sin(t)
parametric_plot ( ( f(t), g(t) ), (t, 0, 2*pi) )
```

답.

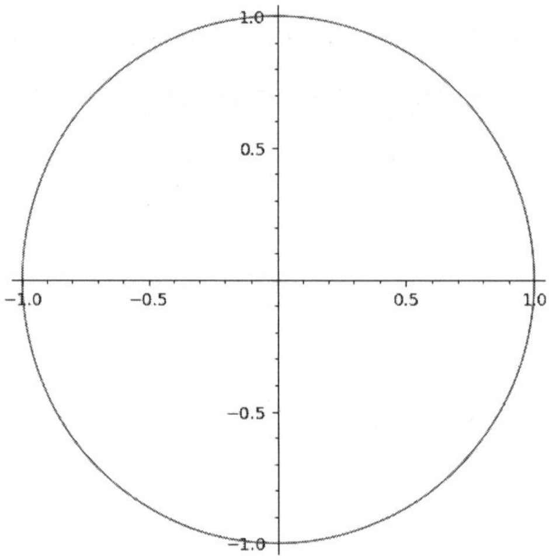

■

예제 13 $0 \le t \le 4\pi$에서 매개변수 방정식 $x = 2(t - \sin t)$, $y = 2(1 - \cos t)$로 정의되는 함수의 그래프의 모양이 무엇인지 설명하시오.

풀이. Sage를 이용하여 매개변수 방정식의 그래프를 그리면 다음과 같다.

http://matrix.skku.ac.kr/KOFAC/

```
var ( 't' )
f(t) = 2*( t - sin(t) )
g(t) = 2*( 1 - cos(t) )
parametric_plot ( (f(t), g(t)), (t, 0, 4*pi) )
```

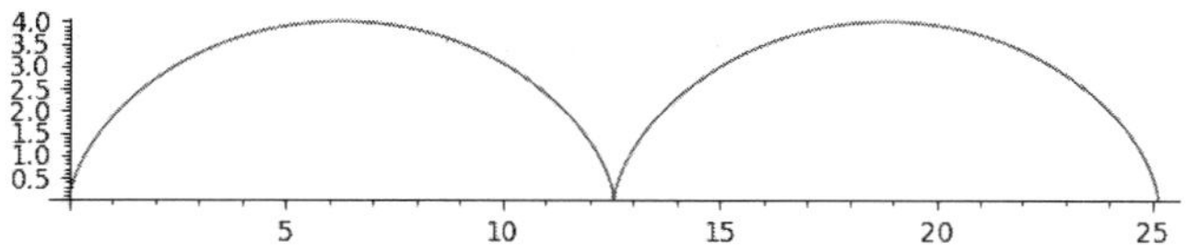

예제 13 의 매개변수 방정식으로 주어지는 곡선을 **사이클로이드(cycloid)**라 한다. 이는 직선 위로 원을 굴렸을 때 원 위의 정점이 그리는 곡선으로, 시점과 종점이 같은 직선과 곡선 중에서, 그 위를 같은 시간 안에 더 빨리 물체가 움직이는 것으로 알려져 있다. 또한 사이클로이드의 어느 위치에서 물체를 강하하여도 끝점에 도착하는 시간은 일정하다.
[참고] 사이클로이드 https://youtu.be/1prOPxaYk9A ■

이제 매개변수 방정식으로 정의된 함수의 미분을 계산해보자. 다음의 정리가 성립한다.

매개변수 방정식으로 정의된 함수의 미분 구간 $\alpha < t < \beta$에서 f와 g가 연속적으로 미분가능하고, $f'(t) \neq 0$이라고 하자. 그러면 매개변수 방정식 $x = f(t),\ y = g(t)$는 y를 x에 대해 미분가능한 함수로 정의한다. 그리고, 다음이 성립한다.

$$\frac{dy}{dx} = \frac{dy/dt}{dx/dt}$$

예제 14 다음 매개변수 함수의 **그래프 위의 한 점에서의 접선의 기울기**를 구하여라.

$$x = 2t^2 + 1,\ \ y = e^t\ \ (t = 1)$$

풀이. $\frac{dy}{dt} = e^t,\ \frac{dx}{dt} = 4t$이므로 $\frac{dy}{dx} = \frac{dy/dt}{dx/dt} = \frac{e^t}{4t}$이다. 따라서 $t = 1$일 때 **접선의 기울기는 $\frac{e}{4}$이다.**

Sage 를 이용하여 계산하면 다음과 같다.

http://matrix.skku.ac.kr/KOFAC/

```
var ( 't' )
f(t) = 2*t^2 + 1
g(t) = e^t
m(t) = diff(g(t), t)/diff(f(t), t)          # 접선의 기울기
m(1)
```

답. 1/4*e # $\frac{e}{4}$ ■

예제 15 다음 매개변수 함수의 그래프 위의 **한 점에서의 접선의 방정식**을 구하여라.

$$x = \cos^3 t,\ \ y = \sin^3 t\ \ (t = \frac{\pi}{3})$$

풀이. **Sage** 를 이용하여 접선의 방정식을 구하면 다음과 같다.

http://matrix.skku.ac.kr/KOFAC/

```
var ( 't' )
f(t) = cos(t)^3
g(t) = sin(t)^3
m(t) = diff(g(t), t)/diff(f(t), t)
print("y =", expand(g(pi/3) + m(pi/3)*(x − f(pi/3))))                  # 접선의 방정식
p1 = parametric_plot((f(t), g(t)), (t, 0, pi))                          # 매개변수 함수의 그래프
p2 = plot(g(pi/3) + m(pi/3)*(x − f(pi/3)), (x, −0.5, 0.5), color = 'red')   # 접선의 그래프
p3 = point([(f(pi/3), g(pi/3))], color = 'red', pointsize = 30)         # 접점
p1 + p2 + p3
```

답. y = −sqrt(3)*x + 1/2*sqrt(3)   # $y = -\sqrt{3}\,x + \frac{\sqrt{3}}{2}$

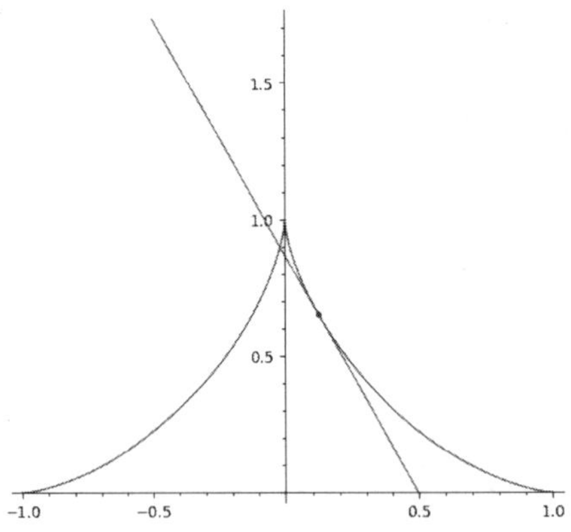

■

열린 문제 3 다른 교재를 참고하여 다양한 매개변수 함수의 그래프를 그리고, 도함수와 한 점에서의 접선의 방정식을 구하시오.

7주차 과제 위의 열린 문제를 풀어본 후, 지난 7주 동안 본인이 참여한 요약/실습/질문/답변한 내용을 Q&A(문의게시판)에 공유하고, 토론하여, 결론을 얻어서 Midterm PBL 보고서에 포함하여 제출하시고 발표하시기 바랍니다.

1-7주차 복습 (Review)

과제 (Open Problem) **Week 1 과제** (1) 제시된 실습실을 둘러보시고, 유사한 문제를 코드를 바꾸면서 풀어보세요. (2) 그 후 궁금한 어떤 질문 또는 할 수 있게 된 일 및 학습하는 과정에서 배우거나 느낀 내용 또는 본인의 문제를 직접 풀어보고 구한 답을 간단하게 I-campus 강의실 BBS(QnA 또는 문의게시판)에 공유하세요. (3) 중간고사 전에 본인이 풀어보고 공유하거나, 질문하거나, 답변한 문제/내용들을 모아서 제출하고 발표하게 됩니다.

고1, 2, 3 수학 문제집

- http://matrix.skku.ac.kr/K-10-RMPG/
- http://matrix.skku.ac.kr/K-11-2-RMPG/
- http://matrix.skku.ac.kr/K-12-1-RMPG/

(이상구 교수팀이 개발하여 ㈜프로키언 (대표: 이재윤)에 기술 이전한 특허 기술 RMPG(Random Math Problem Generator) (특허등록번호 : 10-1560802)이 적용된 작품입니다.)

과제 (Open Problem) **Week 2 과제** (1) 위의 Week 1 과 Week 2 교안과 실습실을 둘러보시고, 유사한 문제를 코드를 바꾸면서 풀어보세요. (2) 그 후 궁금한 어떤 질문 또는 할 수 있게 된 일 및 학습하는 과정에서 배우거나 느낀 내용 또는 본인의 문제를 직접 풀어보고 구한 답을 [매주 3문제 또는 3개 이상의 질문/답변] 간단하게 I-campus 강의실 BBS(QnA 또는 문의게시판)에 공유하세요. (3) 중간고사 전에 본인이 풀어보고 공유하거나, 질문하거나, 답변한 문제/내용들을 모아서 제출하고 발표하게 됩니다.

Week 3

열린 문제 1 다른 교재에서 찾은 몇 가지 다항함수의 개형을 그리시오.

[Hint: plot (−x^9 −5*x^4 −130*x^3 −53*x^2 +542*x +3 , (x, −10, 10))]

참고: 교재에 주어진 코드를 변형하여 http://matrix.skku.ac.kr/KOFAC/ 에서 실습하시오.

열린 문제 2 다른 교재에서 찾은 몇 가지 유리함수의 개형을 그리시오.

[Hint: $f(x) = \dfrac{x^3 + x^2 + x}{x^2 - x - 2}$]

참고: 교재에 주어진 코드를 변형하여 http://matrix.skku.ac.kr/KOFAC/ 에서 실습하시오.

◩ 열린 문제 3 $y = x\sin\frac{1}{x}$ 그래프의 개형을 그리시오.

[Hint: plot(x*sin(1/x), (x, −2, 2), ymin = −1.5, ymax = 1.5)]

참고: 교재에 주어진 코드를 변형하여 http://matrix.skku.ac.kr/KOFAC/ 에서 실습하시오.

◩ 열린 문제 4 앞에서 배운 함수들 중 학습한 함수의 합성함수를 만들고, 그래프를 그리시오.

[Hint: plot(sin(e^(1/3)^x), (x, −1.2, 10))]

참고: 교재에 주어진 코드를 변형하여 http://matrix.skku.ac.kr/KOFAC/ 에서 실습.

[이제 여러분은 이제 그동안 배운 모든 함수의 그래프를 그릴 수 있으며, 그간 배운 대부분의 방정식에 대한 해(근삿값)를 쉽게 구할 수 있습니다.]

◩ 열린 문제 5 다른 교재를 참고해서 다양한 방정식의 (근사)해를 구하시오.

http://matrix.skku.ac.kr/math4ai/PBL-Record/ http://matrix.skku.ac.kr/2021-Final-PBL/

https://ko.wikipedia.org/wiki/근_찾기_알고리즘/ http://matrix.skku.ac.kr/KOFAC/ 에서 실습하시오.

Week 3 과제 위의 열린 문제를 풀어본 후, 본인이 요약/실습/질문/답변한 내용을 Q&A (문의게시판)에 공유하고, 그동안 배운 모든 함수의 그래프를 그릴 수 있으며, **그간 배운 대부분의 방정식에 대한 해(근삿값)를 쉽게 구할 수 있다는 자신감**을 가지기 바랍니다. **4주차 강의 후, 첫달 PBL 보고서를 제출**하시오.

[보고서 양식] http://matrix.skku.ac.kr/PBL/PBL-Report-Form-Korean.hwp

온라인 퀴즈 [Quiz 1]

(본인은 1-4주차 강의를 학습한 후, 첫 달 PBL 보고서를 성실하게 채워서 제출 할 것이다)

[아래 양식을 수정하여, 내용을 성실하게 채워서 제출하시면 됩니다.

PBL report Form Download(보고서 양식 다운로드)] Korean (HWP) :
http://matrix.skku.ac.kr/PBL/PBL-Report-Form-Korean.hwp

English (MS Word) : http://matrix.skku.ac.kr/PBL/PBL-Report-Form-English.docx ← Modify this form for your semester.

샘플 PBL 보고서: http://matrix.skku.ac.kr/2021-Final-PBL/ 및 http://matrix.skku.ac.kr/Cal-Book1/Calculus-1/ (미적분학 1)]

Week 4. 역함수, 역삼각함수, 쌍곡선함수, 역쌍곡선함수

열린 문제 1 다른 교재를 참고하여 다양한 (가역)함수의 역함수를 구하여 공유하시오.

열린 문제 2 역삼각함수 $y = \cot x \ (0 < x < \pi)$, $y = \sec x \left(0 \le x < \frac{\pi}{2}, \pi \le x < \frac{3}{2}\pi\right)$, $y = \csc x \left(0 < x \le \frac{\pi}{2}, \pi < x \le \frac{3}{2}\pi\right)$ 를 그린 아래 그래프를 보고, 각각의 역함수 모양을 추측해 보세요.

http://matrix.skku.ac.kr/KOFAC/

```
p = plot (cot(x), (x, −pi, pi), ymax = 6, ymin = −6)
q = plot (sec(x), (x, −pi, 3*pi/2), color = 'red', detect_poles = 'show')
r = plot (csc(x), (x, −pi, 3*pi/2), color = 'green', detect_poles = 'show')
p3 = plot (x, (x, −pi, 4), linestyle = '—', color = 'grey')  # 대칭축 y = x
show ( p + q + r + p3 )
```

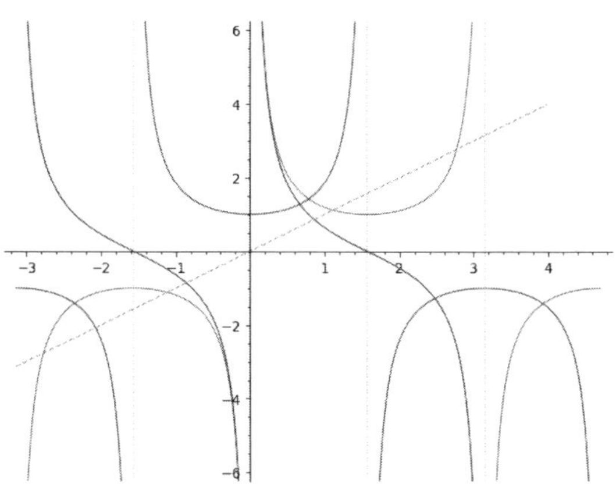

참고: **https://www.intmath.com/analytic-trigonometry/7-inverse-trigo-functions.php**

그 후 아래 실습실에서

- [함수 그래퍼] http://matrix.skku.ac.kr/cal-lab/sage-grapher.html
- 매개변수 방정식 Grapher: http://matrix.skku.ac.kr/cal-lab/sage-grapher-para.html
- 음함수(Implicit Function) Grapher: http://matrix.skku.ac.kr/cal-lab/sage-grapher-imp.html
- (극좌표 방정식 Grapher: http://matrix.skku.ac.kr/cal-lab/sage-grapher-polar.html)

다양한 함수와 방정식의 그래프를 그려보는 실습을 해보고 느낀점과 시행착오를 공유하세요.

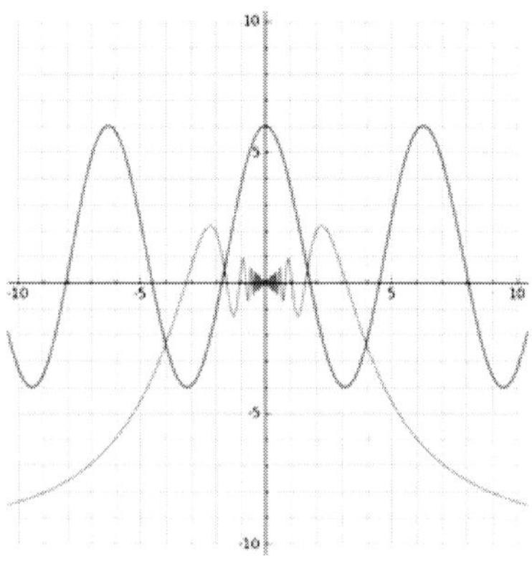 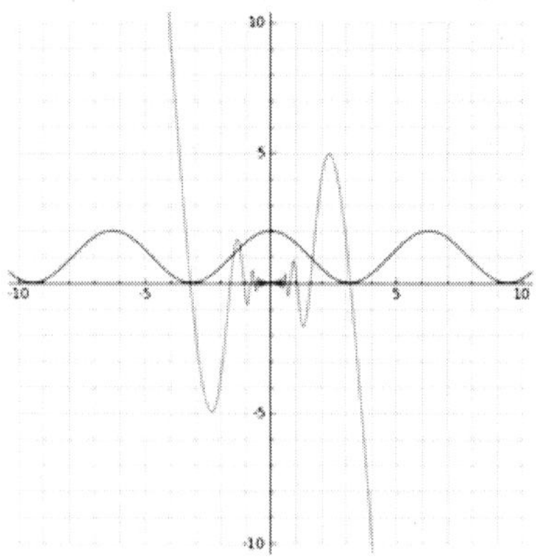

◪ 열린 문제 3 쌍곡선함수의 성질들에 대하여 토론해보시오.

참고: https://supermemi.tistory.com/62

◪ 열린 문제 4 나머지 역쌍곡선 함수의 정의에 대해 실습하고 얻은 결과를 공유하세요.

[참고: https://hekbms.tistory.com/410]

Week 4 과제 위의 열린 문제를 풀어본 후, 본인이 요약/실습/질문/답변한 내용을 Q&A (문의게시판)에 공유하시오. 그리고 지난 4주간 QnA에서 학습한 내용을 모아서, 각각의 문제에 대한 정확한 질문과 얻은 결론, 그리고 토론에 참여한 사람들의 이름을 모아 1st PBL 보고서를 제출하시오.

[보고서 양식 (다운로드)] http://matrix.skku.ac.kr/PBL/PBL-Report-Form-Korean.hwp

Week 5 함수의 극한(limit)

미적분학의 개념 http://matrix.skku.ac.kr/Calculus-Story/index.htm

실습: http://matrix.skku.ac.kr/math4ai-intro/W7/

열린 문제 1 다양한 함수의 극한(좌, 우극한)을 구하시오.

열린 문제 2 다양한 함수의 수직(수평)점근선을 구하시오.

열린 문제 3 다양한 방정식의 모든 (근사)해를 구하시오.

Week 5 과제 위의 열린 문제를 풀어본 후, 본인이 요약/실습/질문/답변한 내용을 Q&A(문의게시판)에 공유하시오. 그리고 지난 5주간 QnA에서 학습/토론/결론을 얻은 내용들을 모아서, 제출한 1st PBL 보고서를 수정/보완하세요. [준비된 학생은 제출한 1st PBL 보고서를 발표하시오.]

[보고서 양식 (다운로드)] http://matrix.skku.ac.kr/PBL/PBL-Report-Form-Korean.hwp

[1st PBL 보고서 수정/보완본 샘플 (Sample)] http://matrix.skku.ac.kr/2021-W-Final-PBL/

Week 6 도함수, 접선의 방정식, 미분 법칙

열린 문제 1 다른 교재를 참고하여 다양한 함수의 한 점에서의 접선의 방정식을 구하시오.

열린 문제 2 다른 교재를 참고하여 다양한 함수의 도함수와 고계도함수를 구하시오.

열린 문제 3 위에 소개된 공식 또는 다른 교재 및 웹사이트에 소개된 다양한 미분가능한 함수의 도함수와 고계도함수를 구하시오.

Week 6 과제 위의 열린 문제를 풀어본 후, 본인이 요약/실습/질문/답변한 내용을 Q&A(문의게시판)에 공유하시오. 그리고 지난 6주간 QnA에서 협업으로 학습하고, 다른 학생이 <Final OK> 하여 결론을 얻은 내용들을 모아 제출한 1st PBL 보고서의 수정/보완본을 준비된 학생 순으로, 지정해준 시간내에서 발표하고 동료 평가하세요.

[수정본 샘플] http://matrix.skku.ac.kr/2021-W-Final-PBL/

Week 7 연쇄법칙, 음함수, 매개변수 함수의 미분법

열린 문제 1 다른 교재를 참고하여 다양한 합성함수의 도함수와 고계 도함수를 구하시오.

(참고: http://matrix.skku.ac.kr/calculus/new2.pdf)

열린 문제 2 다른 교재를 참고하여 다양한 음함수의 그래프와 미분, 접선의 방정식을 구하시오.

열린 문제 3 다른 교재를 참고하여 다양한 매개변수 함수의 그래프와 미분, 한점에서의 접선의 방정식을 구하시오.

7주차 과제 지난 7주간 열린 문제를 풀어본 후, 본인이 요약/실습/질문/답변한 내용을 Q&A(문의게시판)에 공유하고, 토론하여, 결론을 얻은 내용을 모아서 Midterm PBL 보고서에 포함하여 제출하시고 발표하시기 바랍니다.

[샘플] https://youtu.be/a7U99mleObc LIYuxin(이우흠)

https://youtu.be/fym77euDUpY 박우현

중간고사 (Sample)

Midterm Exam 1 http://matrix.skku.ac.kr/cal-book/2014-Calculus-S-Midterm-Exam.pdf

Midterm Exam 2 http://matrix.skku.ac.kr/cal-book/2013-Calculus-S-Midterm-Exam.pdf

```
var('t') # 변수정의 (매개변수방정식)
x=2+2*t; y=-3*t-2
parametric_plot((x, y), (t, -10, 10), rgbcolor='red')  # 직선 Plot
var('a, b, c, d, x, y, z, r, n') # 변수정의 (매개변수방정식)
f(x)=exp(-2*x)                            # 함수 정의
g(x)=f.taylor(x,2,4)                      # 테일러전개
plot(f(x), (x, -2, 2))                    # 함수의 그래프
implicit_plot(sin(x)-2*y==3, (x, -2, 2), (y, -2, 2)) # 음함수 그래프
solve(f(x)==0, x)                         # Solve 방정식 풀이
diff(f(x), x, 2)                          # f(x)의 2계 도함수
integral(f(x), x)                         # x에 관한 부정적분
integral(f(x), x, -2, 3)                  # [-2, 3]까지의 정적분
limit(f(x), x=2)                          # 극한
limit(f(x), x=2, dir='+')                 # 우극한
limit(f(x), x=2, dir='-')                 # 좌극한
limit(f(x), x=+oo)                        # +infinity 에서의 극한
limit(f(x), x=-oo)                        # -infinity 에서의 극한
limit(ln(3*n)/ln(5*n), n=+oo)
a(n) = ((e)/10)^n
sum(a(n), n, 1, +oo)                      # 급수의 계산

u(n)=1/(n*2^n)
rho=limit(abs(u(n+1)/u(n)), n=+oo)
R=1/rho; R                                # 수렴반경

x = (3, -4, 5)
a=sqrt(x[0]^2)                            # yz평면과의 거리
b=sqrt(x[1]^2)                            # zx평면과의 거리
c=sqrt(x[2]^2)                            # xz평면과의 거리
d=sqrt(x[1]^2 +x[2]^2)                    # x 축과의 거리
e=sqrt(x[0]^2 +x[2]^2)                    # y 축과의 거리
f=sqrt(x[0]^2 +x[1]^2)                    # z 축과의 거리

f.partial_fractions(x)                    # 부분분수
find_root(f(x), a, b)                     # [a, b] 사이에서 근사해 구하기
a=vector(QQ, [2, -4, 3]);d= -2
a.norm()                                  # 벡터의 크기
distance=abs(a.dot_product(a)+d)/a.norm() # 거리
r(t)=(t-t^3, t^2, 0)                      # 벡터함수 정의
dr=diff(r(t), t)
ddr=diff(r(t), t, 2)
T=dr.dot_product(ddr)/dr.norm()           #.dot_product()는 내적
N=(dr.cross_product(ddr)).norm() / dr.norm()#.cross_product()는 외적
var('t' # 변수정의 (매개변수방정식)
r(t)=(t-t^3, t^2, 0)                      # 벡터함수 정의
dr=diff(r(t),t)
g(t)=sqrt((dr[0]^2+dr[1]^2+dr[2]^2).simplify_trig());
k=integral(g(t),t,-5,5)                   # arc length
S=integral(r(t), t)                       # integral은 적분하는 명령어
```

```
v=diff(r(t), t)          # diff는 t에 관해 도함수 구하는 명령어
a=diff(v, t)             # diff(r(t), t, 2) 와 a는 가속도 벡터함수
s= v.norm()              # s는 속도의 크기, .norm()은 벡터의 크기를 구한다.
v2=v.subs(t=2)           # v2는 t=2 일 때 속도
a2=a.subs(t=2)           # a2는 t=2 일 때 가속도
p1=parametric_plot(r(t), (t, 0, 3))  # parametric_plot은 매개변수함수 그림
p2=line([r(2), r(2)+v2], color='red')  # line은 선분을 두 점을 잇는 선분
p3=line([r(2), r(2)+a2], color='green')
show(p1+p2+p3)
var('x, y, z')
p1=implicit_plot3d(x^2+y^2==5, (x, -3, 3), (y, -3, 3), (z, -3, 3))
p2=implicit_plot3d(x*y==z, (x, -3, 3), (y, -3, 3), (z, -3, 3), rgbcolor='green', opacity=0.4)
show(p1+p2)
contour_plot(f(x, y), (x, -1, 1), (y, -1, 1), fill=False, cmap='hsv', axes=True, labels=True)   # level curve 그리기

var('x, y, z')
f=x*y+y*z^2+x*z^3
f.gradient()             # Find gradient
integral(integral(f, x, 0, y), y, 0, 1)  # 이중적분
integral(integral(integral(f, x, 0, y), y, 0, 1),z,0,1)  # 삼중적분
var('r,theta')
f=arctan(tan(theta))
integral(integral(f*r,r,1,2),theta,0,pi/4)       # 이중적분 (극좌표)

T = Cylindrical('height', ['radius', 'azimuth'])  #cylindrical -->rectangular
T.transform(radius=1, azimuth= pi, height=2)
T = Spherical('radius', ['azimuth', 'inclination'])  #spherical-->rectangular
T.transform(radius=3, azimuth=pi/6, inclination=pi/6)

T=Cylindrical('radius', ['azimuth', 'height'])
theta, z=var('theta, z')
plot3d(3*cos(theta), (theta, 0, 2*pi), (z, -2, 2), transformation=T)

vf=plot_vector_field((x+y,x), (x,-3,3), (y,-3,3), aspect_ratio=1)   #벡터필드

plot_vector_field3d((0,0,1), (x, -3,3), (y,-3,3), (z,-3,3))#3차원 벡터필드

integral(f.dot_product(diff(r,t)),t,0,pi)        # Line integral

A(x,y,z) = P*i+Q*j+R*k   # A의 curl, conservative if curl(F)=0.
curlA=(diff(R,y)-diff(Q,z))*i+(diff(P,z)-diff(R,x))*j+(diff(Q,x)-diff(P,y))*k
divA = diff(P,x)+diff(Q,y)+diff(R,z)             # A 의 divergence

integral(integral((diff(N,x)-diff(M,y))*r, r, 0, 3), t, 0, 2*pi)   # Green 정리
integral(integral(curl(F).dot_product(-n), r, 0, 1),t, 0, 2*pi)   # Stokes 정리
integral(integral(integral(Div,0,3),y,0,2),z,0,1)   # Divergence 정리
```

var('a,b,c,d')	# 변수정의	integral(f(x), x)	# 부정적분
limit(f(x), x=a)	# 극한	integral(f(x), x, a, b)	# 정적분
limit(f(x), x=a, dir='minus')	# 좌극한	plot(f(x), (x, a, b))	# 함수의 그래프
limit(f(x), x=a, dir='plus')	# 우극한	implicit_plot(f, (x, a, b), (y, c, d))	# 음함수 그래프
limit(f(x), x=+oo)	# 무한대에서의 극한	find_root(f(x), a, b)	# 근사해 구하기
limit(f(x), x=-oo)		var('t') # 변수정의 (매개변수방정식)	
solve(f(x)==0, x)	# Solve 방정식 풀이	x=2+2*t	
diff(f(x), x)	# 도함수	y=-3*t-2	
diff(f(x), x, 2)	# 2계 도함수	parametric_plot((x,y), (t, -10, 10), rgbcolor='red')	# 직선 Plot

Ⅰ. (2pt x 12 = 24) Mark True(T) or False(F) in the blank ( ).

1. (F) If $\lim_{x\to a} f(x)$ and $\lim_{x\to a} g(x)$ exist, then $\lim_{x\to a}\dfrac{f(x)}{g(x)}=\dfrac{\lim_{x\to a} f(x)}{\lim_{x\to a} g(x)}$ also exists.

   (Conterexample : 0/0)
2. (T) If $f(x)$ has a local minimum (or maximum) at $x=c$ and $f'(c)$ exists, then $f'(c)=0$.
3. (T) Let f be continuous on $[a, b]$. Suppose $a<f(a)<b$ and $a<f(b)<b$, then there exists a number c in $(a,\ b)$ such that $f(c)=c$.
4. (T) Suppose that f is continuous on the closed interval $[a, b]$ and let N be any number between $f(a)$ and $f(b)$, where $f(a)\neq f(b)$.

   Then there exists a number c in $(a,\ b)$ such that $f(c)=N$.
5. (T) Let f be a function whose second derivative exists on an open interval I. If $f''(x)<0$ for all x in I, then the graph of f is concave downward on I.

Ⅱ. (3pt x 5= 15) State or Define.

1. **Choose 3** terminology or concept and state its meaning as much as you knows.

Extreme Value theorem, Intermediate Value theorem, Fermat's theorem, Mean Value theorem, Squeeze theorem, Fundamental Theorem of Calculus, [differential(미분), dy], [linear approximation(선형근사)], [Riemann Sum(리만합)], [convexity(볼록성)], [inflection point(변곡점)], [Chain Rule(연쇄법칙)], [Differentiation of Implicit function(음함수의 미분법)]

▶ **Sol** (1) [differential(미분), dy] Given a function $y=f(x)$ we call dy and dx **differentials** and the relationship between them is given by, $dy=f'(x)dx$. Also $f'(x)dx$ will be called **a differential of** $f(x)$ and denoted by dy or $df(x)$. Note that if we are just given $f(x)$ then the differentials are df and dx and we compute them the same manner. $df=f'(x)dx$

(2) [the Squeeze Theorem (or Sandwich Theorem)]

If $f(x) \le g(x) \le h(x)$ and $\lim_{x \to a} f(x) = \lim_{x \to a} h(x) = L$, then $\lim_{x \to a} g(x) = L$.

(3) ...

2. **Discuss a geometric and physical interpretation of $f'(x)$.**

Sol **Geometric interpretation :** The slope of the tangent to the curve at a point is equal to the derivative of the function at that point.

Physical interpretation : The average velocity is the ratio between distance travelled (Δd) and the time elapsed (Δt). ■

3. **Choose 1 definition, and state in your words what it means.**

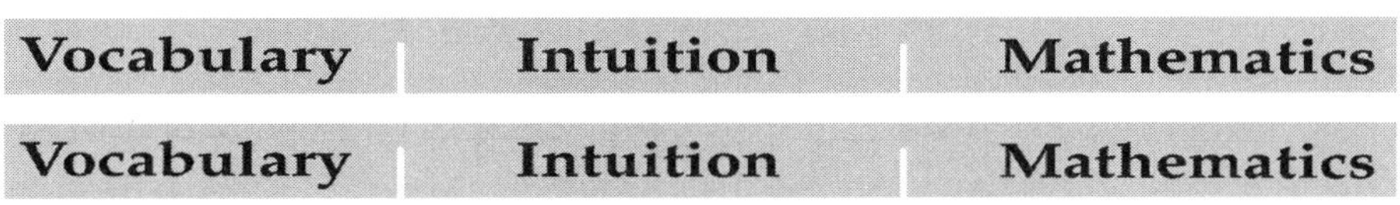

(1)
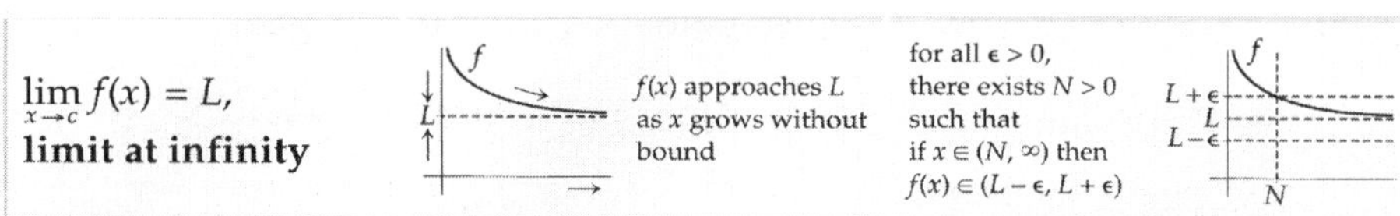

(2)
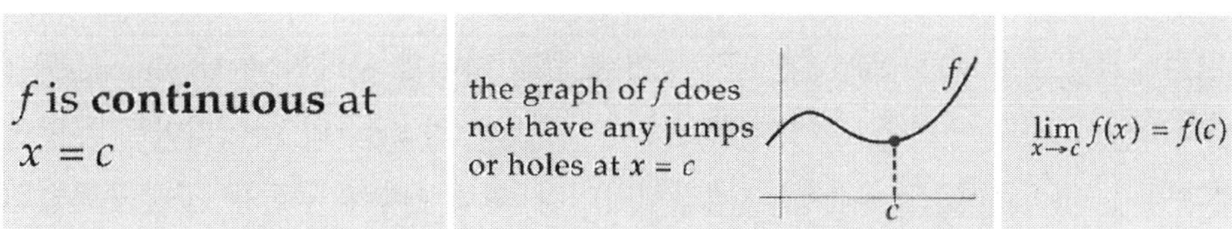

(3)
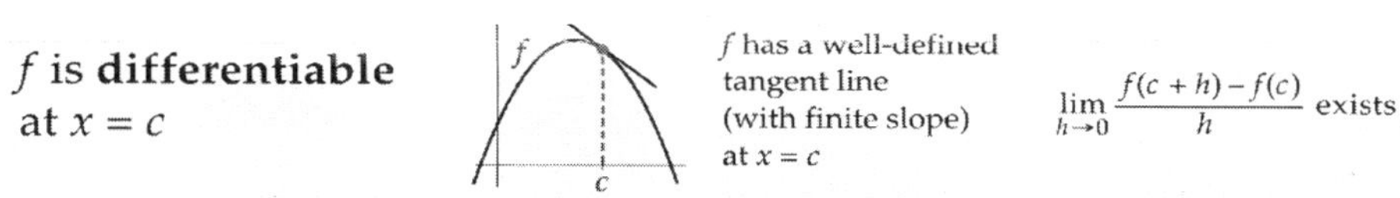

(4)
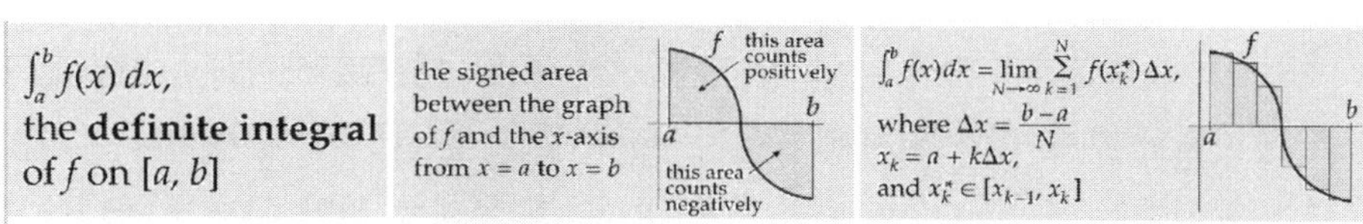

Sol (1) Let f be a function defined on some open interval that contains the number a, except possibly at a itself. Then $\lim_{x \to a} f(x) = \infty$ means that for every positive number M there is a positive number δ such that $f(x) > M$ whenever $0 < |x - a| < \delta$.

(2) A function f is continuous at $x = a$ if $\lim_{x \to a} f(x) = f(a)$. So if a function f is continuous at $x = a$, then f will satisfy the following three conditions : 1. $f(a)$ is defined (that is, a is in the domain of f) 2. $\lim_{x \to a} f(x)$ exists 3. $\lim_{x \to a} f(x) = f(a)$

(3) A function f is differentiable at a if $f'(a)$ exists.

(4) ...

① ... ③ ... Formula ④ ...
⑤ Leibniz가 생각한 <미분의 개념> 은 무엇인가? ⑥ Archimedes를 비롯한 수학자들이 원의 면적을 구하는 방법에서 발전한 <정적분>의 아이디어는 무엇인가? ⑦ 미분을 배우는 이유는 무엇일까?
⑨ 컴퓨터 단층 촬영 장치인 CT에는 적분의 어떤 아이디어가 이용된 것인가? ⑩ 미분과 적분을 이어주는 정리는 무엇인지 말하고, 그 이유에 대하여 아는 대로 서술하시오.
⑫ differential (infinitesimal-infinitely small) dx 는 왜 중요한가? ⑬ 근사다항식이 왜 중요한지 아는 대로 서술해 보시오.

5. Leibniz가 생각한 <미분의 개념> 은 무엇인가?

(답의 예) 특정한 시간에서 움직이는 물체의 정확한 속도를 찾는 방법은 무엇일까? 이것이 도함수의 개념인데 정확한 속도를 구하기 위해 (데카르트의 좌표를 이용해) $\frac{\Delta y}{\Delta x}$ 에서 측정하는 간격 Δx를 줄이면 된다. 즉, 간격을 좁힐수록 원하는 점에서의 정확한 속도를 알 수 있게 된다. 즉, 한 점에서의 순간 속도란 그 점 주위에서 평균속도가 수렴하는 값을 의미한다.

6. 기원전 3세기경 포물선과 직선으로 둘러싸인 도형의 넓이를 구하려는 Archimedes를 비롯한 수학자들이 원의 면적을 구하는 방법에서 발전한 <정적분>의 아이디어는 무엇인가?

(답의 예) 원판(disc)에 정다각형을 내접시키거나 외접시켜서 구하는 구분구적법의 아이디어 http://www.geogebratube.org/student/m70806

7. 미분을 배우는 이유는 무엇일까?

(답의 예) 미적분학의 핵심은 변화에 대한 관찰 그리고 그것을 통한 어느 시점에서의 상황의 예측, 즉 움직임의 수학에 대한 연구이다. 한 예로 대포로 쏘아올린 포탄이 포물선을 그려 얼마정도 후에 어느 위치에 있을지, 통에 물을 붓는데 이 때 높이나 부피의 변화를 구하는 문제들이 포함된다. 이러한 문제들이 단지 문제를 위한 문제가 아니라 실제로 일반적인 변화를 이해하고, 미래를 예측하는데 사용될 수 있다. 따라서 우리가 미적분학을 배우는 이유는 그 지식을 이용하여 '미래를 예측하기 위함' 이라고 생각할 수 있다.

10. 컴퓨터 단층 촬영 장치인 CT에는 적분의 어떤 아이디어가 이용된 것인가?

(답의 예) 몸속 장기의 단면을 무수히 잘게 나누어 계속 찍고 단면의 합으로 부피를 구하는 적분의 아이디어를 이용하여 그 사진들을 종합하여 장기의 전체적인 모양을 알아내어 여러 가지 병을 진단하는데 이용된다.

11. 19세기에 Bernard Bolzano, Augustin-Louis Cauchy, Karl Weierstrass 등을 거치면서, 극한을 엄밀한 논리(argument)를 이용하여 완전한 형식화 방법은 무엇인가?

(답의 예) $\epsilon - \delta$ 정의와 증명

http://en.wikipedia.org/wiki/(%CE%B5,_%CE%B4)-definition_of_limit

12. 미분과 적분을 이어주는 정리는 무엇인지 말하고, 그 이유에 대하여 아는 대로 서술하시오~

(답의 예) Fundamental Theorem of Calculus

http://en.wikipedia.org/wiki/Fundamental_theorem_of_calculus

13. 행성들의 운동을 나타내는 Kepler의 법칙을 설명하기 위하여 미적분학을 개발한 사람은 누구인가?

(답의 예) Sir Isaac Newton(1642−1727]) English physicist and mathematician, natural philosopher

15. differential (infinitesimal-infinitely small) dx는 왜 중요한가?

(답의 예) http://en.wikipedia.org/wiki/Differential_(infinitesimal) Infinitesimal quantities played a significant role in the development of calculus. Archimedes used them, even though he didn't believe that arguments involving infinitesimals were rigorous.[5] Isaac Newton referred to them as fluxions. However, it was Gottfried Leibniz who coined the term differentials for infinitesimal quantities, and introduced the notation for them which is still used today. In Leibniz's notation, if x is a variable quantity, then dx denotes an infinitesimal change in the variable x. Thus, if y is a function of x, then the derivative of y with respect to x is often denoted dy/dx, which would otherwise be denoted (in the notation of Newton or Lagrange) ẏ or y′. The notation has remained popular because it suggests strongly the idea that the derivative of y at x is its instantaneous rate of change (the slope of the graph's tangent line), which may be obtained by taking the limit of the ratio Δy/Δx of the change in y over the change in x, as the change in x becomes arbitrarily small. Differentials are also compatible with dimensional analysis, where a differential such as dx has the same dimensions as the variable x.

Ⅲ. (3pt x 13 = 39pt) Find or Explain or Fill the blank.

1. State the Sage command that plot the implicit function $7x^2 + 4xy + 4y^2 - 23 = 0 \quad (-4 \le x \le 4, \ -4 \le y \le 4)$.

```
var('x, y')
f = 7*x^2 + 4*x*y + 4*y^2−23
implicit_plot(f, (x, −4, 4), (y, −4,4))
```

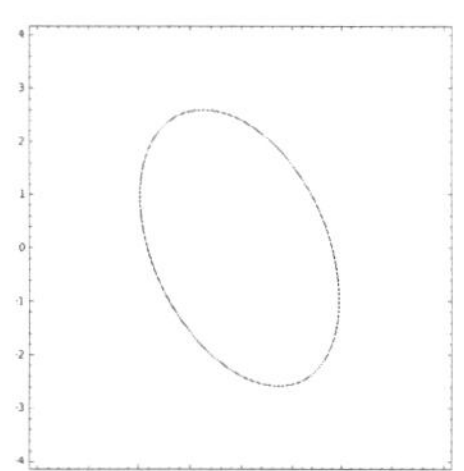

2. The followings explain that the equation $\sin x = x\cos x$ has at least one real root on $[\pi, 3/2\pi]$ using Intermediate Value Theorem.

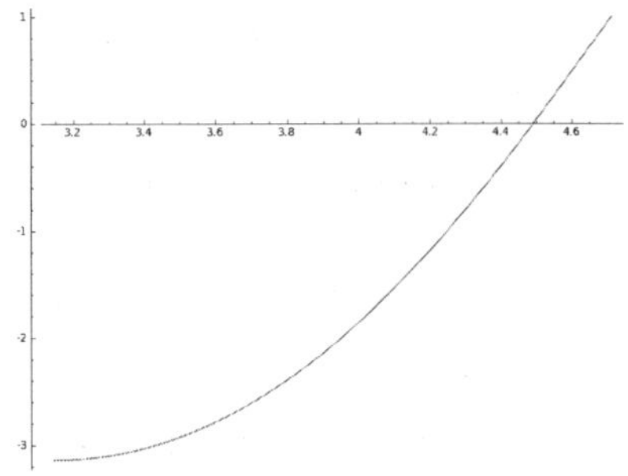

```
var('x')
f(x)=(x)*cos(x) − sin(x)
plot(f(x), x, pi, (3/2)*pi)
```

```
print f(pi), f((3/2)*pi)
```

Sol −pi, 1 ■

Since f(x)=(x)*cos(x) − sin(x) is continuous on $[\pi, 3/2\pi]$ and $f(\pi) < 0 < f((3/2)*\pi)$, using Intermediate Value Theorem,

there exist at least one real root of the equation $\sin x = x\cos x$ on $[\pi, 3/2\pi]$.

```
find_root(f(x), pi, (3/2)*pi)
```

Sol 4.493409457909064 ■

3. Find $f(0)$, which make $f(x) = (1+x^2)^{-\frac{5}{x^2}}$ be continuous at $x=0$.

[Hint: Use $\lim_{x\to 0}(1+x)^{\frac{1}{x}} = e$]

Sol If $f(x)$ is continuous at $x=0$, $f(0)=$

$$\lim_{x\to 0} f(x) = \lim_{x\to 0}(1+x^2)^{-\frac{5}{x^2}} = \lim_{x\to 0}[(1+x^2)^{\frac{1}{x^2}}]^{-5} = e^{-5}. \qquad \therefore\ f(0) = e^{-5}.$$

Sage 명령어

```
x=var('x')                              # 변수 지정
limit((1+x^2)^(−5/(x^2)), x=0)          # e^-5
```

■

4. We plot the graph of the derivative of $f(x) = \dfrac{\sin 3x}{x(x-1)}$ $(1 \le x \le 5)$ using Sage below.

```
var('x')                                                # 변수 지정
f(x)=(sin(3*x))/(x*(x−1))                               # 함수 입력
df(x)=diff(f(x), x)                                     # 도함수 계산
plot(df(x), (x, 1, 5), ymax=3, ymin=−3, color='red')    # 도함수 그래프 그리기
```

The graph intersects the x−axis at $x = 1.2,\ 2.5,\ 3.6,\ 4.7$.

(1) Find intervals on which f is decreasing.

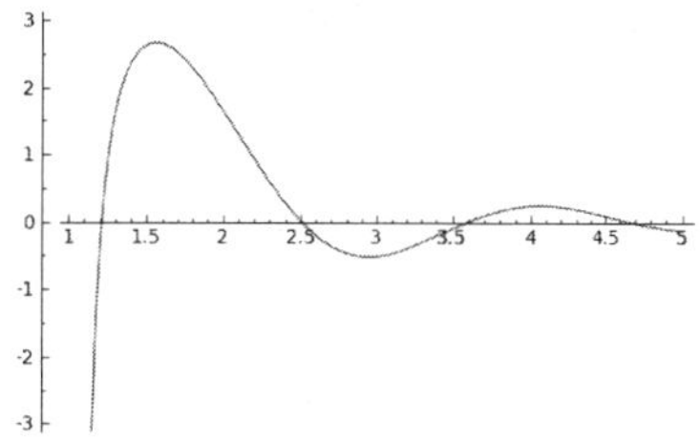

Sol $f'(x)<0$이 되는 구간에서 함수 $f(x)$가 감소하므로 위 그래프에서 $f'(x)$가 x축 아래에 위치하는 범위를 찾으면 된다.

∴ **감소구간** : $[1, 1.2]$, $[2.5, 3.6]$, $[4.7, 5]$ ■

(여기서 끝점은 포함하지 않아도 된다. 즉, 열린구간으로 써도 된다.)

(2) Find x at which $f(x)$ has local extreme values

Sol $f'(x)$가 존재하지 않거나 $f'(x)=0$이 되는 critical points (임계점)의 좌우에서 도함수 $f'(x)$의 값이 $(+)\to(-)$이면 극대, $(-)\to(+)$이면 극소가 된다.

위의 그래프를 통해 살펴보면

∴ **극댓값을 가지는 x의 값은 2.5, 4.7. 극솟값을 가지는 x의 값은 1.2, 3.6이다.** ■

5. $\lim_{x\to 0}\dfrac{[f(x)-f(0)]\sin 2x}{x^2}=4$. Find $f'(0)$

[Hint: Use the definition of $f'(0)$, $\lim_{x\to 0}\dfrac{\sin x}{x}=1$, the properties of limits.]

Sol $4=\lim_{x\to 0}\dfrac{[f(x)-f(0)]\sin 2x}{x^2}=\lim_{x\to 0}\dfrac{f(x)-f(0)}{x}\cdot\dfrac{\sin 2x}{2x}\cdot 2$

$$=2\left(\lim_{x\to 0}\frac{f(x)-f(0)}{x-0}\right)\left(\lim_{x\to 0}\frac{\sin 2x}{2x}\right)=2f'(0)\cdot 1=2f'(0)$$

(∵ the definition of $f'(0)$)

∴ $f'(0)=2$ ■

7. The tangent line at $(0, \frac{\pi}{2})$ of parametric equation $x=t\cos t$, $y=t\sin t$, $t>0$ is

$y-\dfrac{\pi}{2}=\dfrac{-2}{\pi}(x-0)$ since $\left.\dfrac{\frac{dy}{dt}}{\frac{dx}{dt}}\right|_{t=\frac{\pi}{2}}=-\dfrac{2}{\pi}$.

Find the velocity (속도) and speed (속력) at $t=\dfrac{\pi}{2}$.

Sol At $(0, \frac{\pi}{2})$, the velocity (속도) = $\left(\dfrac{dx}{dt}, \dfrac{dy}{dt}\right)=\left(-\dfrac{\pi}{2}, 1\right)$ and speed (속력)= $\sqrt{\dfrac{\pi^2}{4}+1}$

■

1. 다음 극한을 구하라.

(1) $\lim_{x \to +\infty} \dfrac{\ln\left(1+\dfrac{1}{x}\right)}{\tan^{-1}x}$　　(2) $\lim_{x \to 0}\left(\dfrac{1}{\ln(1+2x)} - \dfrac{1}{2x}\right)$

(3) $\lim_{x \to +\infty}\left(\dfrac{2}{\pi}\tan^{-1}x\right)^{2x}$　　(4) $\lim_{x \to 0}\dfrac{e^x\cos x - x(1+x)}{x^2\cos x}$

http://matrix.skku.ac.kr/KOFAC/

```
print(limit(log(1 + 1/x)/arctan(x), x = +oo))
print(limit((1/log(1 + 2*x) − 1/(2*x)), x = 0))
print(limit((2/pi*arctan(x))^(2*x) , x = +oo))
limit((e^x*cos(x) − x*(1 + x))/(x^2*cos(x)), x = 0)
```

답. 0

1/2

e^(−4/pi)

+Infinity

2. 다음을 구하라.

(1) $y = (\sin x)^{\cos x}$일 때 $\dfrac{dy}{dx}$을 구하라.

http://matrix.skku.ac.kr/KOFAC/

```
diff((sin(x))^(cos(x)), x)
```

답. −(log(sin(x))*sin(x) − cos(x)^2/sin(x))*sin(x)^cos(x)

(2) $y^2 \sin 2x + 2y = 0$ 일 때 $\dfrac{dy}{dx}$을 구하라.

http://matrix.skku.ac.kr/KOFAC/

```
var('x, y')
F(x, y) = y^2*sin(2*x) + 2*y
Fx = diff(F(x, y), x)
Fy = diff(F(x, y), y)
−Fx/Fy
```

답. −y^2*cos(2*x)/(y*sin(2*x) + 1)

(3) $y^2 \sin x + y = \tan^{-1} x$ 일 때 $\dfrac{dy}{dx}$ 을 구하라.

http://matrix.skku.ac.kr/KOFAC/

```
var('x, y')
F(x, y) = y^2*sin(x) + y − arctan(x)
Fx = diff(F(x, y), x)
Fy = diff(F(x, y), y)
−Fx/Fy
```

답. −(y^2*cos(x) − 1/(x^2 + 1))/(2*y*sin(x) + 1)

(4) $f(x) = \csc^2 x \cot x$ 일 때 $\dfrac{dy}{dx}$ 을 구하여라.

http://matrix.skku.ac.kr/KOFAC/

```
diff(csc(x)^2*cot(x), x)
```

답. −2*cot(x)^2*csc(x)^2 − (cot(x)^2 + 1)*csc(x)^2

3. 다음 음함수 미분을 사용하여 주어진 점에서 접선의 방정식을 구하라. 그리고 같은 평면에서 곡선과 접선의 그래프로 나타내어라.

$$y = 1 + x \sin y,\ (0, 1)$$

http://matrix.skku.ac.kr/KOFAC/

```
var('x, y')
x0, y0 = 0, 1  # 접점
F(x, y) = y − 1 − x*sin(y)
Fx = diff(F(x, y), x)
Fy = diff(F(x, y), y)
m = (−Fx/Fy).subs(x = x0, y = y0)                       # 기울기
print("접선의 방정식 y =", y0 + m*(x − x0))
p1 = implicit_plot(F(x, y) == 0, (x, −2, 2), (y, −1, 3))  # 음함수
p2 = plot(y0 + m*(x − x0), (x, −2, 2), color = 'red')     # 접선
p3 = point([(x0, y0)], color = 'red', pointsize = 15)     # 접점
p1 + p2 + p3
```

답. 접선의 방정식 y = x*sin(1) + 1

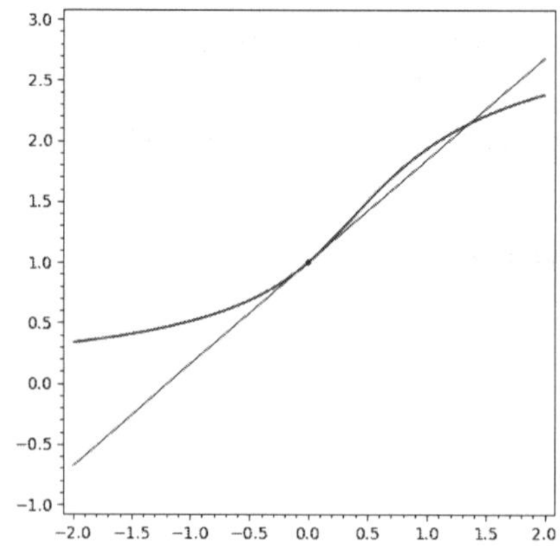

4. 주어진 구간에서 함수 f를 그리고, 최댓값을 정확히 소수점 넷째 자리까지 구하라.

$$f(x) = e^x \sin^6 x \tan(1-x), \quad 0 \le x \le 1$$

http://matrix.skku.ac.kr/KOFAC/

```
var('x')
f(x) = e^x*sin(x)^6*tan(1 − x)
plot(f(x), 0, 1)
```

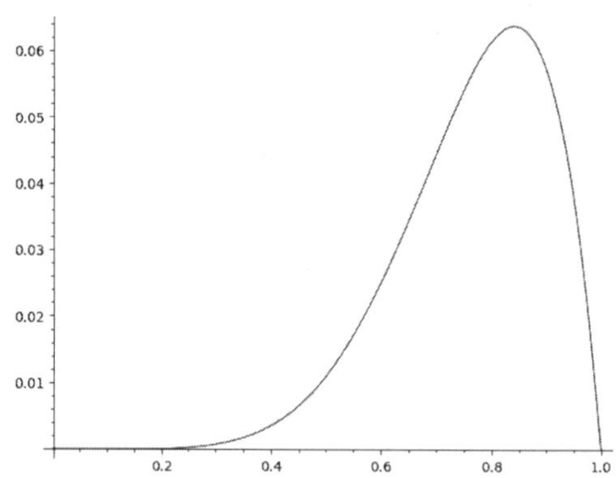

그래프를 통해 최댓값은 대략 0.8 근처에서 얻을 수 있음을 알 수 있다.

http://matrix.skku.ac.kr/KOFAC/

```
df(x) = diff(f(x), x)
cpt = find_root(df(x), 0.6, 0.9)
print(cpt)                    # 최대가 되는 x값
f(cpt).n(digits = 5)          # 최댓값
```

답. 0.8404090404367115
0.063730

6. [함수 f(x) 와 역함수 f^(−1) 를 나타내는 법] y=e^x 의 그래프와 y=x 및 y의 역함수인 invy=log(x) 를 같이 그려서 역함수는 주어진 함수의 y=x 에 대한 대칭함수임을 코드로 확인하시오,

답. y=e^x 와 역함수 invy=log(x) 및 y=x를 그래프에서 아래와 같이 표현한다.

4주차 역함수, 역삼각함수, 역쌍곡선함수에 대해 공부하면서, 역함수가 존재하려면, 일대일대응이 되어야 하고 어떠한 수평선을 그려도 기존의 함수의 그래프와 두 점 이상에서 만나지 않아야 한다는 것을 확인하였다. 모든 함수에 대해 역함수가 존재하지 않고 y=x^2 과 같은 함수도 정의역의 범위가 정해진다면, 그 정의역안에서는 역함수가 존재한다. 아래의 그림은 함수 y=x^2 −1 의 역함수가 invy=sqrt(x+1) 임을 보여줍니다.

```
var('x,y')
p1=plot(log(x), (x,-10,10))
p2=plot(e^x, (x,-3,3), color='red')
p3 = plot(x, (x, -5,10), linestyle='--' , color='black')
p1+p2+p3
```

실행

```
verbose 0 (3838: plot.py, generate_plot_points) WARNING: When plotting, failed to evaluate function at 100 points.
verbose 0 (3838: plot.py, generate_plot_points) Last error message: 'can't convert complex to float'
```

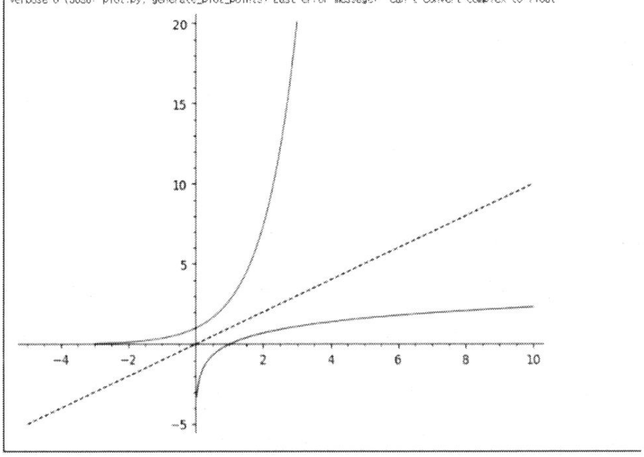

```
verbose 0 (3838: plot.py, generate_plot_points) WARNING: When plotting, failed to evaluate function at 50 points
verbose 0 (3838: plot.py, generate_plot_points) Last error message: 'math domain error'
```

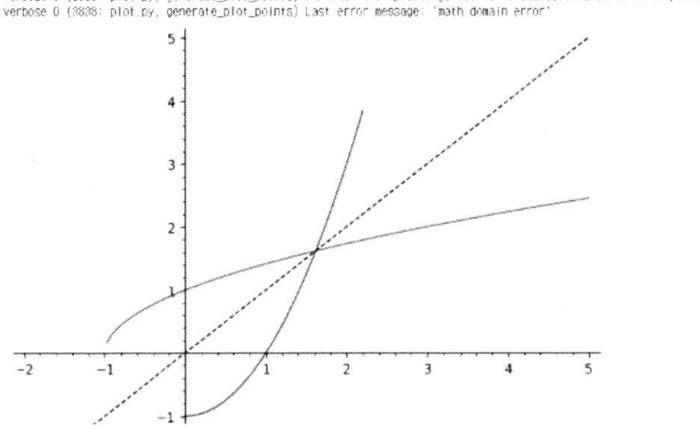

■

Comment : 역함수, y=e^x의 형태의 지수함수의 역함수는 log함수의 형태로 나오는 것을 확인 하였고, 역함수의 y=x 대칭 모양의 그래프를 코딩을 통해 직접 확인하였습니다.

7. [쌍곡선함수] f(x) = sinh(x) = (e^x − e^(−x)) / 2 를 두개의 곡선 e^x/2 + −e^(−x)/2 으로 나누어 점근선으로 표시하고 두 점근선의 합을 실선으로 나타내어 sinh(x)의 형태를 확인하여라.

답. "기함수 : f(−x) = −f(x) , 원점 대칭 ", " 우함수 : f(−x) = f(x) , y축 대칭 "을 이용해서 sinh(x)와 tanh(x)는 기함수, cosh(x) 우함수 형태를 나타내는 것을 확인할 수 있습니다.

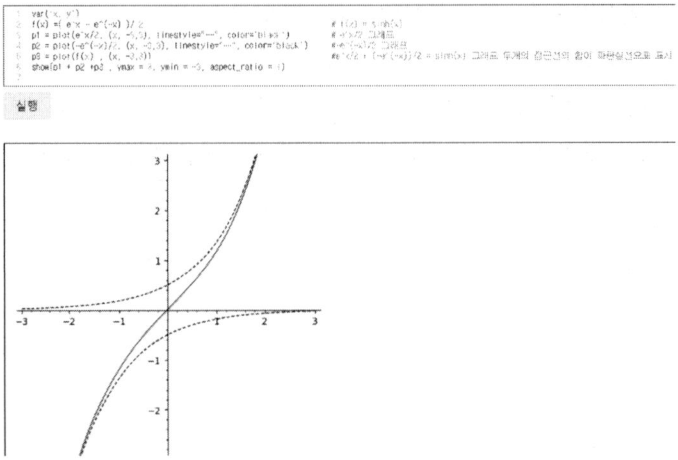

#cosh(x)의 그래프 형태

http://matrix.skku.ac.kr/KOFAC/

```
# cosh(x)도 같은 sinh와 같은 형식으로 그래프를 확인 할 수 있습니다.
var ('x, y')
f(x) =( e^x − e^(−x) )/ ( e^x + e^(−x) )        # f(x) = cosh(x)
p1 = plot(e^x/2, (x, −3,3), linestyle="—", color='black')        # e^x/2 그래프
p2 = plot(e^(−x)/2, (x, −3,3), linestyle="—", color='black')       #e^(−x)/2 그래프
p3 = plot(f(x) , (x, −3,3))        #그래프 두개의 점근선의 합이 파란실선으로 표시
show(p1 + p2 +p3 , ymax = 3, ymin = −3, aspect_ratio = 1)
```

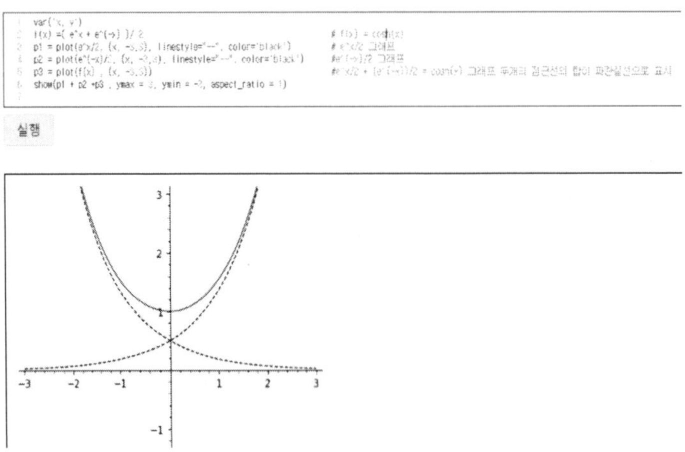

■

8. [범위가 정해진 함수의 최댓값과 최솟값 구하기.]

$-3 \le x \le 2$ 에서 함수 $f(x) = \dfrac{x}{x^2+4}$ 의 최대, 최솟값을 구하여라.

답. [코딩 명령어]

http://matrix.skku.ac.kr/KOFAC/

```
var ('x')
f(x) = x/(x^2+4)
df(x) = diff(f(x),x)
print (solve(df(x) == 0, x))   # solve 명령어를 통해 0이되는 x값을 구한다. x=−2, 2
ma = max(f(−3),f(−2), f(2))  #범위에서의 최댓값을 찾기.
mi = min(f(−3),f(−2), f(2))  #범위에서의 최솟값을 찾기.
print ("최대값 =", ma)
print ("최솟값 =", mi)
plot (f(x), (x,−3,2))
```

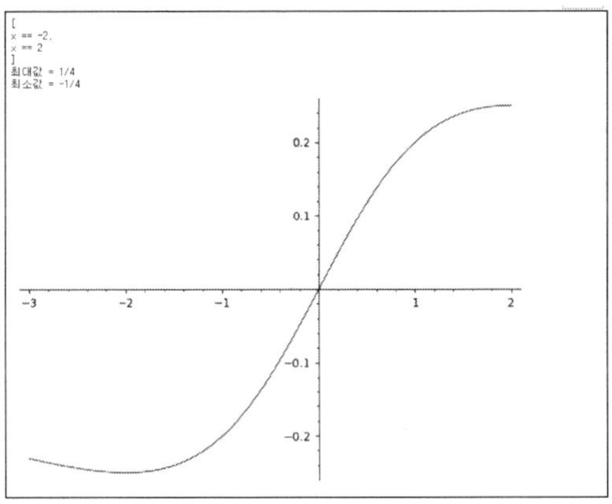

코딩을 통해 그래프를 한눈에 확인할 수 있어서. 문제를 해결하는데 유용하게 사용할 수 있다. ■

9. [역함수를 찾아라.] $f(x) = \dfrac{1}{x-1}$ $(x > 1)$ 의 역함수를 찾아라.

답. [코딩 명령어]

```
var ('x,y')
f(x) = 1/(x−1)
print ( solve(y==f(x), x) )                # x=(y+1)/y 에서 y=(x+1)/x 를 확인.
```

```
invf(x) = (x+1)/x
print ("f^(−1) =", invf(x))                          #invf(x) = f(x)의 역함수.
p1 = plot(f(x), (x, 1, 5))                            #원함수
p2 = plot(invf(x), (x, 0, 5), color='red')            #역함수
p3 = plot(x, (x, 0, 5), linestyle='—', color='green')  #y=x 대칭축
show(p1+p2+p3, ymax=5, aspect_ratio = 1)
```

```
var('x,y')
f(x) = (e^x + e^(-x))/2  # y = cosh(x)
solve(y == f(x), x)
```

실행

```
[x == log(y - sqrt(y^2 - 1)), x == log(y + sqrt(y^2 - 1))]
```

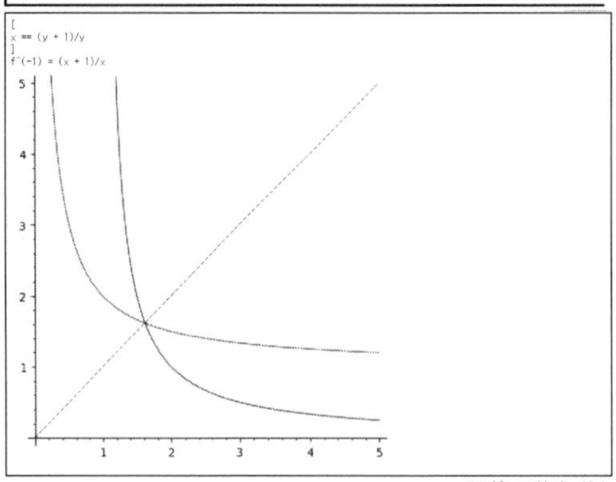

Help | Powered by SageMath

■

10. [역쌍곡선함수] $\cosh^{-1}x = \ln(x \pm \sqrt{x^2-1})$임을 보여라.

답. [코딩 명령어]

http://matrix.skku.ac.kr/KOFAC/

```
var ('x,y')
f(x) = (e^x + e^(−x))/2  # y = cosh(x)
solve (y == f(x), x)
```

$$x = \ln(y \pm \sqrt{y^2-1}) \ \ (\text{역함수 } y, x\text{의 위치 변경}) \rightarrow y = \ln(x \pm \sqrt{x^2-1})$$

수기로 위의 역쌍곡선함수를 구하기 위해선 아래와 같이 복잡한 형태로 구하게 되는데 코딩의 solve 명령어를 통해 x에 대한 식을 구하고, y, x의 자리를 바꾸어주어 빠르게 역함수를 찾는다. [증명.] $y = \cosh^{-1}x \ \leftrightarrow\ x = \cosh y = \dfrac{e^y + e^{-y}}{2}$ 의 양변에 2와 e^{y`}를 곱해서 e^{y} 에 대한 이차방정식으로 나타낸 후 e ^{y} 의 근의 공식을 통해 e^{y}의 해를 구하고 y에 대한 식으로 정리하여 구한다. ■

Ⅳ. (4pt x 4 = 16pt) Prove or Explain (Fill the blank).

1. $\lim_{x \to -1} x^2 + 2x - 8 = -9$

▶▶ **Sol** $\forall\ \epsilon > 0$ [Find δ] Let $\delta = \sqrt{\epsilon}$

If $0 < |x+1| < \delta$, then $|f(x) - (-9)| = |x^2 + 2x + 1| = |(x+1)^2|\,|(x+1)|^2 < \delta^2 = \epsilon$.

[Side calculation] $f(x) - f(-1) = x^2 + 2x - 8 + 9 = x^2 + 2x + 1 = (x+1)^2$. ■

(QnA Participation, 4pt) **Write one good example of your Note or Solution or Answer in QnA.**

More than 400 problems were solved and revised and finalized in Q&A . I have made more than 4*7 contributions in it including ...

That changed my ...

(Bonus, 2pt) **What you have newly learned and improved from our Honor Calculus with Sage?**

Now I can draw, find and explain. And eventually I can solve most of problems in any calculus book by hand or by Sage! That was a difference.

8주차 삼각함수, 역삼각함수, 지수함수, 로그함수의 미분법, 선형근사

학습목표	이번 주차에서는 삼각함수, 역삼각함수, 지수함수, 로그함수의 미분법과 선형근사와 미분에 관하여 학습한다. https://youtu.be/9aSLI9cG4ZM
핵심개념	삼각함수, 역삼각함수, 지수함수, 로그함수의 미분법, **선형근사, 미분(微分, differential)**
실습실	http://matrix.skku.ac.kr/S-calculus/W8/ http://matrix.skku.ac.kr/Cal-Book1/Ch3/

8.1 삼각함수의 미분(微分, differential / differentiation)

삼각함수의 미분 공식은 다음과 같다.

$\frac{d}{dx}(\sin x) = \cos x$ $\quad\frac{d}{dx}(\cos x) = -\sin x$ $\quad\frac{d}{dx}(\tan x) = \sec^2 x$

$\frac{d}{dx}(\cot x) = -\csc^2 x$ $\quad\frac{d}{dx}(\sec x) = \sec x \tan x$ $\quad\frac{d}{dx}(\csc x) = -\csc x \cot x$

예제 1 $\frac{d}{dx}(\sin x) = \cos x$를 증명하라.

풀이. $f(x) = \sin x$라 하면,

$$f'(x) = \lim_{h\to 0}\frac{f(x+h)-f(x)}{h} = \lim_{h\to 0}\frac{\sin(x+h)-\sin x}{h} = \lim_{h\to 0}\frac{2\cos(x+\frac{h}{2})\sin\frac{h}{2}}{h}$$

$$= \lim_{h\to 0}\frac{\cos(x+\frac{h}{2})\sin\frac{h}{2}}{\frac{h}{2}} = \lim_{h\to 0}\cos(x+\frac{h}{2})\cdot\frac{\sin\frac{h}{2}}{\frac{h}{2}} = \cos x \cdot 1 = \cos x$$

여기서 세번째 등호는 삼각함수 공식 $\sin A - \sin B = 2\cos(\frac{A+B}{2})\sin(\frac{A-B}{2})$을 적용하였다. ■

참고 $\frac{d}{dx}(\cos x) = -\sin x$의 경우, **예제 1**과 같은 방법으로 증명 가능하다. 또한 $\tan x = \frac{\sin x}{\cos x}$, $\sec x = \frac{1}{\cos x}$, $\csc x = \frac{1}{\sin x}$, $\cot x = \frac{\cos x}{\sin x}$이므로 몫의 미분법 $\left(\frac{f(x)}{g(x)}\right)' = \frac{f'(x)g(x)-f(x)g'(x)}{\{g(x)\}^2}$ (단 $g(x) \neq 0$)을 적용하면 나머지 삼각함수의 미분도 모두 같은 방법으로 증명 가능하다.

예제 2 $y = 3\sin x$의 그래프 위의 점 $(\pi, 0)$에서 접선의 방정식을 구하여라.

풀이. SAGE를 이용하여 계산하면 접선의 방정식은 다음과 같다.

http://matrix.skku.ac.kr/KOFAC/

```
f(x) = 3*sin(x)
x0 = pi; y0 = f(x0)
df(x) = diff (f(x), x)                # 미분
m = df (x0)                           # 접선의 기울기
print ("접선의 방정식 y =", y0 + m*(x − x0))
p1 = plot(f(x), (x, 0, 2*pi))
p2 = plot (y0 + m*(x − x0), (x, 2, 4), color = 'red')
p3 = point ([(x0, y0)], color = 'red', pointsize = 30)
show (p1 + p2 + p3)
```

접선의 방정식 y = 3*pi − 3*x # $y = -3x + 3\pi$

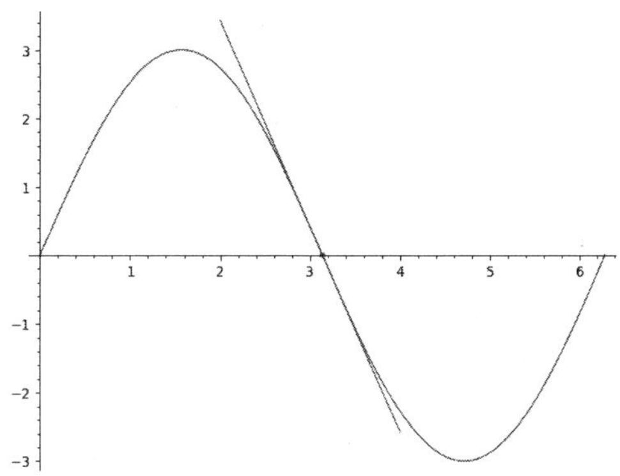

따라서 **점 $(\pi, 0)$에서 접선의 방정식은 $y = -3x + 3\pi$ 이다.** ■

예제 3 함수 $h(x) = \tan(5 - \sin 2x)$를 미분하여라.

풀이. SAGE를 이용하여 계산하면 다음과 같다.

http://matrix.skku.ac.kr/KOFAC/

```
h(x) = tan(5 − sin(2*x))
diff (h(x), x)
```

답. −2*(tan(−sin(2*x) + 5)^2 + 1)*cos(2*x) # $f'(x) = -2[\tan(5 - \sin 2x)^2 + 1]\cos 2x$ ■

8.2 역삼각함수의 미분

미분가능한 함수 f의 역함수가 존재하면, 역함수 f^{-1}도 미분가능하다. 구체적으로는 다음의 정리가 성립한다.

역함수의 미분 폐구간 $[a, b]$에서 $y = f(x)$가 증가함수이고 미분가능하며, 모든 점 $x \in (a, b)$에서 $f'(x) \neq 0$이라고 하자. 이때, 역함수 $y = f^{-1}(x)$는 구간 $[f(a), f(b)]$에서 미분가능하고, 다음이 성립한다.

$$(f^{-1})'(x) = \frac{1}{f'(y)}, \text{즉 } \frac{dy}{dx} = \frac{1}{dx/dy} \text{ 이다.}$$

참고 미분가능한 감소함수인 경우에도 마찬가지로 **역함수의 미분**을 구할 수 있다.

위 [역함수의 미분] 공식을 활용하면 다음과 같이 **역삼각함수의 미분 공식**을 얻을 수 있다.

$$\frac{d}{dx}(\sin^{-1}x) = \frac{1}{\sqrt{1-x^2}} \qquad \frac{d}{dx}\cos^{-1}x = -\frac{1}{\sqrt{1-x^2}} \qquad \frac{d}{dx}\tan^{-1}x = \frac{1}{1+x^2}$$

$$\frac{d}{dx}\csc^{-1}x = -\frac{1}{x\sqrt{x^2-1}} \qquad \frac{d}{dx}\sec^{-1}x = \frac{1}{x\sqrt{x^2-1}} \qquad \frac{d}{dx}\cot^{-1}x = -\frac{1}{1+x^2}$$

예제 4 $\frac{d}{dx}\sin^{-1}x = \frac{1}{\sqrt{1-x^2}}$ $(-1 < x < 1)$를 증명하라.

풀이. (주어진 구간에서) 사인함수가 미분가능하므로 역사인함수도 미분가능하다. 이제 $y = \sin^{-1}x$라 하면, $x = \sin y$이므로 $\frac{dx}{dy} = \cos y$이고, 역함수의 미분 공식을 이용하여 $\frac{dy}{dx} = \frac{1}{\frac{dx}{dy}} = \frac{1}{\cos y}$ 을 얻는다. 또한 $\sin^2 y + \cos^2 y = 1$에서 $\cos^2 y = 1 - \sin^2 y$이므로 $\cos y = \pm\sqrt{1-\sin^2 y}$를 얻는다. 이때 $y \in [-\frac{\pi}{2}, \frac{\pi}{2}]$에서 $\cos y \geq 0$이므로 $\cos y = \sqrt{1-\sin^2 y}$이다. 이제 $x = \sin y$를 대입하면 다음을 얻는다.

$$\frac{dy}{dx} = \frac{1}{\cos y} = \frac{1}{\sqrt{1-\sin^2 y}} = \frac{1}{\sqrt{1-x^2}} \qquad (-1 < x < 1)$$

SAGE를 이용하여 계산하면 다음과 같다.

http://matrix.skku.ac.kr/KOFAC/

```
f(x) = arcsin(x)
diff (f(x), x)
```

답. 1/sqrt(−x^2 + 1)　　　#$f'(x) = 1/\sqrt{1-x^2}$ ■

참고 역함수의 미분 공식과 삼각함수의 성질을 활용하면 나머지 역삼각함수의 미분도 증명 가능하다.

예제 5 $f(x) = x\csc^{-1}\dfrac{1}{x} + \sqrt{1-x^2}$를 미분하라.

풀이. $f'(x) = \left(x\csc^{-1}\dfrac{1}{x} + \sqrt{1-x^2}\right)' = x'\csc^{-1}\dfrac{1}{x} + x\left(\csc^{-1}\dfrac{1}{x}\right)' + \left(\sqrt{1-x^2}\right)'$

$$= \csc^{-1}\frac{1}{x} + x\cdot\left\{-\frac{1}{\frac{1}{x}\sqrt{\frac{1}{x^2}-1}}\cdot\left(\frac{1}{x}\right)'\right\} + \frac{(1-x^2)'}{2\sqrt{1-x^2}}$$

$$= \csc^{-1}\frac{1}{x} + x\cdot\left\{-\frac{1}{\frac{1}{x}\sqrt{\frac{1}{x^2}-1}}\cdot\left(-\frac{1}{x^2}\right)\right\} + \frac{-2x}{2\sqrt{1-x^2}}$$

$$= \csc^{-1}\frac{1}{x} + \frac{x}{\sqrt{1-x^2}} - \frac{x}{\sqrt{1-x^2}} = \csc^{-1}\frac{1}{x}$$

SAGE를 이용하여 계산하면 다음과 같다.

http://matrix.skku.ac.kr/KOFAC/

```
diff ( ( x * arccsc(1/x) − sqrt(1 − x^2) ), x)
```

답. x/sqrt(−x^2 + 1) + 1/sqrt(1/x^2 − 1) + arccsc(1/x)　　　#$f'(x) = \csc^{-1}\dfrac{1}{x}$ ■

예제 6 $\dfrac{d}{dx}\tan x^2\cot^{-1}(2x+1)$를 구하여라.

풀이. SAGE를 이용하여 계산하면 다음과 같다.

http://matrix.skku.ac.kr/KOFAC/

```
diff (tan(x^2)*arccot(2*x + 1), x)
```

답. 2*(tan(x^2)^2 + 1)*x*arccot(2*x + 1) − 2*tan(x^2)/((2*x + 1)^2 + 1)

#$f'(x) = 2[(\tan x^2)^2+1]x\cot^{-1}(2x+1) - 2\tan x^2/[(2x+1)^2+1]$ ■

열린 문제 1 같은 방법으로 역삼각함수의 미분공식을 확인하고, 다른 교재를 참고하여 다양한 삼각함수와 역삼각함수 및 합성함수의 도함수와 고계 도함수를 구하시오.

8.3 지수함수와 로그함수의 미분(differentiatial/derivation/differentiation)

지수함수와 로그함수의 미분에 관하여 살펴보자. 먼저 다음과 같이 정의되는 **자연로그의 밑**(base) e에 대하여 살펴보자. e는 무리수이며, 근삿값은 약 2.718이다.

$$e = \lim_{h\to 0}(1+h)^{1/h} = \lim_{x\to\infty}(1+1/x)^x = \lim_{n\to\infty}(1+1/n)^n = \lim_{x\to-\infty}(1+1/x)^x$$
$$\approx 2.718281828459045$$

e를 밑으로 하는 지수함수 $f(x)=e^x$와 로그함수 $f(x)=\log_e x = \ln x$를 각각 **자연지수함수**(natural exponential function)와 자연로그함수(natural logarithm)라 한다.

지수함수의 미분 공식은 다음과 같다.

$$\frac{d}{dx}e^x = e^x, \qquad \frac{d}{dx}a^x = a^x \ln a$$

예제 7 $\frac{d}{dx}e^x = e^x$ 를 증명하라.

풀이. 도함수의 정의에 의해 $\frac{d}{dx}e^x = \lim_{h\to 0}\frac{e^{x+h}-e^x}{h} = \lim_{h\to 0}\frac{e^x(e^h-1)}{h} = e^x\lim_{h\to 0}\frac{e^h-1}{h}$

이 성립한다.
이때 $e^h-1=t$라 하면, $e^h=1+t$이므로 $h=\ln(1+t)$이고, $h\to 0$일 때 $t\to 0$이므로 다음을 얻는다.

$$\lim_{h\to 0}\frac{e^h-1}{h} = \lim_{t\to 0}\frac{t}{\ln(1+t)} = \lim_{t\to 0}\frac{1}{\frac{1}{t}\ln(1+t)} = \lim_{t\to 0}\frac{1}{\ln(1+t)^{\frac{1}{t}}} = \frac{1}{\ln e} = 1$$

따라서 $\frac{d}{dx}e^x = e^x \lim_{h\to 0}\frac{e^h-1}{h} = e^x$ 이 된다. ■

예제 8 $f(x)=x^3e^{2x}$ 일 때, 도함수 $f'(x)$를 구하여라.

풀이. 곱의 미분법을 적용하면 $f'(x)=3x^2e^{2x}+2x^3e^{2x}$이다. 이를 **Sage**를 이용하여 계산하면 다음과 같다.

http://matrix.skku.ac.kr/KOFAC/

```
print (diff(x^3*e^(2*x), x))  # 자연지수함수는 e^(x) 로 표현 가능
print (diff(x^3*exp(2*x), x))  # 자연지수함수는 exp(x) 로도 표현 가능
show (diff(x^3*e^(2*x), x))
```

2*x^3*e^(2*x) + 3*x^2*e^(2*x)

답. 2*x^3*e^(2*x) + 3*x^2*e^(2*x)   # $f'(x)=2x^3e^{2x}+3x^2e^{2x}$ ■

예제 9 $y=(x^3+5)^4+4^{x^3+5}$ 일 때, $\dfrac{dy}{dx}$를 구하여라.

풀이. **Sage**를 이용하여 계산하면 다음과 같다.

http://matrix.skku.ac.kr/KOFAC/

```
f(x) = (x^3 + 5)^4 + 4^(x^3 + 5)
diff (f(x), x)
```

답. 12*(x^3 + 5)^3*x^2 + 6*4^(x^3 + 5)*x^2*log(2) ■

로그함수의 미분 공식은 다음과 같다.

$$\frac{d}{dx}\ln x=\frac{1}{x},\qquad \frac{d}{dx}\log_a x=\frac{1}{x\ln a}$$

예제 10 $\dfrac{d}{dx}\ln x=\dfrac{1}{x}$를 증명하라.

풀이. $y=\ln x$라 하면 $x=e^y$이므로 역함수의 미분 공식을 적용하면 $\dfrac{dy}{dx}=\dfrac{1}{\frac{dx}{dy}}=\dfrac{1}{e^y}=\dfrac{1}{x}$를 얻는다. ■

참고 $\dfrac{d}{dx}\ln|x|=\dfrac{1}{x}$도 성립한다. 왜냐하면 $f(x)=\ln|x|=\begin{cases}\ln x & x>0\\ \ln(-x) & x<0\end{cases}$이므로

$f'(x)=\begin{cases}\dfrac{1}{x} & x>0\\ \dfrac{1}{-x}(-1)=\dfrac{1}{x} & x<0\end{cases}$ 이기 때문이다. 따라서 $f'(x)=\dfrac{d}{dx}\ln|x|=\dfrac{1}{x}$이 성립한다.

예제 11 $\frac{d}{dx}(\ln\sqrt{2x+3})$를 구하여라.

풀이. $\frac{d}{dx}(\ln\sqrt{2x+3}) = \frac{1}{\sqrt{2x+3}} \cdot (\sqrt{2x+3})'$

$$= \frac{1}{\sqrt{2x+3}} \cdot \frac{1}{2\sqrt{2x+3}} \cdot 2 = \frac{1}{2x+3}$$

Sage를 이용하여 계산하면 다음과 같다.

http://matrix.skku.ac.kr/KOFAC/

```
f(x) = ln(sqrt(2*x + 3))
diff ( f(x) , x )
```

답. 1/(2*x + 3) ■

예제 12 $y = \frac{x^{3/4}\sqrt{x^2+1}}{(3x+2)^5}$ 을 미분하고, $\frac{d^3y}{dx^3}$ 을 구하여라.

풀이. 양변에 절댓값을 취하고 자연로그를 취하면 다음을 얻는다.

$$|y| = \left|\frac{x^{3/4}\sqrt{x^2+1}}{(3x+2)^5}\right| \Rightarrow \ln|y| = \ln\left|\frac{x^{3/4}\sqrt{x^2+1}}{(3x+2)^5}\right| = \ln\left|x^{3/4}\sqrt{x^2+1}\right| - \ln|3x+2|^5$$

$$= \ln|x|^{3/4} + \ln\left|\sqrt{x^2+1}\right| - \ln|3x+2|^5$$

$$= \frac{3}{4}\ln|x| + \frac{1}{2}\ln(x^2+1) - 5\ln|3x+2|$$

이때 양변을 x에 대하여 미분하면

$$\frac{1}{y}y' = \frac{3}{4} \cdot \frac{1}{x} + \frac{1}{2} \cdot \frac{1}{x^2+1}(x^2+1)' - 5 \cdot \frac{1}{3x+2}(3x+2)' = \frac{3}{4x} + \frac{x}{x^2+1} - \frac{15}{3x+2}$$

이므로, $y' = y\left(\frac{3}{4x} + \frac{x}{x^2+1} - \frac{15}{3x+2}\right) = \frac{x^{3/4}\sqrt{x^2+1}}{(3x+2)^5}\left(\frac{3}{4x} + \frac{x}{x^2+1} - \frac{15}{3x+2}\right)$ 이다.

Sage를 이용하여 계산하면 다음과 같다.

http://matrix.skku.ac.kr/KOFAC/

```
f(x) = x^(3/4)*sqrt(x^2 + 1)/(3*x +2)^5
diff (f(x), x)
show ( factor (diff (f(x), x) ) )
factor (diff (f(x), x, 3) )
```

$\frac{dy}{dx}$=x^(7/4)/(sqrt(x^2 + 1)*(3*x + 2)^5) + 3/4*sqrt(x^2 + 1)/((3*x + 2)^5*x^(1/4))
− 15*sqrt(x^2 + 1)*x^(3/4)/(3*x + 2)^6
=−1/4*(39*x^3 − 14*x^2 + 51*x − 6)/(sqrt(x^2 + 1)*(3*x + 2)^6*x^(1/4))

답. $y' = \frac{x^{(7/4)}}{\sqrt{x^2+1}\,(3x+2)^5} + \frac{3\sqrt{x^2+1}}{4\,(3x+2)^5\,x^{(1/4)}} - \frac{15\sqrt{x^2+1}\,x^{(3/4)}}{(3x+2)^6}$

$= \frac{x^{3/4}\sqrt{x^2+1}}{(3x+2)^5}\left(\frac{3}{4x} + \frac{x}{x^2+1} - \frac{15}{3x+2}\right),$

$\frac{d^3y}{dx^3}$**=−3/64*(41769*x^9 − 44982*x^8 + 178227*x^7−105874*x^6 + 223863*x^5 − 92554*x^4 + 85929*x^3 − 28758*x^2 − 900*x − 40)/((x^2 + 1)^(5/2)*(3*x + 2)^8*x^(9/4))** ■

◪ 열린 문제 2 다른 교재를 참고하여 다양한 지수함수와 로그함수 및 합성함수의 도함수와 3계 도함수, diff (f(x), x, 3) 를 구하시오.

8.4 선형근사(linear approximation)와 미분(微分, differential/derivation/differentiation)

함수 $y = f(x)$의 그래프상의 한 점 $(a, f(a))$에서의 접선의 방정식은 다음과 같음을 앞서 배웠다.

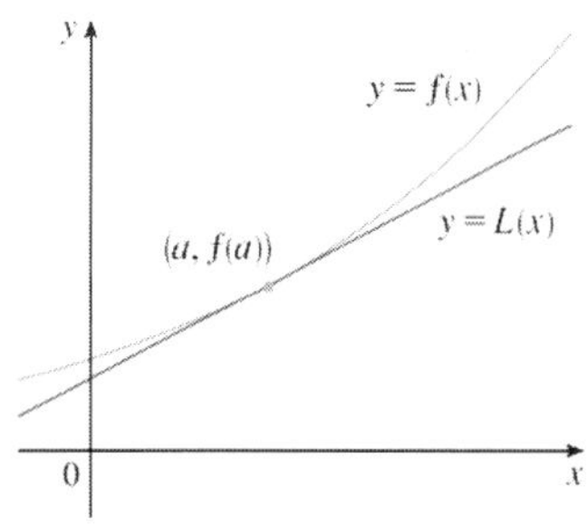

접선(Line) $y = f(a) + f'(a)(x-a)$

그림을 보면 x가 a**의 근방**에 있을 때는 **접선(Line)과 곡선** $y = f(x)$**는 사실 매우 근접**함을 알 수 있다. 즉

$$f(x) \approx f(a) + f'(a)(x-a) = L(x)$$

이다. 이때 $L(x) = f(a) + f'(a)(x-a)$를 $x = a$**에서** f**의 선형화 또는 선형근사(linear approximation) 함수**라 한다. 이는 주로 함숫값 $f(a)$를 구하기는 쉽지만 a 근방의 x에 대하여 함숫값 $f(x)$를 구하기 힘든 경우, 근삿값을 구할 때 사용된다. 이때 생기는 오차(error)는 $|f(a+\Delta x) - L(a+\Delta x)|$이고 이 값을 구하여 오차가 크면, Δx를 줄이면서 정확

도를 원하는 만큼 높일수 있다. [미분(differentiation)이란 어떤 함수로부터 도함수(derivative)를 얻는 것을 말하고, 미분(differential)은 어떤 함수의 선형근사 함수를 말한다.]

예제 13 $x=1$에서 함수 $f(x)=\sqrt{x+3}$의 선형근사 함수가 $L(x)=\frac{1}{4}x+\frac{7}{4}$임을 확인하고, 이를 이용하여 $\sqrt{4.05}$ **의 근삿값** $f(1.05) \approx L(1.05)$ **을 찾아라.**

풀이. $f(x)=\sqrt{x+3}$의 도함수는 $f'(x)=\frac{1}{2\sqrt{x+3}}$이므로 $f(1)=2,\ f'(1)=\frac{1}{4}$이다.

따라서 $x=1$에서 f의 선형근사함수는 $L(x)=2+\frac{1}{4}(x-1)=\frac{x}{4}+\frac{7}{4}$이며, 이를 활용하면 $f(1.05) \approx L(1.05)\ \sqrt{1.05+3} \approx \frac{1.05}{4}+\frac{7}{4}=2.0125$임을 알 수 있다. Sage를 이용하여 계산하면 다음과 같다.

http://matrix.skku.ac.kr/KOFAC/

```
f(x) = sqrt(x + 3)
x0 = 1
y0 = f(x0)
df(x) = diff(f(x), x)              # 미분
L(x) = y0 + df(x0)*(x - x0)        # 선형근사함수
print ("L(x) =", L(x))
print ("f(1.05) ≈", L(1.05))
```

L(x) = 1/4*x + 7/4

답. f(1.05) ≈ 2.0125000, $f(1.05)=\sqrt{1.05+3} \approx L(1.05)=\frac{7}{4}+\frac{1.05}{4}=2.0125$ ■

이제 앞서 소개한 선형근사 함수에 대한 개념을 좀 더 공식화 해보자. 다음 그림에서 $A(x, f(x))$와 $B(x+\Delta x, f(x+\Delta x))$는 함수 $y=f(x)$의 그래프 상에 있는 점이다.

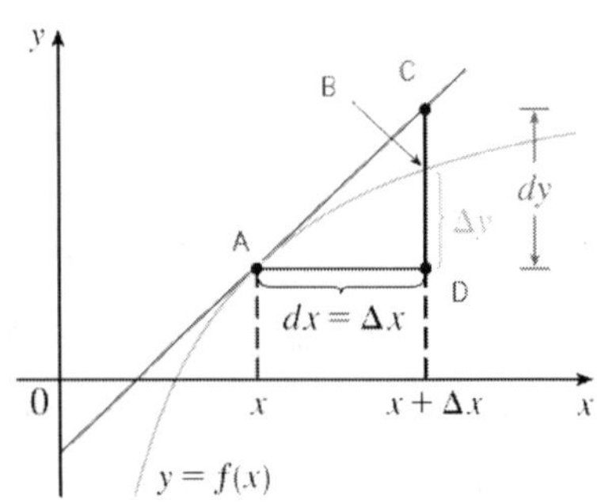

x가 Δx만큼 변하는 동안 함수 $y=f(x)$도 $\Delta y=f(x+\Delta x)-f(x)$만큼 변화한다. 따라서 x에 관한 y의 **평균변화율**은 $\frac{\Delta y}{\Delta x}=\frac{f(x+\Delta x)-f(x)}{\Delta x}$이고 $\Delta x\to 0$을 취하면 x에 관한 y의 **순간변화율**은 다음과 같다.

$$f'(x)=\frac{dy}{dx}=\lim_{\Delta x\to 0}\frac{\Delta y}{\Delta x}=\lim_{\Delta x\to 0}\frac{f(x+\Delta x)-f(x)}{\Delta x} \qquad \cdots (1)$$

이제 식 (1)을 다르게 이해해보자. $\Delta x\to 0$일때의 극한을 취하기 전에 식

$$\frac{\Delta y}{\Delta x}=f'(x)+\epsilon,\ (\Delta x\to 0\text{일 때 } \epsilon\to 0)$$

에서 Δx를 양변에 곱하면

$$\Delta y=f'(x)\Delta x+\epsilon\Delta x \qquad \cdots (2)$$

이 된다.

이제 **$f'(x)\Delta x$가 의미하는 바는 무엇인가?** $f'(x)$는 접선 AC의 기울기이므로 그림에서 CD의 길이를 나타낸다. 그리고 $\epsilon\Delta x$는 CD와 BD의 차이로 $\Delta x\to 0$이 되면 이 차이는 빠르게 사라지게 된다(양일 수도 음일 수도 있다). $\Delta x\to 0$일 때 $\Delta y\approx f'(x)\Delta x$는 같아지므로 **$dy=f'(x)\Delta x$라 정의하고 이를 (종속변수) y의 미분(differential)이라 한다.** 특히 $y=x$일 때는 $dx=\Delta x$ ($\because f'(x)=1$)이므로 앞으로는 $dy=f'(x)dx$라 쓰겠다. **이 식은 x가 $dx=\Delta x$만큼 변할 때 y가 변하는 양을 $\Delta y\approx dy$ 예측할 때 쓰인다**(Δx가 작다는 의미에서).

참고 $\frac{dy}{dx}=f'(x)$의 좌변을 미분의 비(ratio)로 생각하여, $dy=f'(x)dx$로 이해해도 된다.

따라서 x**에서의 함숫값은 쉽게 계산할 수 있으나** $x+\Delta x$**에서는 함숫값** $f(x+\Delta x)$**을 계산하는 것이 어렵다면 이를 추측하기 위해** $\Delta y=f(x+\Delta x)-f(x)$ **대신 $dy=f'(x)dx$를 이용하는 것이다.** Δx가 충분히 작을 때에는 dy로도 충분히 Δy에 가까운 값을 얻어낼 수 있으므로 식

$$\Delta y=f(x+\Delta x)-f(x) \quad\approx\quad dy=f'(x)dx$$

으로부터 $f(x+\Delta x)\approx f(x)+\Delta y\approx f(x)+dy=f(x)+f'(x)dx$를 계산할 수 있다.

앞서 소개한 **예제 13**에서 $f(x)=\sqrt{x+3}$, $f'(x)=\dfrac{1}{2\sqrt{x+3}}$이므로 $dy=\dfrac{1}{2\sqrt{x+3}}dx$가 되고 이 식에서 $f(1.05)$의 값은 $x=1$에서 $\Delta x=0.05$만큼 변할 때 $\Delta y=f(1.05)-f(1)\approx dy=f'(1)\cdot 0.05=0.0125$이다. 따라서 $f(1)$을 이항하면 $f(1.05)\approx f(1)+\Delta y=f(1)+0.0125=2.0125$가 된다.

미분 공식 두 함수 f와 g가 미분가능할 때, 다음이 성립한다.

$$d(f\pm g)=(f'(x)\pm g'(x))dx$$
$$d(fg)=(f'(x)g(x)+f(x)g'(x))dx=g\,df+f\,dg$$
$$d\left(\frac{f}{g}\right)=\left(\frac{f'(x)g(x)-f(x)g'(x)}{g(x)^2}\right)dx$$
$$d(g\circ f)=d(g(f))=g'(f(x))f'(x)dx$$

예제 14 $y=f(x)=2x^3+x$에 대하여 dy를 구하여라.

풀이. $f(x)=2x^3+x$의 도함수는 $f'(x)=\dfrac{dy}{dx}=6x^2+1$이므로 $dy=(6x^2+1)dx$이다.

■

예제 15 $y=\dfrac{3x}{\sin x}$일 때 dy를 구하여라.

풀이. **Sage**를 이용하여 계산하면 다음과 같다.

http://matrix.skku.ac.kr/KOFAC/

```
f(x) = 3*x/sin(x)
diff (f(x), x)
```

```
-3*x*cos(x)/sin(x)^2 + 3/sin(x)
```
$\#\ \dfrac{dy}{dx}=\left(-\dfrac{3x\cos x}{\sin^2 x}+\dfrac{3}{\sin x}\right)$

따라서 $\dfrac{dy}{dx}=\left(-\dfrac{3x\cos x}{\sin^2 x}+\dfrac{3}{\sin x}\right)$이므로

답은 $dy=\left(-\dfrac{3x\cos x}{\sin^2 x}+\dfrac{3}{\sin x}\right)dx$이다. ■

예제 16 **미분(differential)** 을 이용하여 $\sin\frac{7\pi}{36}=\sin(\frac{\pi}{6}+\frac{\pi}{36})$의 근삿값을 구하여라.

풀이. $y=f(x)=\sin x$로 놓고, $\Delta x=dx=\frac{\pi}{36}$라 두면 $f\left(\frac{7\pi}{36}\right)\approx f(\frac{\pi}{6})+dy$을 구하면 된다. $\frac{dy}{dx}=f'(x)=\cos x$이므로 $dy=\cos x\,dx$이며, $f\left(\frac{\pi}{6}\right)=\sin\frac{\pi}{6}=\frac{1}{2}=0.5$이고 $f'\left(\frac{\pi}{6}\right)=\cos\frac{\pi}{6}=\frac{\sqrt{3}}{2}$이다.

따라서 $\frac{7\pi}{36}=\frac{\pi}{6}+\frac{\pi}{36}=\frac{\pi}{6}+\Delta x$에서 $dy=f'\left(\frac{\pi}{6}\right)dx=\frac{\sqrt{3}}{2}\cdot\frac{\pi}{36}=\frac{\sqrt{3}}{72}\pi\approx 0.0756$이므로 $f\left(\frac{7\pi}{36}\right)=\sin\frac{7\pi}{36}=\sin\left(\frac{\pi}{6}+\frac{\pi}{36}\right)\approx f(\frac{\pi}{6})+dy=\sin\left(\frac{\pi}{6}\right)+dy\approx 0.5+0.0756=0.5756$를 얻는다. ■

◪ 열린 문제 3 다른 교재를 참고하여 다양한 함수의 $x=a$에서의 선형근사 함수를 찾고, a 근방의 x에서의 함숫값의 근삿값을 구하시오.

◪ 열린 문제 4 **오일러 공식(Euler's formula)** $e^{ix}=\cos x+i\sin x$ 은 수학자 레온하르트 오일러의 이름이 붙은 공식으로, **세계에서 가장 아름다운 공식**으로도 불린다. 여기서, e는 **자연로그의 밑**인 상수이고, i는 제곱이 -1이 되는 **허수**단위이다. 이 식의 x에 π를 대입하여, $e^{i\pi}=0+\sin\pi$, 즉 **[오일러의 등식]** $e^{i\pi}+1=0$을 구할 수 있다. 오일러의 등식과 관련된 최근 영화들을 찾아보고, 느낌을 공유하시오.

8주차 과제 위의 열린 문제를 풀어본 후, 본인이 요약/실습/질문/답변한 내용을 Q&A(문의 게시판)에 공유하시오.

9주차 쌍곡선 함수, 역쌍곡선 함수의 미분, 평균값 정리, 로피탈 법칙

학습목표	이번 주차에서는 쌍곡선 함수와 역쌍곡선 함수의 미분 및 평균값 정리와 로피탈 법칙에 관하여 학습한다.
핵심개념	**쌍곡선 함수, 역쌍곡선 함수의 미분, 평균값 정리, 로피탈 법칙** https://youtu.be/YMJcVIbwy6M
실습실	http://matrix.skku.ac.kr/S-calculus/W9/ http://matrix.skku.ac.kr/Cal-Book1/Ch3/

9.1 쌍곡선함수의 미분

[Recall] 쌍곡선 함수에 관하여 다음이 성립한다.

$\sinh(-x) = -\sinh x$, $\qquad \cosh(-x) = \cosh x$

$\cosh^2 x - \sinh^2 x = 1$, $\qquad 1 - \tanh^2 x = \mathrm{sech}^2 x$

$\sinh(x+y) = \sinh x \cosh y + \cosh x \sinh y$

$\cosh(x+y) = \cosh x \cosh y + \sinh x \sinh y$

예제 1 $\cosh^2 x - \sinh^2 x = 1$를 증명하라.

풀이. $$\cosh^2 x - \sinh^2 x = \left(\frac{e^x + e^{-x}}{2}\right)^2 - \left(\frac{e^x - e^{-x}}{2}\right)^2$$
$$= \frac{e^{2x} + e^{-2x} + 2}{4} - \frac{e^{2x} + e^{-2x} - 2}{4} = \frac{4}{4} = 1$$ ■

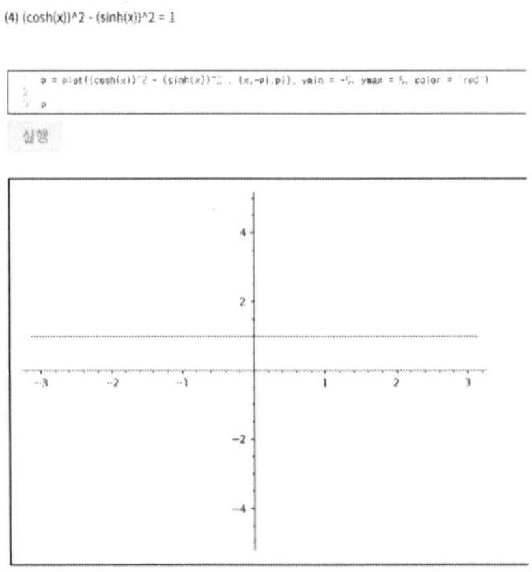

미분 공식 쌍곡선 함수의 미분은 다음과 같다.

$$\frac{d}{dx}(\sinh x) = \cosh x \qquad \frac{d}{dx}(\cosh x) = \sinh x \qquad \frac{d}{dx}(\tanh x) = \mathrm{sech}^2 x$$

$$\frac{d}{dx}(\mathrm{csch}\, x) = -\mathrm{csch}\, x \coth x \qquad \frac{d}{dx}(\mathrm{sech}\, x) = -\mathrm{sech}\, x \tanh x$$

$$\frac{d}{dx}(\coth x) = -\mathrm{csch}^2 x$$

예제 2 $\frac{d}{dx}[\cosh(x^2)]$을 구하라.

풀이. Sage를 이용하여 계산하면 다음과 같다.

http://matrix.skku.ac.kr/KOFAC/

```
diff ( cosh(x^2), x )
```

답. $\frac{d}{dx}(\cosh x^2) = \sinh x^2 (x^2)' = $ 2*x*sinh(x^2)   # $2x\sinh(x^2)$ ■

예제 3 $\frac{d}{dx}[\tanh(\sin x)]$을 구하라.

풀이. Sage를 이용하여 계산하면 다음과 같다.

http://matrix.skku.ac.kr/KOFAC/

```
diff ( tanh(sin(x)), x )
```

답. −(tanh(sin(x))^2 − 1)*cos(x)   # $-[\tanh(\sin(x))^2 - 1]\cos(x) = \tanh(\sin x)\, x$ ■

9.2 역쌍곡선함수의 미분

미분 공식 역쌍곡선 함수의 미분은 다음과 같다.

$$\frac{d}{dx}(\sinh^{-1}x) = \frac{1}{\sqrt{1+x^2}} \qquad \frac{d}{dx}(\cosh^{-1}x) = \frac{1}{\sqrt{x^2-1}} \qquad \frac{d}{dx}(\tanh^{-1}x) = \frac{1}{1-x^2}$$

$$\frac{d}{dx}(\mathrm{csch}^{-1}x) = -\frac{1}{|x|\sqrt{x^2+1}} \qquad \frac{d}{dx}(\mathrm{sech}^{-1}x) = -\frac{1}{x\sqrt{1-x^2}}$$

$$\frac{d}{dx}(\coth^{-1}x) = \frac{1}{1-x^2}$$

예제 4 $\dfrac{d}{dx}(\sinh^{-1}x) = \dfrac{1}{\sqrt{1+x^2}}$을 증명하라.

풀이. $y = \sinh^{-1}x$라 하면 $\sinh y = x$이므로 $\dfrac{dx}{dy} = \cosh y$ 이고, 역함수의 미분 공식을 이용하면 $\dfrac{dy}{dx} = \dfrac{1}{\frac{dx}{dy}} = \dfrac{1}{\cosh y}$이다. 이때 $\cosh^2 y - \sinh^2 y = 1$이므로 $\cosh^2 y = 1 + \sinh^2 y$에서

$$\cosh y = \pm\sqrt{1+\sinh^2 y} \quad \Rightarrow \quad \cosh y = \sqrt{1+\sinh^2 y} \quad (\because \cosh y \geq 0)$$

따라서 $\dfrac{dy}{dx} = \dfrac{1}{\cosh y} = \dfrac{1}{\sqrt{1+x^2}}$ 이다. ■

예제 5 $\dfrac{d}{dx}\left[\sinh^{-1}(x^2)\right]$을 구하라.

풀이. Sage를 이용하여 계산하면 다음과 같다.

http://matrix.skku.ac.kr/KOFAC/

```
diff ( arcsinh(x^2) , x)
```

답. 2*x/sqrt(x^4 + 1) # $\dfrac{d}{dx}\left[\sinh^{-1}(x^2)\right]$ ■

예제 6 $\dfrac{d}{dx}\left[\tanh^{-1}(\cos x)\right]$와 $\dfrac{d^2}{dx^2}\left[\tanh^{-1}(\cos x)\right]$을 구하라.

풀이. Sage를 이용하여 계산하면 다음과 같다.

http://matrix.skku.ac.kr/KOFAC/

```
diff ( arctanh(cos(x)) , x )
diff ( arctanh(cos(x)) , x, 2 )
```

답. $\dfrac{d}{dx}\left[\tanh^{-1}(\cos x)\right]$ = sin(x)/(cos(x)^2 − 1)

$\dfrac{d^2}{dx^2}\left[\tanh^{-1}(\cos x)\right]$ = 2*cos(x)*sin(x)^2/(cos(x)^2 − 1)^2 + cos(x)/(cos(x)^2 − 1) ■

◪ 열린 문제 1 다른 교재에서 찾은 (연속) 미분가능한 역쌍곡선함수의 3계 도함수(3rd derivative, jerk, a measure of the smoothness of the acceleration)를 구하시오.

9.3 평균값 정리(Mean value theorem)

Rolle의 정리와 평균값 정리는 다음과 같다.

Rolle의 정리 함수 f가 폐구간 $[a, b]$에서 연속이고 개구간 (a, b)에서 미분가능하며 $f(a)=f(b)$이면,

$$f'(c)=0 \text{ (단, } a<c<b)$$

인 점 c가 구간 (a, b)내에 적어도 하나 존재한다.

평균값 정리 함수 f가 폐구간 $[a, b]$에서 연속이고 개구간 (a, b)에서 미분가능하면,

$$\frac{f(b)-f(a)}{b-a}=f'(c) \text{ (단, } a<c<b)$$

를 만족하는 c가 구간 (a, b)내에 적어도 한 개 존재한다.

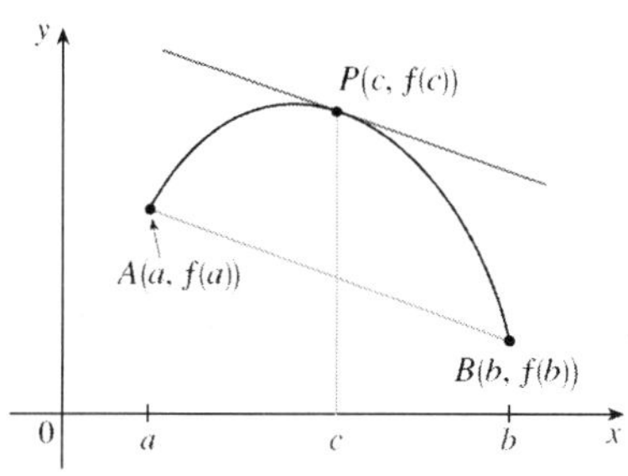

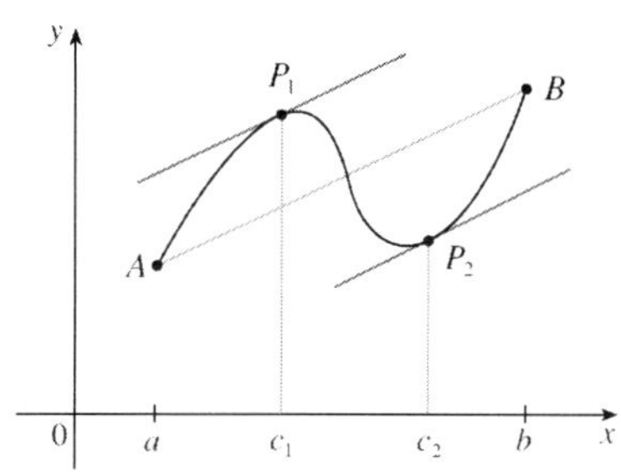

예제 7 함수 $f(x)=x^3-3x+2$가 구간 $[-2, 2]$에서 평균값 정리의 조건들을 만족하는 것을 보이고, 평균값 정리의 결론을 만족하는 수 c를 모두 구하라.

풀이. Sage를 이용하여 계산하면 다음과 같다.

http://matrix.skku.ac.kr/KOFAC/

```
a, b = -2, 2
f(x) = x^3 - 3*x + 2
df(x) = diff ( f(x), x )
solve ( df(x) == (f(b) - f(a))/(b - a), x )
```

답. c_1: x == -2/3*sqrt(3), c_2: x == 2/3*sqrt(3)] # $\frac{f(b)-f(a)}{b-a}=f'(c)$

```
c1, c2 = -2/3*sqrt(3), 2/3*sqrt(3)
p1 = plot (f(x), (x, -2, 2))
p2 = plot (f(c1) + df(c1)*(x - c1), (x, -2, 0), color = 'red')
p3 = plot (f(c2) + df(c2)*(x - c2), (x, 0, 2), color = 'green')
p4 = plot (f(a) + (f(b) - f(a))/(b - a)*(x - a), (x, -2, 2), color = 'black')
p1 + p2 + p3 + p4
```

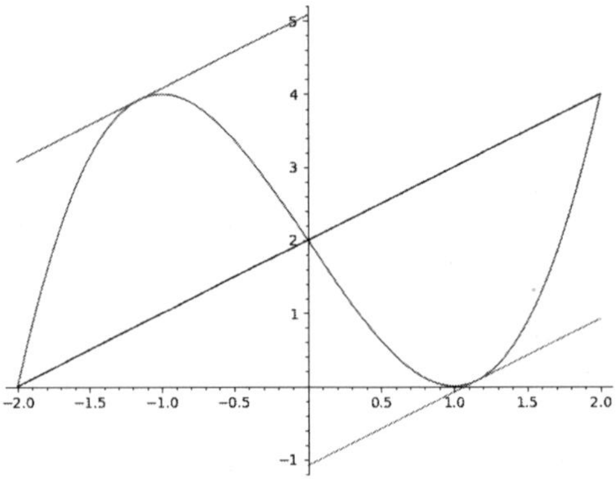

■

평균값 정리를 이용하면 다음을 얻을 수 있다.

정리 (1) 함수 f가 폐구간 $[a, b]$에서 연속이고 개구간 (a, b)에서 미분가능하며 **이 구간에서 $f'(x) = 0$이면, f는 $[a, b]$에서 상수함수이다.**
(2) 함수 f와 g가 폐구간 $[a, b]$에서 연속이고 개구간 (a, b)에서 미분가능하며 **이 구간에서 $f'(x) = g'(x)$이면,** 적당한 상수 C가 존재하여 $[a, b]$의 모든 x에 대해서 **$f - g$는 상수,** 즉 $f(x) = g(x) + C$이다.

증명. (1)만 증명한다. x_1과 x_2를 $[a, b]$의 임의의 두 수라 하자. $(x_1 < x_2)$ f는 (a, b)에서 미분가능하므로 (x_1, x_2)에서도 미분가능하고 $[x_1, x_2]$에서 연속이다. 평균값 정리를 적용하면 적당한 수 c가 (x_1, x_2)에 존재해서 다음이 성립한다.

$$f(x_2) - f(x_1) = f'(c)(x_2 - x_1)$$

구간 (a, b)에 속하는 모든 x에 대하여 $f'(x) = 0$이므로 $f'(c) = 0$이고 따라서 $f(x_2) - f(x_1) = 0$, 즉 $f(x_2) = f(x_1)$이다. f는 $[a, b]$에 속하는 임의의 두 수 x_1과 x_2에서 항상 같은 값을 취하므로 f는 $[a, b]$에서 상수함수이다. ■

9.4 부정형과 로피탈(L'Hospital) 법칙

부정형(不定型, indeterminate form)이란 간단히 말해 극한법칙이 사용될 수 없는 극한 문제이다. 대표적으로 $\infty - \infty$, $0 \cdot \infty$, $\dfrac{\infty}{\infty}$, $\dfrac{0}{0}$, ∞^0, 0^0, 1^∞ 등이 있다.

먼저 $\lim\limits_{x \to a} \dfrac{f(x)}{g(x)} = \dfrac{\lim\limits_{x \to a} f(x)}{\lim\limits_{x \to a} g(x)}$이 적용될 수 없는 부정형, 특히 $\lim\limits_{x \to a} f(x) = 0$, $\lim\limits_{x \to a} g(x) = 0$인 경우($\dfrac{0}{0}$꼴)에 관하여 그 해법을 알아보자. 다음의 정리가 성립한다.

> **정리** 부정형 $0/0$에 대한 **로피탈의 법칙(L'Hôpital's rule)** (증명은 생략)
>
> $\lim\limits_{x \to u} f(x) = \lim\limits_{x \to u} g(x) = 0$이라고 하자. $\lim\limits_{x \to u} [f'(x)/g'(x)]$가 유한 또는 무한의 의미로 존재하면(즉, 이 극한이 유한한 수이거나, $-\infty$, 또는 $+\infty$), 다음이 성립한다.
>
> $$\lim_{x \to u} \frac{f(x)}{g(x)} = \lim_{x \to u} \frac{f'(x)}{g'(x)}$$
>
> 여기서 u는 a, a^-, a^+, $-\infty$, 또는 $+\infty$, 어떠한 기호이든 될 수 있다.

예제 8 $\lim\limits_{x \to 2^+} \dfrac{x^2 + 3x - 10}{x^2 - 4x + 4}$을 구하여라.

풀이. 위 극한은 $0/0$꼴이므로 로피탈의 법칙을 적용하면 다음과 같다.

$$\lim_{x \to 2^+} \frac{x^2 + 3x - 10}{x^2 - 4x + 4} = \lim_{x \to 2^+} \frac{2x + 3}{2x - 4} = +\infty$$

분모, 분자가 다항식이므로 인수분해, 약분을 거쳐 다음과 같이 계산할 수도 있다.

$$\lim_{x \to 2^+} \frac{x^2 + 3x - 10}{x^2 - 4x + 4} = \lim_{x \to 2^+} \frac{(x-2)(x+5)}{(x-2)^2} = \lim_{x \to 2^+} \frac{x + 5}{x - 2} = +\infty$$

Sage를 이용하여 계산하면 다음과 같다.

http://matrix.skku.ac.kr/KOFAC/

```
g(x) = x^2 + 3*x - 10                    # 로피탈 법칙 이용
h(x) = x^2 - 4*x + 4
dg(x) = diff (g(x), x)
dh(x) = diff (h(x), x)
print (limit(dg(x)/dh(x), x = 2, dir = '+'))
limit (g(x)/h(x), x = 2, dir = '+')      # 직접 계산
```

답. +Infinity # $\lim_{x \to a} \frac{f'(x)}{g'(x)}$

+Infinity # $\lim_{x \to a} \frac{f(x)}{g(x)}$ ■

예제 9 $\lim_{x \to 0} \frac{\sin x - x}{x^3}$를 구하여라.

풀이. 위 극한은 0/0꼴이므로 로피탈의 법칙을 적용하면 다음과 같다.

$$\lim_{x \to 0} \frac{\sin x - x}{x^3} = \lim_{x \to 0} \frac{\cos x - 1}{3x^2} = \lim_{x \to 0} \frac{-\sin x}{6x} = -\lim_{x \to 0} \frac{\cos x}{6} = -\frac{1}{6}$$

Sage를 이용하여 직접 계산하면 다음과 같다.

http://matrix.skku.ac.kr/KOFAC/

```
f(x) = (sin(x) - x)/x^3                  # 직접 계산
limit (f(x), x = 0)
```

답. $\lim_{x \to 0} \frac{\sin x - x}{x^3} = -1/6$ ■

참고 로피탈의 법칙을 적용하려면 0/0꼴의 부정형임을 먼저 확인해야 한다. 그리고 로피탈의 법칙은 (조건을 만족하면) 반복적으로 여러 번 적용할 수도 있다.

정리 부정형 ∞/∞에 대한 로피탈의 법칙 (증명은 생략)

$\lim_{x\to u}|f(x)|=\lim_{x\to u}|g(x)|=\infty$이라고 하자. $\lim_{x\to u}[f'(x)/g'(x)]$가 유한 또는 무한의 의미로 존재하면, 다음이 성립한다.

$$\lim_{x\to u}\frac{f(x)}{g(x)}=\lim_{x\to u}\frac{f'(x)}{g'(x)}$$

여기서 u는 a, a^-, a^+, $-\infty$, 또는 $+\infty$, 어떠한 기호이든 될 수 있다.

예제 10 $\lim_{x\to\infty}\frac{x}{e^x}$을 구하여라.

풀이. 위 극한은 ∞/∞꼴이므로 로피탈의 법칙을 적용하면 다음과 같다.

$$\lim_{x\to\infty}\frac{x}{e^x}=\lim_{x\to\infty}\frac{1}{e^x}=0$$ ■

참고 양수 a에 대하여 $\lim_{x\to\infty}\frac{x^a}{e^x}=0$, $\lim_{x\to\infty}\frac{\ln x}{x^a}=0$이다. 즉 x가 충분히 크면, x가 증가할 때 e^x은 x의 어떠한 **거듭제곱(멱, 冪, power)**보다도 더 빨리 증가하며, 반면에 (역함수인) $\ln x$는 x의 어떠한 거듭제곱(멱)보다도 더 느리게 증가한다.

예제 11 $\lim_{x\to 0^+}\frac{\ln x}{\cot x}$를 구하여라.

풀이. 위 극한은 ∞/∞꼴이므로 로피탈의 법칙을 적용하면 다음과 같다.

$$\lim_{x\to 0^+}\frac{\ln x}{\cot x}=\lim_{x\to 0^+}\frac{1/x}{-\csc^2 x}=-\lim_{x\to 0^+}\frac{\sin^2 x}{x}=-\lim_{x\to 0^+}\sin x\cdot\frac{\sin x}{x}=-0\cdot 1=0$$

Sage 를 이용하여 계산하면 다음과 같다.

http://matrix.skku.ac.kr/KOFAC/

```
f(x) = log(x)/cot(x)            # 직접 계산
limit (f(x), x = 0, dir = '+')
```

답. $\lim_{x \to 0^+} \dfrac{\ln x}{\cot x} = 0$ ■

부정형 $0 \cdot \infty$ 과 $\infty - \infty$ 은 적절한 변환을 통해 $0/0$ 또는 ∞/∞ 로 고쳐서 극한을 확인한다.

예제 12 $y = (x+1)^{\cot x}$ 라 하고 양변에 자연로그를 취하여, $\lim_{x \to 0^+} (x+1)^{\cot x}$ 를 구하여라.

풀이. 위 극한은 1^{∞} 꼴의 부정형이므로 $y = (x+1)^{\cot x}$ 라 하고 양변에 자연로그를 취한다.

$$\ln y = \cot x \ln(x+1) = \frac{\ln(x+1)}{\tan x}$$

$$(\because\ 0/0)$$

그러면 $\lim_{x \to 0^+} \ln y = \lim_{x \to 0^+} \dfrac{\ln(x+1)}{\tan x} = \lim_{x \to 0^+} \dfrac{1/(x+1)}{\sec^2 x} = 1$ 이고($\because\ 0/0$),

이는 $\lim_{x \to 0^+} (\ln y) = \ln\left(\lim_{x \to 0^+} y\right) = 1$ 의미이므로($\because$ ln는 연속)

$$\lim_{x \to 0^+} y = \lim_{x \to 0^+} (x+1)^{\cot x} = e^1 = e.$$

풀이. Sage 를 이용하여 직접 계산하면 다음과 같다.

http://matrix.skku.ac.kr/KOFAC/

```
limit ((x+1)^(cot(x)), x = 0, dir = '+')
```

답. $\lim_{x \to 0^+} (x+1)^{\cot x} = \mathrm{e}$ ■

예제 13 [부정형 $0\cdot\infty$ 의 예] $\lim_{x\to\frac{\pi}{2}}\left(x-\frac{\pi}{2}\right)\tan x$ 를 구하여라.

풀이. SAGE 를 이용하여 (변환없이 한번에) 계산하면 다음과 같다.

http://matrix.skku.ac.kr/KOFAC/

```
f(x) = (x - pi/2)*tan(x)            # 직접 계산
limit (f(x), x = pi/2)
```

답. $\lim_{x\to\frac{\pi}{2}}\left(x-\frac{\pi}{2}\right)\tan x=-1$ ■

예제 14 [부정형 $\infty-\infty$ 의 예] $\lim_{x\to1^+}\left(\frac{x}{x-1}-\frac{1}{\ln x}\right)$를 구하여라.

풀이. SAGE 를 이용하여 (변환없이 한번에) 계산하면 다음과 같다.

http://matrix.skku.ac.kr/KOFAC/

```
f(x) = (x/(x - 1) - 1/log(x))       # 직접 계산
limit ( f(x), x = 1, dir = '+' )
```

답. $\lim_{x\to1^+}\left(\frac{x}{x-1}-\frac{1}{\ln x}\right)=1/2$ ■

예제 15 [부정형 0/0의 예] $\lim_{x\to0^+}\frac{\sin x}{\sqrt{x}}$ 을 계산하라.

풀이. SAGE 를 이용하여 (변환없이 한번에) 계산하면 다음과 같다.

http://matrix.skku.ac.kr/KOFAC/

```
limit (sin(x)/sqrt(x), x = 0, dir = '+')
```

답. $\lim_{x\to0^+}\frac{\sin x}{\sqrt{x}}=0$ ■

예제 16 [부정형 0/0의 예] $\lim_{x\to0}\frac{x-\tan x}{x-\sin x}$ 을 계산하라.

풀이. SAGE 를 이용하여 (변환없이 한번에) 계산하면 다음과 같다.

http://matrix.skku.ac.kr/KOFAC/

```
limit ( (x - tan(x))/(x - sin(x)) , x = 0)
```

답. $\lim_{x\to 0}\frac{x-\tan x}{x-\sin x}=-2$ ■

• 그 외에 부정형 0^0, ∞^0, 1^∞은 로그를 이용하여 먼저 밑과 지수를 분리한 후, 0/0 또는 ∞/∞로 고쳐야 한다. 극한을 구한 후 다시 로그를 취하기 전으로 회복시킨다. 그러나 코딩을 이용시 이런 전처리 과정에 소요되는 노력을 대폭 줄이게 해 준다.

예제 17 $\lim_{x\to 1^+}\left(\frac{1}{\ln x^2}-\frac{1}{x^2-1}\right)$을 계산하라.

풀이. SAGE를 이용하여 (변환없이 한번에) 계산하면 다음과 같다.

http://matrix.skku.ac.kr/KOFAC/

```
limit (1/log(x^2) − 1/(x^2 − 1), x = 1, dir = '+')
```

답. $\lim_{x\to 1^+}\left(\frac{1}{\ln x^2}-\frac{1}{x^2-1}\right)=1/2$ ■

예제 18 $\lim_{x\to 0^+}(1+\tan 4x)^{\cot x}$을 계산하라.

풀이. SAGE를 이용하여 (변환없이 한번에) 계산하면 다음과 같다.

http://matrix.skku.ac.kr/KOFAC/

```
limit ( (1 + tan(4*x))^(cot(x)) , x = 0, dir = '+')
```

답. $\lim_{x\to 0^+}(1+\tan 4x)^{\cot x}=$ e^4 ■

참고 $0/\infty$, $\infty/0$, $\infty+\infty$, $\infty\cdot\infty$, 0^∞, ∞^∞은 **부정형이 아니다.**

9주차 과제 평균값정리, 로피탈정리, 다양한 부정형의 극한과 관련한 몇가지 열린 문제를 풀어본 후, 본인이 요약/실습/질문/답변한 내용을 Q&A(문의게시판)에 공유하시오.

[함수의 극한과 연속] http://matrix.skku.ac.kr/Cal-Book1/Ch2/

[문제풀이] http://matrix.skku.ac.kr/Cal-Book/part1/CS-Sec-2-1-Sol.html

[도함수] http://youtu.be/A-vDsF9ulTs

[미분] http://matrix.skku.ac.kr/Cal-Book1/Ch3/

[문제풀이] http://matrix.skku.ac.kr/Cal-Book/part1/CS-Sec-3-1-Sol.html

[명령어 모음] http://matrix.skku.ac.kr/Lab-Book/Sage-Lab-Manual-1.htm

[강의동영상] http://matrix.skku.ac.kr/2019-album/

[미적분학 교재] http://matrix.skku.ac.kr/Cal-Book1/

[연습문제와 풀이] http://matrix.skku.ac.kr/Cal-Book/

1. 일변수함수와 미적분 http://matrix.skku.ac.kr/PBL/
2. 다변수함수와 미적분 http://matrix.skku.ac.kr/PBL2/

[산 위에 있는 지중해식 야외수영장 (통영)]

10주차 함수의 극대, 극소(최대, 최소)

학습목표	이번 주차에서는 일변수 함수의 극대, 극소 및 최대, 최소에 대하여 학습한다.
핵심개념	극대, 극소, 최대, 최소 **https://youtu.be/gQYucuXMYgc**
실습실	http://matrix.skku.ac.kr/S-calculus/W10/ http://matrix.skku.ac.kr/Cal-Book1/Ch4/ http://matrix.skku.ac.kr/math4ai-intro/W8/

10.1 도함수의 응용

함수 f가 구간 I에서 정의되어 있을 때, I 내의 $x_1 < x_2$인 임의의 두 점 x_1, x_2에 대하여 $f(x_1) < f(x_2)$를 만족하면 f는 구간 I에서 **증가**(increasing)한다고 하며, I 안의 $x_1 < x_2$인 임의의 두 점 x_1, x_2에 대하여 $f(x_1) > f(x_2)$를 만족하면 f는 구간 I에서 **감소**(decreasing)한다고 한다. 도함수는 다음과 같이 함수가 증가하거나 감소하는 상황을 알려준다.

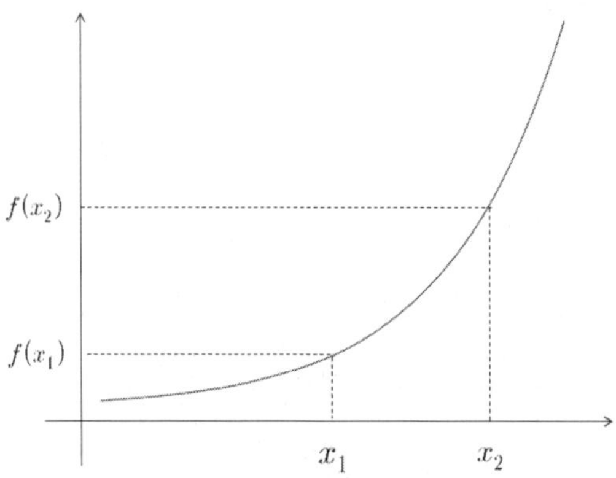

〈증가한다〉

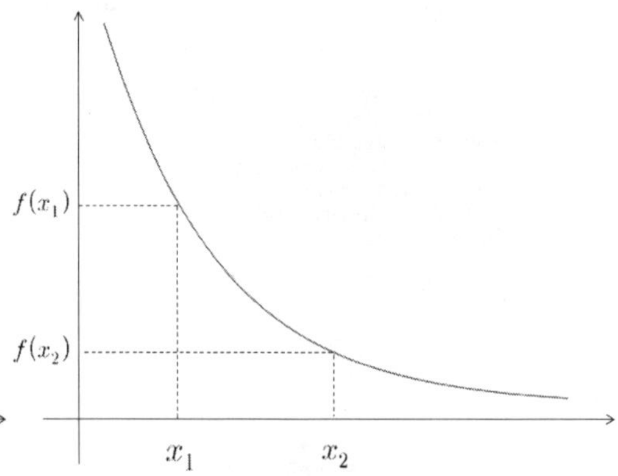

〈감소한다〉

함수 f가 폐구간 $[a, b]$에서 연속이고 개구간 (a, b)에서 미분가능하다고 하자. 그러면 다음이 성립한다.

① 구간 (a, b)내의 모든 점에서 $f'(x) > 0$이면, f는 $[a, b]$에서 증가한다.
② 구간 (a, b)내의 모든 점에서 $f'(x) < 0$이면, f는 $[a, b]$에서 감소한다.

예를 들어, $f'(c) > 0$이면 $x=c$에서의 접선의 기울기가 양수이므로, $x=c$의 근방에서는 함수가 증가함을 알 수 있다. 마찬가지로 $f'(c) < 0$이면 $x=c$의 근방에서는 함수가 감소함을 알 수 있다.

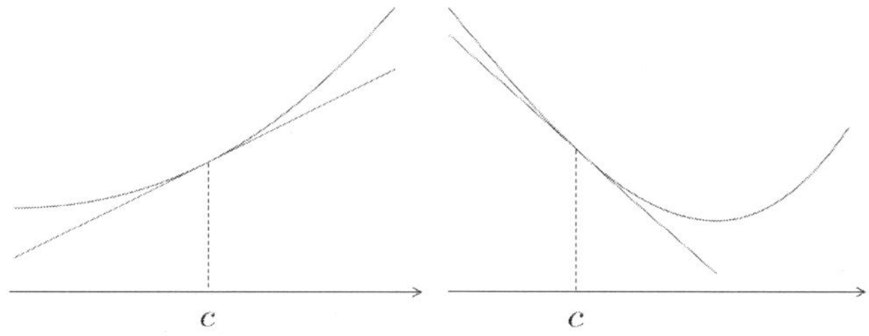

예제 1 함수 $f(x) = x^3 - 6x^2 + 9x + 1$이 증가하는 구간과 감소하는 구간을 구하시오.

풀이. Sage를 이용하여 도함수가 0 보다 큰 구간을 구하는 계산은 다음과 같다.

http://matrix.skku.ac.kr/KOFAC/

```
f(x) = x^3 - 6*x^2 + 9*x + 1
df(x) = diff(f(x), x)
p = plot(f(x), (x, -1, 4), ymin = -5)        # 함수의 그래프
show (p)
print ("f'(x) = ", df(x))                    # 도함수
solve (df(x) > 0, x)                         # 도함수가 0보다 크게 되는 x값의 범위
```

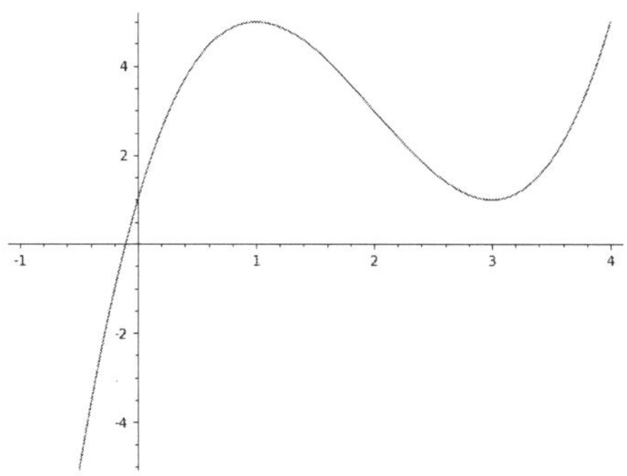

f'(x) = 3*x^2 - 12*x + 9

답. [[x < 1], [x > 3]]

따라서 함수는 $x < 1$ 또는 $x > 3$일 때 증가, $1 < x < 3$일 때 감소한다. 즉, **증가하는 구간 : $(-\infty, 1)$, $(3, \infty)$, 감소하는 구간 : $(1, 3)$.** ■

10.2 2계 도함수의 응용

함수 f가 $x=c$에서 미분가능하고 $(c, f(c))$가 곡선 $y=f(x)$ 위의 점이라 할 때, 점 c를 포함하는 적당한 개구간 I가 존재하여 $x \neq c$인 구간 I의 각 점 x에 대응하는 곡선 위의 모든 점 $(x, f(x))$가 점 $(c, f(c))$에서의 곡선의 접선 아래쪽에 있으면 곡선 $y=f(x)$는 점 c**를 포함하는 적당한 개구간** I**에서 위로 볼록**(Convex up) **또는 아래로 오목**(concave down)하다고 하고, 반대로 접선의 위쪽에 있으면 **아래로 볼록**(Convex down) **또는 위로 오목**(concave up)하다고 한다.

또, 곡선 $y=f(x)$가 점 $x=c$에서 연속일 때 ($f'(c)$는 존재하지 않아도 무방함), 곡선 위의 점 $(c, f(c))$를 경계로 한쪽에서는 위로 볼록하고 다른 쪽에서는 아래로 볼록할 때, $(c, f(c))$를 곡선 $y=f(x)$의 **변곡점**(變曲點, inflection point)이라 한다. 2계 도함수는 다음과 같이 함수가 위로 볼록하거나 아래로 볼록하는 상황을 알려준다.

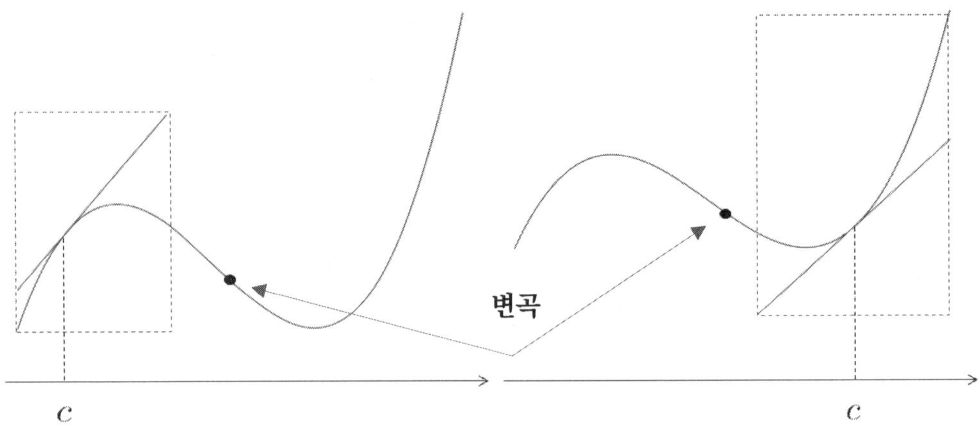

함수 f가 점 c를 포함하는 적당한 개구간 I에서 미분가능하고 $f''(c)$가 존재할 때, 다음이 성립한다.

① $f''(c) < 0$이면, 곡선 f는 점 $(c, f(c))$에서 **위로 볼록**(Convex up)하다.

② $f''(c) > 0$이면, 곡선 f는 점 $(c, f(c))$에서 **아래로 볼록**(Convex down)하다.

$f''(c) > 0$이면 $f''=(f')'$이므로 f'는 $x=c$의 근방에서 증가함을 알 수 있고, f'은 접선의 기울기를 의미하므로, 접선의 기울기가 증가하는 상황이다. 따라서 다음 그림과 같이 **아래로 볼록**(Convex down)임을 알 수 있다. 마찬가지로 $f''(c) < 0$이면 접선의 기울기가 감소하므로 **위로 볼록**임을 알 수 있다.

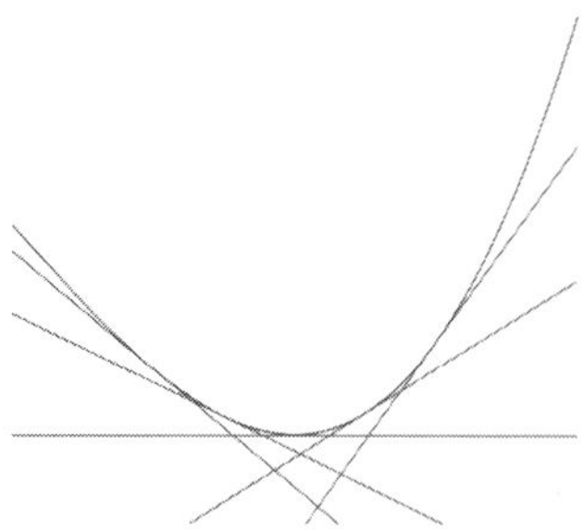

[접선의 기울기가 증가]

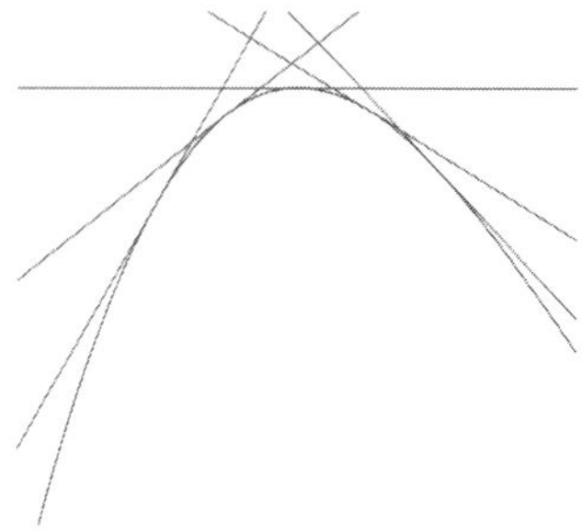

[접선의 기울기가 감소]

예제 2 함수 $f(x)=\frac{1}{3}x^3-x^2-3x+4$는 어느 구간에서 위로 볼록하고, **아래로 볼록** (Convex down)한지 조사하시오.

풀이. Sage를 이용하여 계산하면 다음과 같다.

http://matrix.skku.ac.kr/KOFAC/

```
f(x) = 1/3*x^3 − x^2 − 3*x + 4
df(x) = diff (f(x), x)                      # 도함수
d2f(x) = diff (df(x), x)                    # 2계 도함수
p = plot ( f(x), (x, −3, 5), ymin = −5 )    # 함수의 그래프
show (p)
print ( "f"(x) = ", d2f(x) )                # 2계 도함수
solve (d2f(x) > 0, x)                       # 2계 도함수가 0보다 큰 x값의 범위
```

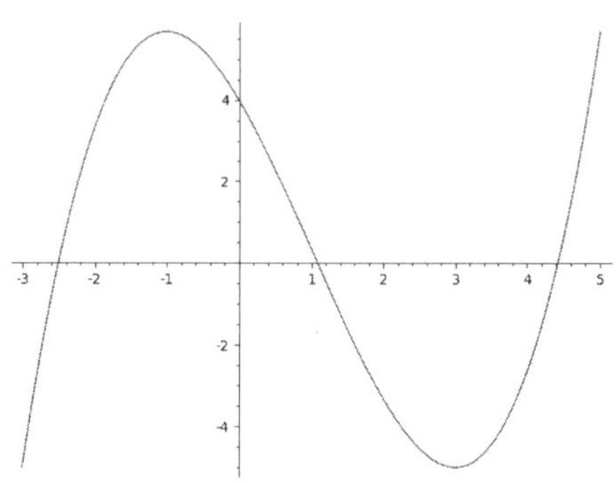

f''(x) = 2*x − 2 # f''(1) = 0, 변곡점을 준다.

답. [[x > 1]] # 1보다 큰 범위에서 함수가 아래로 볼록(**Convex down**)

따라서 $x<1$**에서 위로 볼록이고,** $x>1$**에서 아래로 볼록이다.** $(1, \frac{1}{3})$은 변곡점이다. ■

10.3 극대, 극소, 최대, 최소

$f(x)$가 폐구간 $[a, b]$에서 연속이면 이 구간에서 $f(x)$가 최댓값을 취하는 점 및 최솟값을 취하는 점이 존재한다. 이 점을 구하기 위해서는 먼저 **극대, 극소**에 관하여 알아야 한다.

함수 f가 $x=c$의 근방의 모든 점 x에 대하여 $f(x) \le f(c)$가 성립하면 함수 f는 $x=c$에서 **극댓값** $f(c)$를 갖는다고 한다. 반대로 함수 f가 $x=c$의 근방의 모든 점 x에 대하여 $f(x) \ge f(c)$가 성립하면 함수 f는 $x=c$에서 **극솟값** $f(c)$를 갖는다고 한다. 또, f의 극댓값과 극솟값을 통틀어 극값이라 하고, 극대점 또는 극소점 $(c, f(c))$를 **극점**(極點, extreme point)이라 한다. 아래 그림에는 다양한 극댓값과 극솟값이 표시되어 있다.

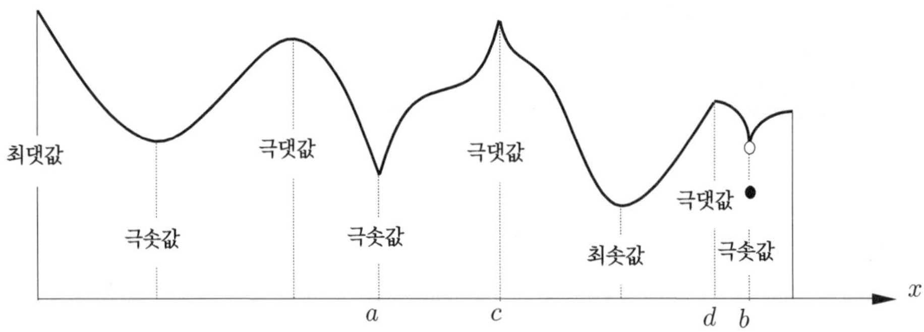

이로부터 **극값이 생길 수 있는 후보**들은 $f'(c)=0$이거나 $f'(c)$가 존재하지 않는 점 $x=c$임을 알 수 있다. 함수의 미분계수가 0이거나 존재하지 않는 점을 함수의 **임계점**(臨界點, critical point)이라고 한다. 다음의 정리가 성립한다. [참고: **Critical points** are of three types, **maxima, minima and point of inflection**, the slop at maxima and minima is 0 and at **point of inflection(변곡점)** it is undefined. **모든 extreme points(극점) 은 critical(임계점)이다.** 그러나 모든 critical(임계점)이 **extreme points(극점)은 아니다.]**

Fermat의 임계점(critical point) 정리 함수 f가 개구간 (a, b)에서 연속이고 $x=c \in (a, b)$에서 **극값**을 갖는다면, $f'(c)=0$이거나 $f'(c)$가 존재하지 않는다.

예제 3 함수 $f(x)=-2x^3+3x^2$의 **임계점**(臨界點, critical point)을 구하시오.

풀이. 일단 f는 다항함수이므로 도함수가 존재하지 않는 점은 생기지 않는다. 따라서 $f'(x)=-6x^2+6x=0$에서 임계점은 $x=0$ 또는 $x=1$이다.

SAGE를 이용하여 계산하면 다음과 같다.

http://matrix.skku.ac.kr/KOFAC/

```
f(x) = −2*x^3 + 3*x^2
df(x) = diff (f(x), x)
solve ( df(x) == 0, x )        # 모든 critical points (임계점) 을 찾는다
```

답. critical points (임계점): [x == 0, x == 1] ■

• **(2계)도함수를 이용하면 극댓값과 극솟값을 쉽게 판정할 수 있다.**

함수 f가 정의역 내의 한 점 c에서 f'과 f''을 가지며, $f'(c)=0$ (즉, 임계점 c) 일 때,

① $f''(c)<0$이면, $f(c)$는 함수 f의 극댓값이다. [f는 임계점 c에서 극댓값을 갖는다]

② $f''(c)>0$이면, $f(c)$는 함수 f의 극솟값이다. [f는 임계점 c에서 극솟값을 갖는다]

$f''(c)<0$이면 점 $(c, f(c))$에서 **위로 볼록**(Convex up)인데, $f'(c)=0$이므로 아래 그림에서 $f(c)$는 함수 f의 극댓값임을 쉽게 알 수 있다. 마찬가지로 $f''(c)>0$이면 점 $(c, f(c))$에서 **아래로 볼록**(Convex down)이므로 다음 그림에서 $f(c)$는 함수 f의 극솟값임을 쉽게 알 수 있다.

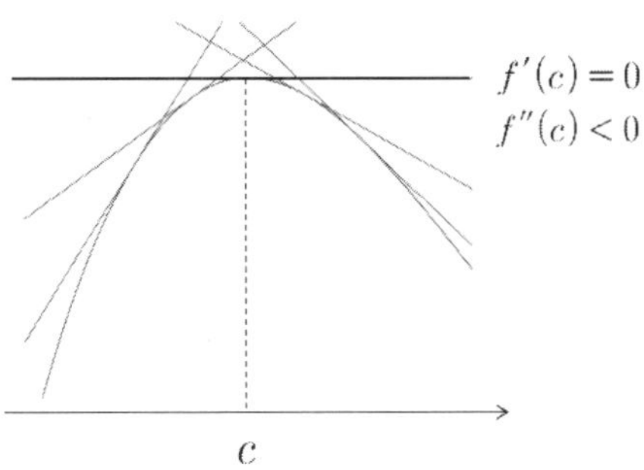

위로 볼록(Convex up)

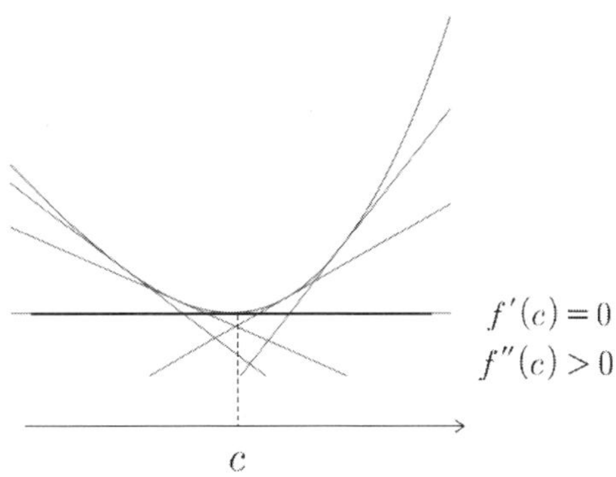

아래로 볼록(Convex down)

참고: 최대, 최소 구하는 방법 폐구간에서 연속인 함수 f의 최댓값과 최솟값은 임계점에서의 함숫값과 구간의 양 끝점에서의 함숫값을 비교하여 구하면 된다.

[단계 1] 구간 I에서 f의 **임계점**(critical points)**들을 찾는다.**

[단계 2] 이 각각의 임계점들과 구간의 양 끝점에서 **f의 값을 계산한다.** 그 중 가장 큰 값이 **최댓값**이고, 가장 작은 값이 **최솟값**이다.

예제 4 함수 $f(x) = \frac{1}{3}x^3 - x^2 - 3x + 4$가 구간 $[-2, 6]$에서 정의되었다고 할 때, f의 극댓값과 극솟값을 구하여라. 또, f의 최댓값과 최솟값을 구하시오.

풀이. Sage 를 이용하여 계산하면 다음과 같다.

http://matrix.skku.ac.kr/KOFAC/

```
f(x) = 1/3*x^3 - x^2 - 3*x + 4
df(x) = diff(f(x), x)
d2f(x) = diff(df(x), x)
solve (diff(f(x)) == 0, x)        # 여기서 임계점 [x == 3, x == -1] 을 얻음
                                  # 임계점 [x == 3, x == -1] 을 f 위 2계도함수에 대입하면
print (d2f(-1), d2f(3))           # -1일 때는 극댓값, 3일 때는 극솟값을 얻는다.
print("극댓값 =", f(-1))
print("극솟값 =", f(3))
print(f(-2), f(6))                # 구간의 양 끝점에서의 함숫값과 비교한다
```

답. # 임계점은 x = 3 과 x = -1

d2f(-1) = -4 (위로 볼록), d2f(3) = 4 (아래로 볼록)

극댓값 = f(-1) = 17/3

극솟값 = f(3) = -5

10/3　　22　　　　# 구간의 양 끝점에서의 함숫값

따라서 주어진 구간에서 f의 **극댓값은** $\frac{17}{3}$, **극솟값은** -5, **최댓값은** 22, **최솟값은** -5**이다.**

■

10.4 뉴턴의 방법 (Newton's method)

앞서 방정식 $f(x) = 0$의 (근사)해는 인수분해 또는 함수의 그래프를 이용하여 계산하였다. 이 절에서는 $f(x) = 0$의 해를 수치적(numerical)으로 계산하는 대표적인 방법인 **뉴턴의 방법(Newton's method)**에 대하여 소개한다.

뉴턴의 방법은 반복법(iterative method)으로, 초기 근사해 x_1으로부터 시작하여 특정한 반복단계를 거쳐 이전보다 나은 근사해 x_2, x_3, ... 를 생성한다. 목표는 k번째 근사해 x_k 또는 극한값 $(x_k \to)\ r$에서 $f(x) = 0$을 만족하도록 하는 것이다. 뉴턴의 방법의 알고리즘은 다음과 같다.

[뉴턴의 방법] ($\epsilon \ll 1$의 의미는 $\epsilon = 10^{-6}$ 같이 ϵ이 **1보다 아주 작다**는 의미이다.)

[단계 1] 초기 근사해 x_1과 허용오차(tolerance) $0 \le \epsilon \ll 1$을 준다. $n := 1$이라 한다.

[단계 2] 만일 $|f(x_n)| \le \epsilon$이면, 알고리즘을 멈추고 x_1을 근사해로 반환한다.

[단계 3] $x_{n+1} = x_n - \dfrac{f(x_n)}{f'(x_n)}$, $n := n+1$라 두고 **[단계 2]**로 이동한다.

뉴턴의 방법의 아이디어는 다음과 같다. 만일 초기 근사해 x_1에서 $f(x_1) = 0$이면 x_1이 바로 방정식의 해가 된다. 그러나 $f(x_1) \ne 0$이면 $f(x_1 + d_1) = 0$을 만족하는 d_1를 앞서 학습한 선형근사함수를 활용하여 계산한다.

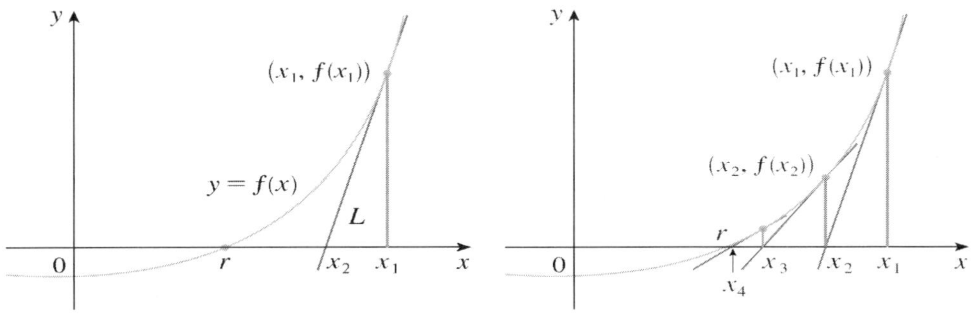

$$f(x) = f(x_1 + d_1) \approx L(x) = f(x_1) + f'(x_1)(x - x_1) = f(x_1) + f'(x_1)d_1 = 0$$

에서 $d_1 = -\dfrac{f(x_1)}{f'(x_1)}$이므로 $x_2 = x_1 + d_1 = x_1 - \dfrac{f(x_1)}{f'(x_1)}$를 얻게 된다. 만일 $f(x_2) = 0$이면 x_2가 방정식의 해가 된다. 그러나 $f(x_2) \ne 0$이면, 같은 방법으로 $x_3 = x_2 - \dfrac{f(x_2)}{f'(x_2)}$를 얻게 된다. 이렇게 반복단계

$x_{n+1} = x_n - \dfrac{f(x_n)}{f'(x_n)}$를 적용하여 근사해를 계산한다.

예제 5 방정식 $x^4 - 7x + 1 = 0$의 개형을 그리고, $x_1 = 2$과 $x_2 = 0$에서 시작해서 근에 대한 하나의 근삿값 x_{1*}와 근삿값 x_{2*}를 소숫점 5째자리까지 구하라.

풀이. Sage를 이용하여 $x_1 = 2$ [과 $x_2 = 0$]에서 시작하면 다음과 같은 결과를 얻는다. 단, 허용오차는 $\epsilon = 10^{-6}$으로 한다.

```
f(x) = x^4 − 7*x + 1
show (plot(f(x), (−3, 5)), xmin=−1, xmax=2, ymin=−10, ymax=10)
df(x) = diff(f(x), x)
x1 = 2.0; k = 1
print('x%d = %.3f' % (k, x1))
while abs(f(x1)) > 1e−6:
   x1 = x1 − f(x1)/df(x1)
   k = k + 1
   print('x%d = %.5f' %(k, x1))
print ()
x2 = 0; k = 1
print ('x%d = %.3f' % (k, x2))
while abs(f(x2)) > 1e−6:
   x2 = x2 − f(x2)/df(x2)
   k = k + 1
   print ('x%d = %.8f' %(k, x2))
```

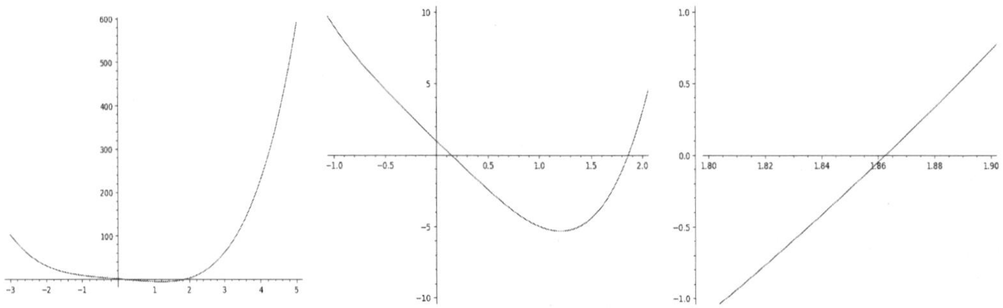

x1 = 2.000 # $x_1 = 2$ 에서 시작하면 다음과 같다.

x2 = 1.88000

x3 = 1.86304

x4 = 1.86272

x5 = 1.86272, **답.** 근삿값 x_{1*} =1.86272

[x1 = 0.000 # $x_1 = 0$ 에서 시작하면 다음과 같다.

x2 = 0.14286

x3 = 0.14292, **답.** 근삿값 x_{2*} =0.14292] ■

예제 6 $f(x) = x^2 - 2\sqrt{x+1}$ 의 개형을 그리고, $x_1 = 1.5$ 과 $x_2 = -0.5$ 에서 시작하여 두 개의 근을 소수점 아래 여섯째 자리까지 구체적으로 구하라.

풀이. Sage 를 이용하여 계산하면 다음과 같다. 단, 허용오차는 $\epsilon = 10^{-10}$ 으로 한다.

http://matrix.skku.ac.kr/KOFAC/

```
f(x) = x^2 - 2*sqrt(x + 1)
show ( plot(f(x), (-1, 3) )
df(x) = diff ( f(x), x )
x1 = 1.5; k = 1
print('x%d = %.3f' % (k, x1))
while abs(f(x1)) > 1e-10:
    x1 = x1 - f(x1)/df(x1)
    k = k + 1
    print ('x%d = %.8f' %(k, x1))
print ()
x2 = -0.5; k = 1
print('x%d = %.3f' % (k, x2))
while abs(f(x2)) > 1e-10:
    x2 = x2 - f(x2)/df(x2)
    k = k + 1
    print ('x%d = %.8f' %(k, x2))
```

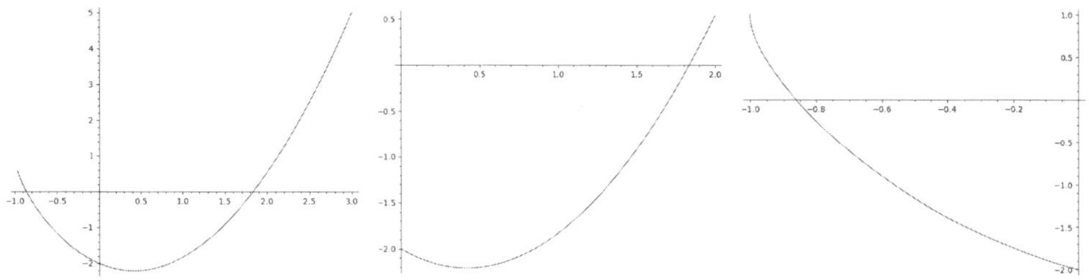

x1 = 1.500

x2 = 1.88532652

x3 = 1.83592074

x4 = 1.83508692

x5 = 1.83508668

답. 근삿값 x_{1*} =1.835086

x1 = −0.500

x2 = −0.98223305

x3 = −0.90848057

x4 = −0.86547559

x5 = −0.86199900

x6 = −0.86198257

x7 = −0.86198257

답. 근삿값 x_{2^*} =**−0.861982** ■

◪ 열린 문제 1 주어진 폐구간에서 두 번 미분가능한 함수를 골라서 그 함수의 극댓값, 극솟값 및 그 구간에서의 최댓값, 최솟값을 찾아보시오.

◪ 열린 문제 2 주어진 구간에서 미분가능한 함수/방정식을 골라서, 개형을 그리고, 각 해 근처의 한점에서 시작하여 위에 소개한 뉴턴의 방법(Newton’s method)의 코드를 이용하여 방정식의 모든 근을 찾아보시오.

◪ 열린 문제 3 뉴턴의 방법(Newton’s method)의 코드를 수정하여 수렴하는 과정을 시각화해 보시오. [참고: 학생(Marc Owen/막 오웬 른타프)의 코드]

```
f(x) = −0.5*x^4 + 1.4*x^3+20*x^2−10*x−20
df(x) = derivative(f(x))
x_n = −3 # First guess

min_step = 0.001
plot_f = plot(f(x), (x, −10, 10), linestyle=":")
plot_steps = [point([x_n,f(x_n)], rgbcolor=(1,0,0))]
plot_lines = plot_f
step = 9999
x_values = []

while(step >= min_step):
    x_new = x_n − (f(x_n) / df(x_n))
    x_values.append(x_new)
    step = abs(x_new − x_n)
    plot_lines += line([[x_n, f(x_n)],[x_new, f(x_new)]], rgbcolor=(1,0,0))
    plot_steps.append(plot_lines)
    x_n = x_new

animate(plot_steps, xmin=−6, xmax=2, ymin=−20, ymax=150)
```

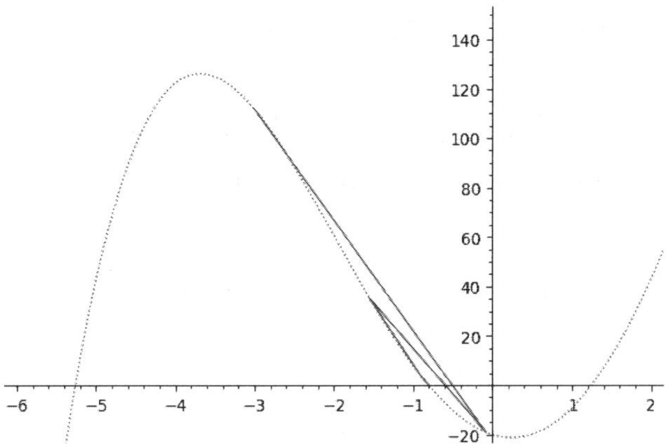

* ■ 경사하강법(gradient descent method)

일변수 함수 $f(x)$의 최솟값을 구하는 문제의 **최적해**(optimal solution) x^*는 [Fermat의 임계점 정리]에 의해 다음을 만족한다.

$$f'(x^*) = 0$$

따라서 방정식 $f'(x) = 0$ 을 풀어서 나온 해들이 최적해가 되는지 판단하면 된다. 그러나 (다변수 함수를 포함하여) 함수 f가 복잡한 경우는 방정식을 풀어서 임계점(critical point)을 구하는 것도 쉽지 않다. 이런 경우에는 수치적인 방법으로 임계점을 구한다. 앞서 소개한 뉴턴 방법(Newton's method)을 $f'(x) = 0$에 적용할 수 있다. 이외에도 **경사하강법**(gradient descent method)을 이용하여 최솟값을 구할 수 있다.

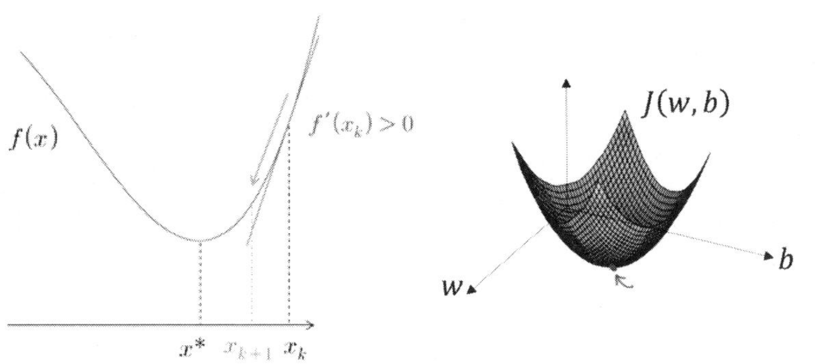

10주차 과제 위의 열린 문제를 풀어본 후, 본인이 요약/실습/질문/답변한 내용을 Q&A(문의게시판)에 공유하시오.

[함수의 극값 동영상 강의] http://youtu.be/mXVU8OqIHJY

[미적분학 실습실] http://matrix.skku.ac.kr/Cal-Book1/Ch4/

http://matrix.skku.ac.kr/Cal-Book/part1/CS-Sec-4-1-Sol.html

[미분의 응용 동영상 강의] https://youtu.be/O4lN5zEZnMA

[참고] 경사하강법(Gradient Descent Method) 과 최소제곱문제의 해

http://matrix.skku.ac.kr/math4ai-intro/W9/ http://matrix.skku.ac.kr/math4ai/gradient_descent/

경사하강법은 딥러닝에서 가중치를 업데이트하는 데 사용되는 핵심 알고리즘이기도 하다.

[Newton의 방법] http://matrix.skku.ac.kr/Cal-Book1/Ch4/

[테일러전개] 주어진 연속함수에 가까운 다항식을 찾는 방법

http://matrix.skku.ac.kr/Cal-Book1/Ch9/

11주차 부정적분, 정적분, 이상적분(improper integral)

학습목표	이번 주차에서는 일변수 함수의 부정적분, 정적분, 이상적분에 대하여 학습한다.
핵심개념	역도함수, 부정적분, 정적분, 이상적분 https://youtu.be/6EhJxj8n_-E
실습실	**http://matrix.skku.ac.kr/S-calculus/W11/** http://matrix.skku.ac.kr/Cal-Book1/Ch4/ http://matrix.skku.ac.kr/Cal-Book1/Ch5/ http://matrix.skku.ac.kr/Cal-Book1/Ch7/

11.1 역도함수(antiderivative)와 부정적분(indefinite integral)

지금까지 주어진 함수 $f(x)$에 대하여 도함수 $f'(x)$를 계산하였다. 이제 그 반대의 경우를 살펴보자. 즉 함수 $f(x)$가 주어져 있을 때 $F'(x)=f(x)$를 만족하는 함수 $F(x)$를 찾고 싶은 것이다. 이러한 $F(x)$를 $f(x)$의 역도함수(antiderivative)라고 한다.

주어진 함수 $f(x)$에 대하여 f의 역도함수는 유일하지 않다. 임의의 상수 C에 대하여 $\frac{d}{dx}C=0$이므로 함수 F가 f 의 역도함수라 하면, 함수 $F(x)+C$ (단, C는 임의의 상수)도 역시 $f(x)$의 역도함수가 된다. 이를 $\int f(x)dx$으로 나타내고, $f(x)$의 부정적분(indefinite integral)이라 한다. 즉 다음 관계식이 성립한다. 앞으로 C는 적분상수라고 한다.

$$\int f(x)dx = F(x)+C \quad \Leftrightarrow \quad F'(x)=f(x)$$

앞서 9주차 강의에서 다음과 같이 도함수가 같은 부정적분 사이에는 상수 차이가 나는 것 외에 또 다른 형식의 부정적분은 없다는 것을 이미 증명하였다.

정리 (Recall) 함수 F와 G가 폐구간 $[a,b]$ 에서 연속이고 개구간 (a,b) 에서 미분가능하며 이 구간에서 $F'(x) = G'(x)$ 이면, 적당한 상수 C가 존재하여 $[a,b]$의 모든 x에 대해서

$$F-G\text{는 상수,} \quad \text{즉 } F(x) = G(x)+C\text{이다.}$$

예제 1 $G'(x) = 4\cos x + \dfrac{4x^4 - \ln x}{x}$인 모든 함수 G를 구하라.

풀이. **Sage**에서는 integral 명령어를 활용하여 부정적분(indefinite integral)을 계산한다. 이때 적분상수 C는 따로 제공되지 않는다.

http://matrix.skku.ac.kr/KOFAC/

```
g(x) = 4*cos(x) + (4*x^4 - log(x))/x
integral ( g(x), x )            # G = integral ( g(x), x )
```

답. G(x) = x^4 - 1/2*log(x)^2 + 4*sin(x)

따라서 $G(x) = x^4 - \dfrac{1}{2}(\ln x)^2 + 4\sin x + C$ **(단, C는 임의 상수) 이다.** ■

다음 예제와 같이 조건을 추가하면 적분상수 C를 특정할 수 있다.

예제 2 $F'(x) = 2e^{2x} + 2\sqrt{1-x^2}$, $F(0) = 5$인 함수 F 를 구하라.

풀이. **Sage**를 이용하여 계산하면 다음과 같다.

http://matrix.skku.ac.kr/KOFAC/

```
f(x) = 2*exp(2*x) + 2* sqrt(1 - x^2)
print ( integral (f(x), x) )            # 여기서 F(x) = sqrt(-x^2 + 1)*x + arcsin(x) + e^(2*x) + C를 얻음
var ('C')
F(x) = sqrt(-x^2 + 1)*x + arcsin(x) + e^(2*x) + C
solve (F(0) == 5, C)                    # 조건을 만족하는 C를 계산
```

```
sqrt(-x^2 + 1)*x + arcsin(x) + e^(2*x)
[C == 4]
```

위의 예제와 같이 주어진 함수와 그 도함수를 포함하는 방정식을 **미분방정식**(differential equation)이라 한다. 자세한 사항은 공학수학에서 다루며, 현시점에서도 **Sage**를 이용하면 **예제 2**와 같은 기초적인 미분방정식은 다음과 같이 쉽게 해결할 수 있다.

```
var ('x')
y = function('y')(x)                              # y는 x에 관한 함수라는 의미.
de = diff(y, x) == 2*exp(2*x) + 2* sqrt(1 − x^2)  # 미분방정식을 변수 de로 받음.
desolve (de, [y, x], ics = [0, 5])                # 미분방정식 풀이. desolve(방정식, [y, x]). 이때 ics는 초기조건
                                                  # 초기조건 ics = [0, 5]는 f(0) = 5를 만족한다는 뜻
```

답. sqrt(−x^2 + 1)*x + arcsin(x) + e^(2*x) + 4 ■

부정적분에 관하여 다음이 성립한다. 부정적분(indefinite integral)은 미분의 역연산이므로 모두 미분법칙에 의해 쉽게 증명할 수 있다.

① $\int kf(x)dx = k\int f(x)dx$ (k는 상수)

② $\int \{f(x) \pm g(x)\}dx = \int f(x)dx \pm \int g(x)dx$

부정적분의 기본 공식은 미분공식을 거꾸로 적용하면 된다. 따라서 다음을 얻는다.

① $\int k\,dx = kx + C$

② $\int x^n dx = \frac{1}{n+1}x^{n+1} + C \quad (n \neq -1)$

③ $\int \frac{1}{x}dx = \ln|x| + C$

④ $\int e^x dx = e^x + C$

⑤ $\int a^x dx = \frac{a^x}{\ln a} + C \quad (a > 0,\ a \neq 1)$

⑥ $\int \sin x\,dx = -\cos x + C$

⑦ $\int \cos x\,dx = \sin x + C$

⑧ $\int \sec x \tan x\,dx = \sec x + C$

⑨ $\int \csc x \cot x\,dx = -\csc x + C$

⑩ $\int \sec^2 x\,dx = \tan x + C$

⑪ $\int \csc^2 x\,dx = -\cot x + C$

⑫ $\int \sec x\,dx = \ln|\sec x + \tan x| + C = \ln\left|\tan\frac{1}{2}\left(x + \frac{\pi}{2}\right)\right| + C$

⑬ $\int \csc x\,dx = \ln|\csc x - \cot x| + C = \ln\left|\tan\frac{x}{2}\right| + C$

⑭ $\int \frac{1}{x^2 - a^2}dx = \frac{1}{2a}\ln\left|\frac{x-a}{x+a}\right| + C \quad (a \neq 0)$

⑮ $\int \frac{1}{\sqrt{x^2 + A}}dx = \ln\left|x + \sqrt{x^2 + A}\right| + C \quad (A \neq 0)$

⑯ $\int \frac{1}{\sqrt{a^2-x^2}}\,dx = \frac{1}{a}\sin^{-1}\frac{x}{a} + C \ \ (a \neq 0)$

⑰ $\int \frac{1}{x^2+a^2}\,dx = \frac{1}{a}\tan^{-1}\frac{x}{a} + C \ \ (a \neq 0)$

위 공식을 모두 암기할 필요는 없다. 대부분의 경우 sage의 integral 명령어를 이용하여 쉽게 계산할 수 있다.

◪ 열린 문제 1 다른 교재를 참고하여 다양한 함수의 부정적분을 구하시오.

11.2 넓이 문제와 정적분(definite integral)

이제 연속 함수 $y=f(x)$ $(f(x)>0)$의 그래프와 x축에 수직인 두 직선 $x=a$와 $x=b$ 및 x축으로 둘러싸인 영역 S의 넓이를 구해보자.

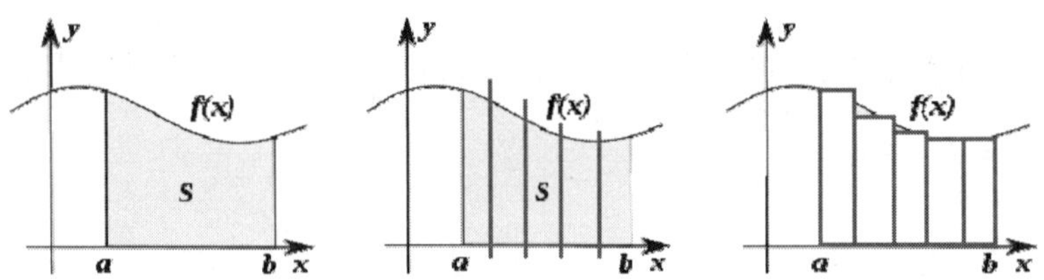

직사각형의 넓이는 기본적으로 가로의 길이와 세로의 길이의 곱으로 계산한다. 그러면 위의 왼쪽 그림과 같이 경계가 함수의 그래프와 같이 곡선인 영역 S의 넓이는 어떻게 구하는가? 기본 아이디어는 전체 영역을 작은 영역으로 분할하여(가운데 그림) 각 영역을 직사각형으로 근사하는 것(오른쪽 그림)이다. 즉 영역 S의 넓이는 이러한 직사각형들의 넓이의 합의 (분할을 무한히 할 때의) 극한값으로 정의한다.

이와 같이 도형을 세분하여 구분된 면적이나 체적을 구하고, 다시 이들의 합을 구한 다음 한없이 세분했을 때의 극한값으로 본래 도형의 면적 또는 체적을 구하는 방법을 **구분구적법**(mensuration of division, mensuration by parts, 區分求積法) 이라 한다.

구분구적법 구분구적법에 의하여 **평면도형의 넓이**나 **입체의 부피**를 구하는 순서

① 주어진 도형이나 입체를 n 등분으로 세분하여 **기본 도형**으로 만든다.

② n 등분된 기본 도형의 **넓이**나 입체의 부피의 합을 구한다.

③ ②에서 구한 합의 극한값을 구한다.

예제 3 직사각형들을 이용하여 $x = 0$부터 $x = 1$까지 포물선 $y = x^2$ 아래에 있는 포물선 영역 S의 넓이를 추정하라.

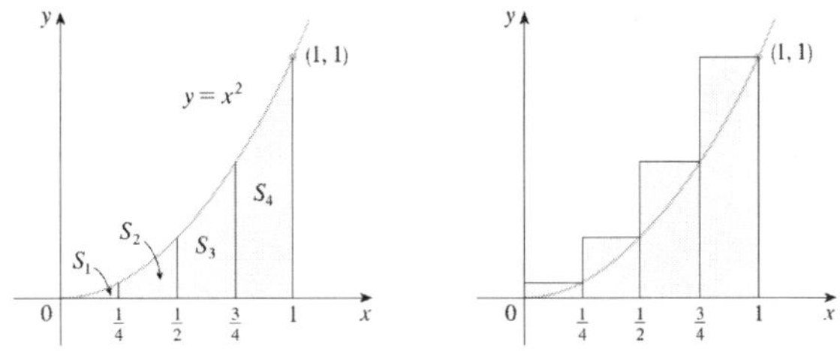

(a) (b)

풀이. Sage를 이용하여 계산하면 다음과 같다.

http://matrix.skku.ac.kr/KOFAC/

```
var ('x')
f(x) = x^2                      # 함수 입력
a, b = 0, 1; n = 4              # 구간을 4등분
h = (b - a)/n; s = 0
for k in range(n):              # index는 0부터
    s += f(a + (k + 1)*h)*h
print (s)
```

답. S 넓이의 근사값= 15/32 ■

이제 위에서 언급한 **분할의 아이디어** [직사각형 넓이의 합, 극한(무한히 작은 구간으로의)]를 확장하여 **정적분을 정의**한다. 이때 분할이 등분일 필요도 없고, 높이로 사용할 함숫값으로 반드시 왼쪽, 오른쪽 끝점을 사용해야 하는 것은 아니다.

$f(x)$가 폐구간 $[a, b]$에서 $f(x) \geq 0$인 함수라 하자. 구간 $[a, b]$를 너비가 $\Delta x = \dfrac{b-a}{n}$로 같은 n개의 부분구간(sub-interval)으로 나누고, 이 부분구간의 **끝점(endpoint)**을 $x_0\ (=a)$, $x_1, x_2, \cdots, x_n\ (=b)$**으로 놓는다.** 부분구간에서 $x_i{}^*$가 i번째 부분구간 $[x_{i-1}, x_i]$에 속하도록 **표본점(sample point)** $x_1{}^*,\ x_2{}^*,\ \ldots,\ x_n{}^*$를 택한다.

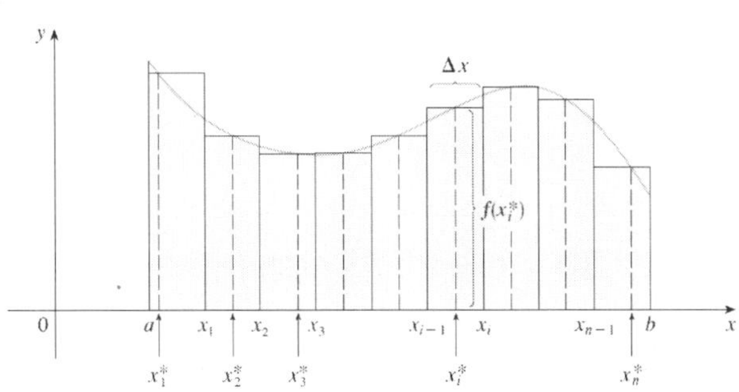

그러면 **리만 합(Riemann sum)** $\sum_{i=1}^{n} f(x_i^*)\Delta x$ 은 **직사각형들의 넓이의 합**이다. 만일 극한 $\lim_{n\to\infty}\sum_{i=1}^{n} f(x_i^*)\Delta x$ 이 모든 선택 가능한 표본점 x_i^*에서 존재하고 **극한값이 항상 같으면**, $f(x)$는 $[a, b]$에서 **적분가능(integrable)**하다고 하며, 그 값을 a에서 b까지 f의 **정적분**(definite integral)이라 한다. 다음과 같이 나타낸다.

$$\lim_{n\to\infty}\sum_{i=1}^{n} f(x_i^*)\Delta x = \int_a^b f(x)\,dx$$

정적분 $\int_a^b f(x)dx$는 a에서 b까지 곡선 $y=f(x)$의 아래의 넓이가 된다. 그리고 정적분의 기호는 다음과 같이 이해할 수 있다.

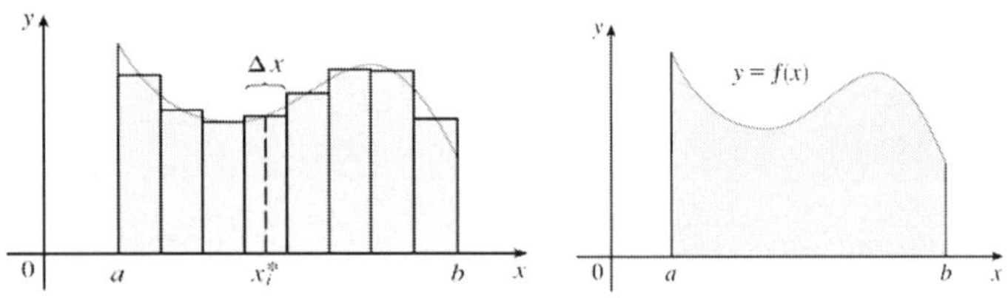

$$\lim_{n\to\infty}\sum_{i=1}^{n} f(x_i^*)\Delta x = \int_a^b f(x)\,dx \qquad \begin{matrix} \sum_{i=1}^{n} & f(x_i^*) & \Delta x \\ \downarrow & \downarrow & \downarrow \\ \int_a^b & f(x) & dx \end{matrix} \qquad n\to\infty$$

참고 ① 기호 $\int_a^b f(x)dx$ 에서 $f(x)$를 **피적분함수(integrand)**, a와 b를 적분 한계(limits of integration), a는 **하한(lower limit)**, b는 **상한(upper limit)**, dx를 **적분변수**, 적분을 계산하는 과정을 **적분법(integration)**이라 한다.

② 정적분 $\int_a^b f(x)dx$ 는 **수(number)**이지만 부정적분 $\int f(x)dx$ 은 **함수**(또는 함수족)이다.

특히 $f(x)$가 폐구간 $[a, b]$에서 양과 음의 값을 모두 갖는 경우, 즉, 다음 그림과 같이 A_1과 A_3은 x축 위와 $f(x)$의 그래프 아래에 있는 영역의 넓이이며, A_2은 x축 아래와 $f(x)$의 그래프 위에 있는 영역의 넓이인 경우, 정적분 값은 $\int_a^b f(x)dx = A_1 - A_2 + A_3$이다.

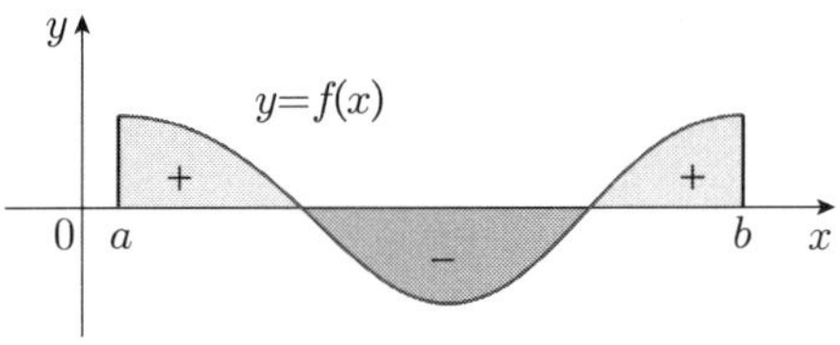

그렇다면 **어느 경우에 적분이 가능한가?** 함수 $f(x)$가 $[a, b]$에서 연속이면 f는 $[a, b]$에서 적분가능하다는 것이 알려져 있다. 적분 가능과 관련하여 다음 정리가 성립한다.

정리 (1) $f(x)$가 $[a, b]$에서 **연속**이거나 **유한개의 도약 불연속점**(finite number of jump discontinuities)을 가지면 $f(x)$는 $[a, b]$에서 **적분가능하다**. 즉 정적분 $\int_a^b f(x)\,dx$ 가 존재한다.

(2) $f(x)$가 $[a, b]$ 에서 적분가능하면, **어떤 분할을 써도 극한값이 모두 같으므로** 적분 값을 찾을 때는 간단한 분할(즉, 구간을 등분하고, 오른쪽 끝점이나 왼쪽 끝점을 사용)을 이용하여 계산하면 된다.

예를 들어, $\Delta x = \dfrac{b-a}{n}$ 이고 $x_i = a + i\Delta x$ 일 때

$$\int_a^b f(x)\,dx = \lim_{n\to\infty} \sum_{i=1}^{n} f(x_i)\Delta x$$

이다.

(3) **중점 법칙 (Midpoint rule)**

$$\int_a^b f(x)\,dx \approx \sum_{i=1}^{n} f(\overline{x_i})\Delta x = \Delta x\,[f(\overline{x_1}) + \cdots + f(\overline{x_n})]$$

여기서 $\Delta x = \dfrac{b-a}{n}$ 이고 $\overline{x_i} = \dfrac{1}{2}(x_{i-1} + x_i)$는 $[x_{i-1}, x_i]$ **의 중점이다.** 이때 적분의 근삿값(리만합, Riemann sum)이 오른쪽 끝점이나 왼쪽 끝점을 택할 때보다 보통 더 정확하다고 알려져 있다.

예제 4 (1) $a = 0$ 이고 $b = 2$ 에서 $n = 8$ 일 때 $f(x) = 3x^2 + x - 5$ 의 오른쪽 끝점을 표본점으로 택해서 **리만 합(Riemann sum)을 계산하라.**

(2) $\int_0^2 (3x^2 + x - 5)\,dx$ 의 값을 찾아라.

풀이. Sage 를 이용하여 계산하면 다음과 같다.

(1)

http://matrix.skku.ac.kr/KOFAC/

```
var ('x')
f(x) = 3*x^2 + x - 5
a, b = 0, 2; n = 8
h = (b - a)/n; s = 0
for k in range(n):
    s += f(a + (k + 1)*h)*h
print (s)
```

답. 적분의 근삿값(리만합, Riemann sum) = 29/16

(2)

http://matrix.skku.ac.kr/KOFAC/

```
var('x')
f(x) = 3*x^2 + x - 5
integral ( f(x), x, 0, 2 )        # integral(f(x), x, a, b)
```

답. 적분값= $\int_0^2 (3x^2 + x - 5)\,dx = 0$ ■

예제 5 $n = 5$ 일 때 **중점법칙(Midpoint rule)**을 이용해서 $\int_2^3 \frac{1}{x^2}\,dx$ 의 근삿값을 구하라.

풀이. sage 를 이용하여 계산하면 다음과 같다.

http://matrix.skku.ac.kr/KOFAC/

```
var ('x')
f(x) = 1/x^2
a, b = 2, 3; n = 5
h = (b - a)/n; s = 0
for k in range(n):
    s += f(a + (2*k + 1)/2*h)*h
print (s.n())
```

답. $\int_2^3 \frac{1}{x^2}\,dx$ 의 중점법칙을 이용한 근삿값 = 0.166374712379254 ■

11.3 정적분의 성질

정적분에 관하여 다음 성질이 성립한다. 이는 정적분의 정의에 의해 직관적으로 이해할 수 있다.

① $\int_a^b f(x)dx = -\int_b^a f(x)dx \quad \int_a^a f(x)dx = 0$

② $\int_a^b c\,dx = c(b-a)$, c는 임의의 상수

③ $\int_a^b \{f(x) \pm g(x)\}dx = \int_a^b f(x)dx \pm \int_a^b g(x)dx$

④ $\int_a^c f(x)dx + \int_c^b f(x)dx = \int_a^b f(x)dx$

⑤ $f(x)$가 구간 $[a, b]$에서 적분가능이고 $a \le x \le b$에 대해 $f(x) \ge 0$

$\Rightarrow \int_a^b f(x)dx \ge 0$.

⑥ $f(x)$와 $g(x)$가 구간 $[a, b]$에서 연속이고 $a \le x \le b$에 대해

$$f(x) \le g(x) \quad \Rightarrow \quad \int_a^b f(x)dx \le \int_a^b g(x)dx$$

⑦ $f(x)$가 $[a, b]$에서 연속이고 $a \le x \le b$에 대해

$$m \le f(x) \le M \quad \Rightarrow \quad m(b-a) \le \int_a^b f(x)dx \le M(b-a)$$

위에 언급된 성질 ⑦을 바탕으로 다음과 같이 **적분에 관한 평균값 정리**를 얻을 수 있다.

적분에 관한 평균값 정리 f가 $[a, b]$에서 연속이면, 다음을 만족하는 $c \in [a, b]$가 적어도 하나 존재한다.

$$f(c) = f_{\text{ave}} = \frac{1}{b-a}\int_a^b f(x)dx, \text{ 즉 } \int_a^b f(x)dx = f(c)(b-a).$$

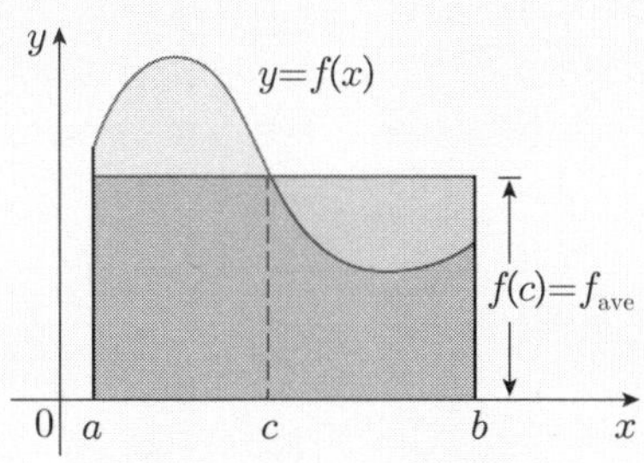

특히, $f(x) \geq 0$인 경우 $\int_a^b f(x)dx$는 곡선과 x축 사이의 넓이로 이해할 수 있는 데 여기서 평균값이란 (곡선으로 인해) 울퉁불퉁한 넓이를 직사각형의 넓이로 만들어주는 (평균적인) 값을 말하고 위의 그림을 통해 이 값과 같은 함수값 $f(c)$을 주는 c가 $[a, b]$ 안에 항상 존재함을 쉽게 짐작할 수 있다.

예제 6 $f(x)=1+x^2$은 구간 $[-1, 2]$에서 연속이므로 적분에 대한 평균값 정리(mean value theorem, MVT)에 따라 $\int_a^b f(x)dx = f(c)(b-a)$을 만족하는 c가 $[-1, 2]$에 존재한다.

풀이. Sage를 이용하여 $\frac{1}{b-a}\int_a^b f(x)\,dx$을 계산하면 다음과 같다.

http://matrix.skku.ac.kr/KOFAC/

```
var ('x')
f(x) = 1 + x^2; a, b = −1, 2
integral (f(x), x, a, b)/(b − a)
```

답. $\frac{1}{b-a}\int_a^b f(x)\,dx = 2$

일반적으로는 c를 찾기 힘들지만, 이런 특별한 경우에는 c를 쉽게 구할 수 있다. $f(c) = f_{\text{ave}} = 2$로부터 방정식을 풀면 다음과 같이 c를 얻을 수 있다.

http://matrix.skku.ac.kr/KOFAC/

```
var ('c')
f(x) = 1 + x^2
solve (f(c) == 2, c)          # 2 = f(c)(b − a)
```

답. [c == −1, c == 1]

이를 그림으로 그리면 다음과 같다.

http://matrix.skku.ac.kr/KOFAC/

```
var ('x')
f(x) = 1 + x^2
p1 = plot (f(x), (x, −1, 2), fill = True)
p2 = plot (2, (x, −1, 2), color = 'red')
p1 + p2
```

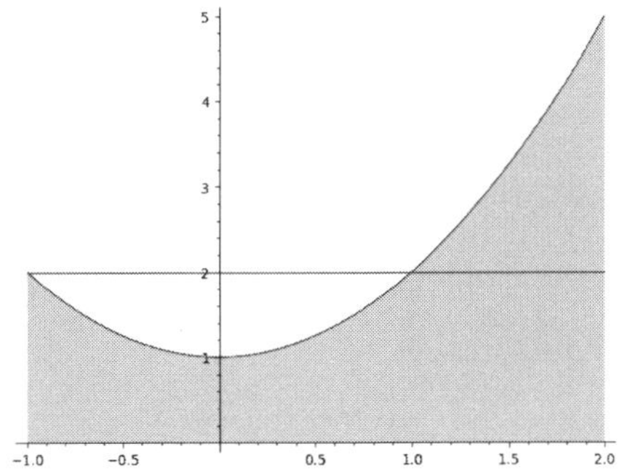

■

11.4 미적분학의 기본정리(Fundamental theorem of calculus)

정적분을 정의에 따라 극한을 이용하여 계산하는 것이 항상 편리하지는 않다. 이번 절에서 다루는 미적분학의 기본 정리는 정적분 계산을 부정적분을 사용하여 간단하게 해결할 수 있도록 해준다. 앞에서 배운 미분과 적분을 단번에 연결시켜주는 **'미적분학의 기본정리'**는 다음과 같다.

미적분학의 기본정리

(1) 함수 $f(x)$가 폐구간 $[a,\ b]$에서 연속이고, $a \le x \le b$에 대하여 $G(x) = \int_a^x f(t)\,dt$ 으로 정의하면, $G'(x) = \dfrac{d}{dx}\int_a^x f(t)\,dt = f(x)$이다. 즉 $G(x)$는 $f(x)$의 부정적분(원시함수)의 하나이다.

(2) **함수 $f(x)$가 폐구간 $[a,\ b]$에서 연속이면**

$$\int_a^b f(x)\,dx = [F(x)]_a^b = F(b) - F(a)$$

이다. 여기서 $F(x)$는 $f(x)$의 임의의 역도함수, 즉, $F'(x) = f(x)$이다.

예제 7 $\int_{-2}^{3}(x^4 - 2x^2 + 4)\,dx$을 계산하라.

풀이. Sage를 이용하여 계산하면 다음과 같다.

http://matrix.skku.ac.kr/KOFAC/

```
integral ( x^4 - 2*x^2 + 4, x, -2, 3 )
```

답. 155/3 ■

예제 8 $\int_{-\pi/2}^{\pi/2} \cos x \sin x \, dx$을 계산하라.

풀이. SAGE를 이용하여 계산하면 다음과 같다.

http://matrix.skku.ac.kr/KOFAC/

```
integral ( cos(x)*sin(x), x, -pi/2, pi/2 )
```

답. 0 ■

참고 [미적분학의 기본 정리]를 다음과 같이 기계적으로 적용해서는 안된다. 예를 들어, 정적분

$$\int_{-1}^{3} \frac{1}{x^2} dx = \left. \frac{x^{-1}}{-1} \right]_{-1}^{3} = -\frac{1}{3} - 1 = -\frac{4}{3}$$

에서 피적분함수 $f(x) = \frac{1}{x^2}$는 $x = 0$에서 불연속이다. 또한 $f(x) \geq 0$이므로 (적분가능하다면) 정적분은 음이 아닌 실수가 되어야 한다. 그러나 위 식의 우변은 음수이므로 계산이 잘못되었음을 알 수 있다. 실제로 SAGE를 이용하여 계산하면 다음과 같은 결과를 얻는다.

```
var('x')
f(x) = 1/x^2
integral ( f(x), x, -1, 3 )          # ValueError: 적분은 발산한다.
```

ValueError: Integral is divergent.

이런 경우의 정적분에 관한 자세한 내용은 7.5절 이상적분(improper integral)에서 다룬다.

미적분학의 기본정리를 이용해서 $\int_a^b f(x) dx$를 구할 때 f의 **역도함수(antiderivative)**를 알아야 한다. 그러나 많은 경우 아래 예에서 보듯이 역도함수를 구한다는 것이 때때로 어렵고 심지어 불가능할 수도 있다.

$$\int_0^2 \sin x^2 dx \qquad \int_0^1 e^{x^2} dx \qquad \int_{-1}^{1} \sqrt{1+x^3}\, dx$$

이 경우 SAGE의 numerical_integral 명령어를 이용하면 **정적분의 근삿값**을 쉽게 구할 수 있다.

예제 9 $\int_0^2 \sin x^2 dx$의 근삿값을 계산하라.

풀이. **Sage**를 이용하여 계산하면 다음과 같다.

http://matrix.skku.ac.kr/KOFAC/

```
# numerical integration
f(x) = sin(x^2)
numerical_integral ( f(x), 0, 2 )        # numerical_integral(f(x), a, b)
```

답. (0.8047764893437561, 1.0932458096886601e−14) # 왼쪽이 정적분의 근삿값, 오른쪽이 오차임 ■

예제 10 $\int_0^3 \frac{1}{1+x^2} dx$의 근삿값을 계산하라.

풀이. **Sage**를 이용하여 계산하면 다음과 같다.

http://matrix.skku.ac.kr/KOFAC/

```
# numerical integration
f(x) = 1/(1 + x^2)
numerical_integral (f(x), 0, 3)        # numerical_integral(f(x), a, b)
```

답. (1.2490457723982544, 1.3867193753272549e−14) # 왼쪽이 정적분의 근삿값, 오른쪽이 오차 ■

열린 문제 2 다른 교재를 참고하여 다양한 (적분가능한) 함수의 주어진 구간에서의 정적분을 구하시오.

11.5 이상적분(improper integral)

미적분의 기본정리는 피적분 함수 $f(x)$가 폐구간 $[a, b]$에서 연속일 때 사용 가능하다. 이전에 $[a, b]$에서 정의된 정적분을 생각했다면 이번에는 **끝점 a 또는 b(또는 둘 다)가 $-\infty$ 또는 $+\infty$가 되는 경우와 함수 $f(x)$가 유계가 아닌(unbounded) 경우를 생각한다.** 예를 들어, 확률/통계에서 학습하는 **표준정규분포**를 따르는 확률변수 X에 대한 확률은 다음과 같이 계산한다.

$$P(a \le X \le b) = \int_a^b \frac{1}{\sqrt{2\pi}} e^{-\frac{x^2}{2}} dx, \ P(X \le b) = \int_{-\infty}^b \frac{1}{\sqrt{2\pi}} e^{-\frac{x^2}{2}} dx$$

$$P(X \ge a) = \int_a^{+\infty} \frac{1}{\sqrt{2\pi}} e^{-\frac{x^2}{2}} dx,$$

$$P(-\infty < X < +\infty) = \int_{-\infty}^{+\infty} \frac{1}{\sqrt{2\pi}} e^{-\frac{x^2}{2}} dx = 1$$

$$E[X] = \int_{-\infty}^{+\infty} \frac{1}{\sqrt{2\pi}} x e^{-\frac{x^2}{2}} dx = 0$$

이와 같은 정적분은 **이상적분**(improper integral)의 예이다. 먼저 끝점 a 또는 b (또는 둘 다)가 $-\infty$ 또는 $+\infty$가 되는 경우 이상적분은 다음과 같이 정의된다.

① $[a, \infty)$**인 경우 :** 모든 수 $t \ge a$에 대해 $\int_a^t f(x)dx$가 존재하고, 아래 극한이 유한한 값으로 존재하면 다음과 같이 정의한다.

$$\int_a^{\infty} f(x)dx = \lim_{t \to \infty} \int_a^t f(x)dx$$

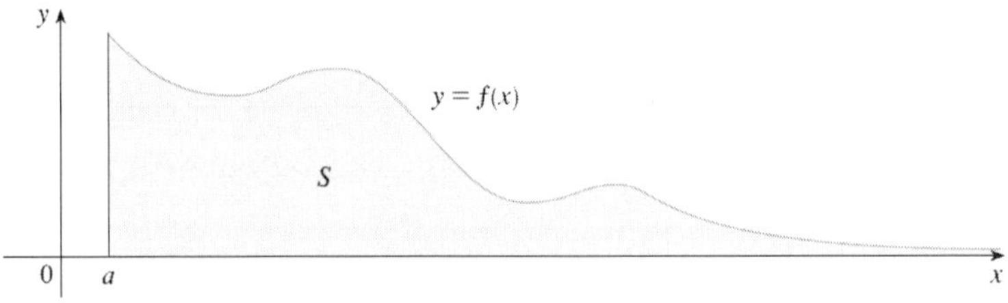

② $(-\infty, b]$**인 경우 :** 모든 수 $t \le b$에 대해 $\int_t^b f(x)dx$가 존재하고, 아래 극한이 유한한 값으로 존재하면 다음과 같이 정의한다.

$$\int_{-\infty}^{b} f(x)dx = \lim_{t \to -\infty} \int_t^b f(x)dx$$

③ $(-\infty, \infty)$**인 경우 :** $\int_a^{\infty} f(x)dx$와 $\int_{-\infty}^{a} f(x)dx$가 모두 유한한 값을 가지면, 다음과 같이 정의한다.

$$\int_{-\infty}^{\infty} f(x)dx = \int_{-\infty}^{a} f(x)dx + \int_a^{\infty} f(x)dx$$

참고 $\int_1^{\infty} \frac{1}{x^p} dx$는 $p > 1$이면 수렴하고 $p \leq 1$이면 발산한다.

예제 11 $\int_{-\infty}^{0} xe^x dx$를 계산하라.

풀이. $[-10, 0]$까지 적분하고자 하는 영역을 sage를 이용하여 그리면 다음과 같다.

http://matrix.skku.ac.kr/KOFAC/

```
f(x) = x*exp(x)
b = -10
plot (f(x), (x, b, 0), fill = True)
```

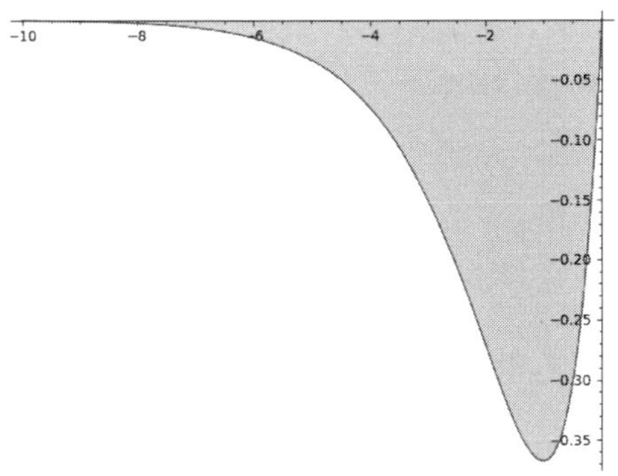

그리고 $[-10, 0]$까지 정적분의 근삿값은 다음과 같다.

http://matrix.skku.ac.kr/KOFAC/

```
integral (f(x), x, b, 0).n(digits = 6)
```

−0.999501

또, 이상적분(improper integral) 정의를 이용하여 두 가지 방법으로 계산하면 다음과 같다.

http://matrix.skku.ac.kr/KOFAC/

```
var ('t')
F(t) = integral(f(x), x, t, 0)        # ∫_t^0 xe^x dx
limit (F(t), t = -oo)                  # ∫_{-∞}^0 xe^x dx
```

답. $\int_{-\infty}^{0} xe^x dx = -1$

http://matrix.skku.ac.kr/KOFAC/

```
integral (f(x), x, -oo, 0)     # 적분구간에 oo 또는 -oo가 있으면 이상적분을 의미한다.
```

답. −1 ■

위와 같이 적분을 구하는 명령어에 −oo, +oo를 이용하여 이상적분을 계산할 수도 있다. **그러나 모든 이상적분을 다 이와 같이 쉽게 코드에만 의지하여 계산할 수 있는 것은 아니다.**

예제 12 $\int_{-\infty}^{\infty}\frac{1}{1+x^2}dx$를 계산하라.

풀이. 이 경우는 Sage를 이용하여 둘로 나누어 쉽게 이상적분을 계산할 수도 있다.

http://matrix.skku.ac.kr/KOFAC/

```
f(x) = 1/(1 + x^2)
integral (f(x), x, -oo, 0) + integral (f(x), x, 0, +oo)
```

답. $\int_{-\infty}^{\infty}\frac{1}{1+x^2}dx = \text{pi}$ ■

이제 **피적분 함수가 유계가 아닌(unbounded) 경우에 대한 이상적분**은 다음과 같이 정의한다.

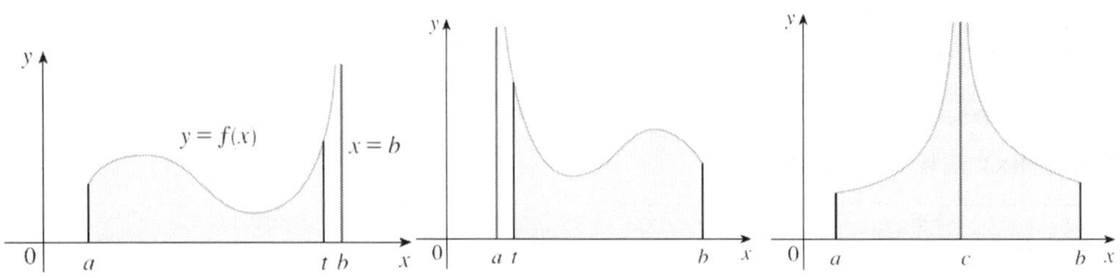

① $f(x)$가 $[a, b)$에서 **연속이고** b에서 **불연속이면** $\int_a^b f(x)dx = \lim_{t\to b^-}\int_a^t f(x)dx$이다.

② $f(x)$가 $(a, b]$에서 **연속이고** a에서 **불연속이면** $\int_a^b f(x)dx = \lim_{s\to a^+}\int_s^b f(x)dx$이다.

③ $a < c < b$**일 때** $f(x)$가 c에서 **불연속이고** $\int_a^c f(x)dx$와 $\int_c^b f(x)dx$가 모두 수렴하면

$$\int_a^b f(x)dx = \int_a^c f(x)dx + \int_c^b f(x)dx$$

예제 13 $\int_0^2 \frac{dx}{\sqrt{4-x^2}}$ 를 계산하라.

풀이. $[0, 2)$까지 적분하고자 하는 영역을 Sage 를 이용하여 그리면 다음과 같다.

http://matrix.skku.ac.kr/KOFAC/

```
f(x) = 1/sqrt(4 - x^2)
plot(f(x), (x, 0, 2), fill = True, ymax = 10)
```

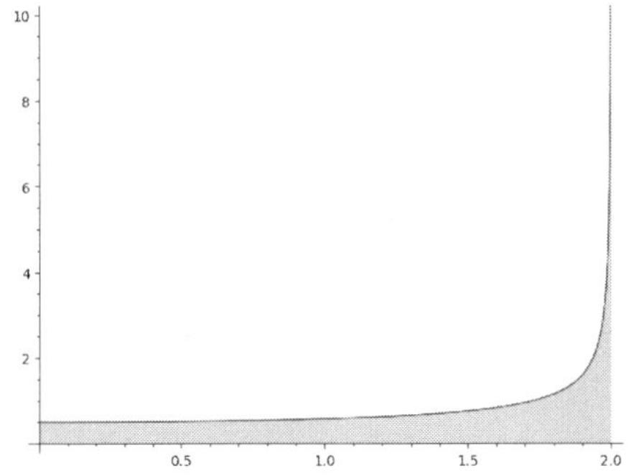

정의에 의해 이상적분을 계산하면 다음과 같다.

http://matrix.skku.ac.kr/KOFAC/

```
var ('t')
assume(t > 0, t < 2)
F(t) = integral (f(x), x, 0, t)
limit (F(t), t = 2, dir = '-')
```

답. $\int_0^2 \frac{dx}{\sqrt{4-x^2}}$ = 1/2*pi

구간의 끝점에서 불연속인 경우 적분을 구하는 명령어에 직접 끝점을 대입하여 이상적분을 계산할 수도 있다. 그러나 모든 이상적분에 이 방법이 적용되는 것은 아니므로, 미리 그래프를 그려보는 것도 도움이 된다.

http://matrix.skku.ac.kr/KOFAC/

```
integral (f(x), x, 0, 2)
```

답. 1/2*pi ■

열린 문제 3 다른 교재에서 찾은 다양한 함수의 이상적분을 구하시오.

11.6 적분의 기법(Technique, technic)

부정적분을 항상 쉽게 구할 수 있는 하나의 확실한 방법은 없다. 다만 피적분 함수에 따라 **치환적분, 부분적분, 삼각적분, 삼각치환, 부분분수에 의한 유리함수의 적분** 등의 다양한 기법을 사용하여 직접 적분할 수 있다.

그러나 여러분들이 배운 그리고 또 필요한 적분 계산의 대부분은 Sage 명령어를 사용하여 쉽게 수행할 수 있다. 여기서는 그런 몇 가지 예제를 소개한다.

예제 14 $\int (3x^2+4x)\sin(x^3+2x^2)\,dx$ 구하라.

풀이. Sage를 이용하여 계산하면 다음과 같다.

http://matrix.skku.ac.kr/KOFAC/

```
var ('x')
f(x) = (3*x^2 + 4*x)*sin(x^3 + 2*x^2)
integral ( f(x), x )
```

답. $\int (3x^2+4x)\sin(x^3+2x^2)\,dx$ = −cos(x^3 + 2*x^2) (+ C) ■

예제 15 $\int t^3 e^{t^2} dt$를 구하라.

풀이. Sage를 이용하여 계산하면 다음과 같다.

http://matrix.skku.ac.kr/KOFAC/

```
var ('t')
integral ( t^3*exp(t^2), t )
```

답. $\int t^3 e^{t^2} dt$ = 1/2*(t^2 − 1)*e^(t^2) (+ C) ■

예제 16 $\int e^x \sin x\,dx$를 구하라.

풀이. Sage를 이용하여 계산하면 다음과 같다.

http://matrix.skku.ac.kr/KOFAC/

```
integral (exp(x)*sin(x), x)    # 변수가 x인 경우 var 함수를 선언하지 않아도 된다.
```

답. $\int e^x \sin x\,dx$ = −1/2*(cos(x) − sin(x))*e^x (+ C) ■

예제 17 $\int \sin^2 x \cos^3 x \, dx$를 구하라.

풀이. Sage를 이용하여 계산하면 다음과 같다.

http://matrix.skku.ac.kr/KOFAC/

```
integral ( sin(x)^2*cos(x)^3, x )
```

답. $\int \sin^2 x \cos^3 x \, dx$ = −1/5*sin(x)^5 + 1/3*sin(x)^3 (+ C) ■

예제 18 $\int \tan^4 x \sec^3 x \, dx$를 구하라.

풀이. Sage를 이용하여 계산하면 다음과 같다.

http://matrix.skku.ac.kr/KOFAC/

```
integral ( tan(x)^4*sec(x)^3, x )
```

답. $\int \tan^4 x \sec^3 x \, dx$ = −1/48*(3*sin(x)^5 + 8*sin(x)^3 − 3*sin(x))/(sin(x)^6 − 3*sin(x)^4 + 3*sin(x)^2 − 1) + 1/32*log(sin(x) + 1) − 1/32*log(sin(x) − 1) ■

예제 19 $\int \sec^3 x \, dx$를 구하라.

풀이. Sage를 이용하여 계산하면 다음과 같다.

http://matrix.skku.ac.kr/KOFAC/

```
integral (sec(x)^3, x)
```

답. $\int \sec^3 x \, dx$ = −1/2*sin(x)/(sin(x)^2 − 1) + 1/4*log(sin(x) + 1) − 1/4*log(sin(x) − 1) ■

예제 20 $\int \sin 4x \cos 5x dx$를 구하라.

풀이. Sage를 이용하여 계산하면 다음과 같다.

http://matrix.skku.ac.kr/KOFAC/

```
integral (sin(4*x)*cos(5*x), x)
```

답. $\int \sin 4x \cos 5x dx$ = −1/18*cos(9*x) + 1/2*cos(x) ■

예제 21 $\int \frac{\sqrt{x^2-25}}{x}\,dx$ 를 구하라.

풀이. SAGE를 이용하여 계산하면 다음과 같다.

http://matrix.skku.ac.kr/KOFAC/

```
integral (sqrt(x^2 − 25)/x, x)
```

답. $\int \frac{\sqrt{x^2-25}}{x}\,dx$ = sqrt(x^2 − 25) + 5*arcsin(5/abs(x)) ■

예제 22 $\int \frac{x}{\sqrt{3x-2-x^2}}\,dx$ 를 구하라.

풀이. SAGE를 이용하여 계산하면 다음과 같다.

http://matrix.skku.ac.kr/KOFAC/

```
integral (x / sqrt(3*x − 2 − x^2), x)
```

답. $\int \frac{x}{\sqrt{3x-2-x^2}}\,dx$ = −sqrt(−x^2 + 3*x − 2) + 3/2*arcsin(2*x − 3) ■

예제 23 $\int \frac{x^2+2x-1}{2x^3+3x^2-2x}\,dx$를 구하라.

풀이. SAGE를 이용하여 피적분함수의 부분분수를 계산하면 다음과 같다.

http://matrix.skku.ac.kr/KOFAC/

```
f(x) = (x^2 + 2*x − 1)/(2*x^3 + 3*x^2 − 2*x)
fp(x) = f(x).partial_fraction()        # partial_fraction은 부분분수를 전개하는 명령어이다.
fp(x)
```

답. 1/5/(2*x − 1) − 1/10/(x + 2) + 1/2/x

부분분수를 이용하여 적분하면 다음과 같다.

http://matrix.skku.ac.kr/KOFAC/

```
integral (fp(x), x)        # 부분분수를 이용한 적분
```

답. 1/10*log(2*x − 1) − 1/10*log(x + 2) + 1/2*log(x)

integral 명령어를 바로 적용하여도 같은 답을 얻을 수 있다.

http://matrix.skku.ac.kr/KOFAC/

```
integral (f(x), x)
```

답. $\int \frac{x^2+2x-1}{2x^3+3x^2-2x}dx$ = 1/10*log(2*x − 1) − 1/10*log(x + 2) + 1/2*log(x) ■

예제 24 $\int \frac{\sqrt{x+4}}{x}dx$를 구하라.

풀이. Sage를 이용하여 계산하면 다음과 같다.

http://matrix.skku.ac.kr/KOFAC/

```
integral ( sqrt(x + 4)/x, x )
```

답. $\int \frac{\sqrt{x+4}}{x}dx$ = 2*sqrt(x + 4) − 2*log(sqrt(x + 4) + 2) + 2*log(sqrt(x + 4) − 2) ■

열린 문제 4 다른 교재를 참고하여 다양한 함수에 대한 기법이 적용된 부정적분 또는 정적분 및 이상적분을 구하시오.

11주차 과제 정적분 및 부정적분 관련한 다양한 열린 문제들을 풀어보면서, 본인이 요약/실습/질문/답변한 내용을 Q&A(문의게시판)에 공유하시오.

[퀴즈(Quiz, 3rd Month)] 11주차

1. (True/False). 10pts

관심있는 기계, 기술을 선정하여 기계, 기술 등에 적용된 수학적 지식이 무엇인지 간단하게 설명하고 공유하였는가?

2. (True/False). 10pts

새로운 수학적 지식이 탄생하고 당시의 반응을 간단히 정리하여 동료들에게 공유하였는가?

3. (True/False) 10pts

12주/3달간 교육한 내용 중 가장 어려웠던 개념을 정리하여 PBL 보고서에 추가하고 정리하여(bold나 밑줄, 글자색으로 구분하여 강조하여) 발표 동영상에서 (중요한 내용을 본인이 깨우친 부분을 중심으로) 설명할 것이다.

4. (True/False). 10pts

본인은 1~12주차 강의를 학습한 후, 게시판에서 매주 (주차학습요약/Code실습/질문/답변 중) 4~6개 정도=Total more than 40~80 회의 온라인활동을 하였다

5. (True/False). 10pts

본인은 1-12 주차 강의를 학습하면서, 매주 게시판에서 꾸준한 온라인활동(학습동기/주차학습요약/Code실습/질문/답변 중)을 하였다.

6. (True/False). 10pts

본인은 1-12주차 강의를 학습하면서, 교제에 있는 open problem에 대해서 실습하고, 매주 1개 이상의 온라인 활동(Code실습/답변/질문)을 하였다.

7. (True/False). 10pts

1-12주차에 배운 내용에 대해서 Sage program을 이용해 타교제를 참고하여 심화 문제에 대해서 쉽게 답을 구할 수 있음을 확인하였다.

8. (True/False). 10pts

1-12주차에서 배운 내용에 대해서 실생활에서 어떤식으로 활용이 되고 있는지 2가지 이상 공유하고 토론하였다.

9 (True/False). 10pts

나는 프로젝트를 잘 마무리하여 제출하고, 수정 보완하여 발표할 것이다.

10. (True/False). 10pts.

나는 이제 1-12 주차 학습을 통해 수학적 개념을 이해하고, 다른 학생(타인)에게 설명이 가능하다.

11. (True/False). 10pts

나는 이제 교재 이외에 보다 복잡한 문제를 코딩을 활용하여 해결이 가능하다. (교재에서 학습한 수학적 개념을 이용하여 해결)

12. (True/False) 10pts

교재에 제시된 예제 문제의 코딩 명령어 를 수정하여 유사한 관련 문제 대부분은 해결할 자신이 있다. (문제 해결의 접근 다양화)

13. (True/False)

이번 학습을 통해 다음 학년들에게 해당 내용들을 설명하고 수업진행방식에 대한 도움을 줄 수 있다.

14. (True/False)

나는 미분적분학을 배우는 이유를 이해하여 설명할 수 있다.

15. (True/False)

본인은 12주간/3달 강의를 성실하게 학습한 후, 3번째 달 PBL 보고서를 성실하게 채워서 (11 또는 12주차 토요일11PM) 전에 과제함에 제출 할 것이다

그리고 수정/보완하여 Final PBL 보고서를 13~14주차에 제출하고, 14-15주차 중에 발표하고, 발표 동영상을 공유할 수 있다.

나는 내가 만들 PBL 보고서를 활용하여 우리가 이때까지 이루었던 학습들을 잘 설명할 수 있다.

3rd Month (초록글씨): (중간 PBL에 이어서 추가하시면 됩니다.)
... (13주차 월요일 오전 11시) Last Month/ Final 최종 PBL (빨간글씨): (14주차 월요일 오전 11시)-15주차 까지 2주간 발표/동료 평가, (기말고사-15주차 2차시)

[아래 양식을 활용한 본인의 Midterm PBL 에 그 이후의 학습내용을 보태고, 이전의 내용을 업그레이드하여, 내용을 최대한 성실하게 채우고, 독창적으로, 주요한 개인이 기여한 발표부분을 다른 색 글로 강조하여, 제출하시면 됩니다.

PBL report Form Download(보고서 양식 다운로드)] Korean (HWP) :
http://matrix.skku.ac.kr/PBL/PBL-Report-Form-Korean.hwp

English (MS Word) : http://matrix.skku.ac.kr/PBL/PBL-Report-Form-English.docx ← Modify this form for your semester.

샘플 PBL 보고서: http://matrix.skku.ac.kr/2021-Final-PBL/
http://matrix.skku.ac.kr/Cal-Book1/Calculus-1/ (미적분학 1)

12주차 적분의 응용(넓이, 부피, 호의 길이), 극좌표

학습목표	이번 주차에서는 적분의 응용(넓이, 부피, 호의 길이)과 극좌표에 대하여 학습한다. 1차시 https://youtu.be/xKu-ajdhNyY 2차시 https://youtu.be/uOThnTVZPvw
핵심개념	적분의 응용(넓이, 부피, length) 극좌표(Polar coordinate), 극방정식(Polar Equations)
실습실	**http://matrix.skku.ac.kr/S-calculus/W12/** http://matrix.skku.ac.kr/Cal-Book1/Ch6/ http://matrix.skku.ac.kr/Cal-Book1/Ch10/ **http://matrix.skku.ac.kr/cal-lab/sage-grapher-polar.htm**

12.1 평면도형의 넓이

함수 $f(x)$가 폐구간 $[a, b]$에서 연속이고 음이 아니라고 하자(즉 $f(x) \geq 0$). 그러면 정적분 $\int_a^b f(x)dx$는 a에서 b까지 곡선 $y = f(x)$의 아래의 넓이가 된다. 만일 다음 그림과 같이 $f(x)$가 폐구간 $[a, b]$에서 양과 음의 값을 모두 갖는 경우, $[a, b]$에서 $f(x)$의 그래프와 x축 사이의 넓이는 $\int_a^b |f(x)|\, dx$ 으로 계산한다.

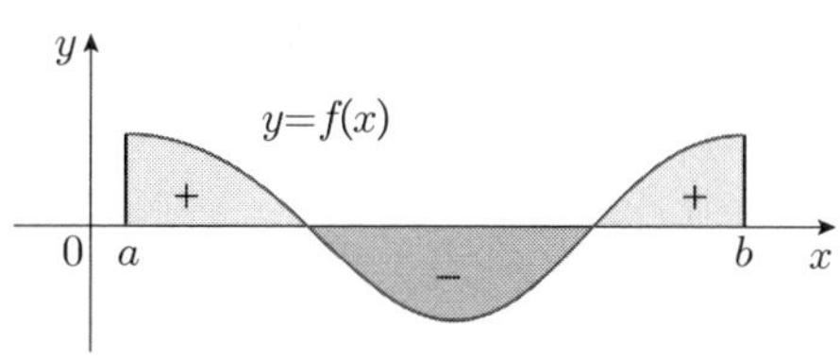

두 곡선 사이의 영역의 넓이는 다음과 같이 계산한다.

① 폐구간 $[a, b]$에 속하는 모든 x에 대해 f**와** g**가 연속**이고 $f(x) \geq g(x)$일 때, 곡선 $y = f(x)$, $y = g(x)$와 직선 $x = a$, $x = b$로 유계된 영역의 넓이 A는 다음과 같다.

$$A = \int_a^b [f(x) - g(x)]\, dx$$

② (항상 $f(x) \geq g(x)$이라는 보장이 없을 때) 곡선 $y=f(x)$, $y=g(x)$와 $x=a$, $x=b$ 사이의 **넓이**는 다음과 같다.

$$A = \int_a^b |f(x)-g(x)|\,dx.$$

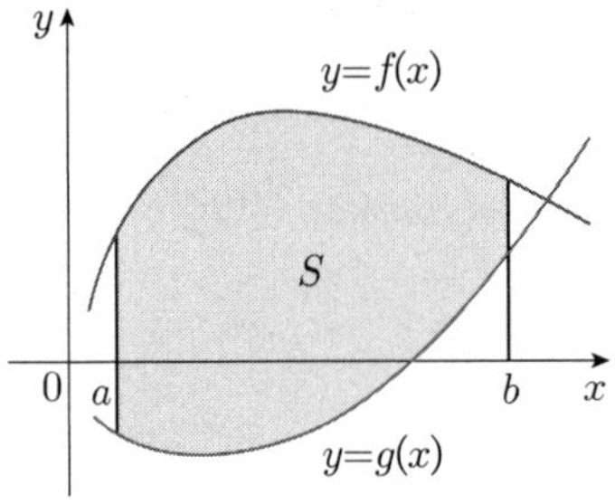

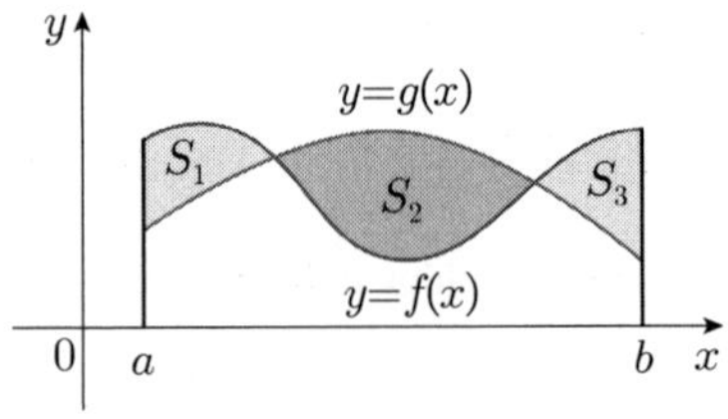

예제 1 포물선 $y=2x$과 $y=3x-x^2$으로 둘러싸인 **영역의 넓이**를 구하라.

풀이. 먼저  를 이용하여 두 포물선을 그리면 다음과 같다.

http://matrix.skku.ac.kr/KOFAC/

```
var ('x')
f(x) = 2*x
g(x) = 3*x − x^2
plot (f(x), (x, −1, 2)) + plot(g(x), (x, −1, 2), color = 'red')
```

이때 두 포물선이 만나는 **교점**을 계산하면 다음과 같다.

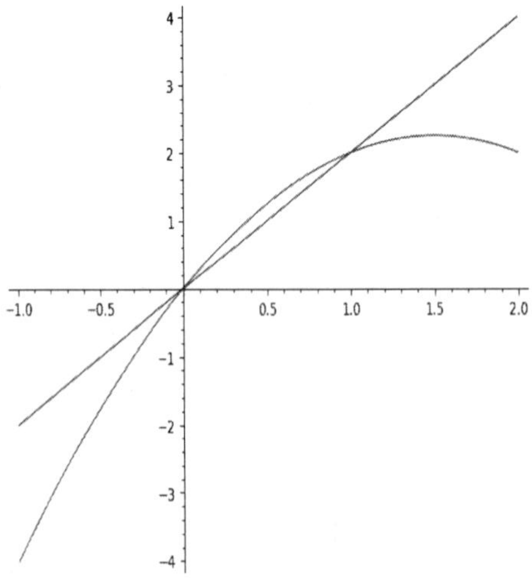

```
solve (f(x) == g(x), x)                # 두 포물선의 교점의 x 좌표를 구한다.
```

```
[x == 0, x == 1]
```

$[0,1]$에서 $g(x) \geq f(x)$을 만족하므로 구하고자 하는 영역의 넓이는 다음과 같다.

```
integral (g(x) - f(x), x, 0, 1)
```

답. 영역의 넓이 = 1/6 ■

- **영역이 x를 y의 함수로 생각하는 경우**라면 다음과 같이 두 곡선 사이의 넓이를 구할 수 있다. 두 함수 f와 g가 연속이고 $c \leq y \leq d$에 대해 $f(y) \geq g(y)$일 때, **방정식이 $x=f(y)$, $x=g(y)$, $y=c$, $y=d$인 곡선들로 둘러싸인 영역의 넓이**는 다음과 같다.

$$A = \int_c^d \{f(y) - g(y)\}dy$$

예제 2 직선 $y=x-1$과 포물선 $y^2=2x+6$으로 둘러싸인 영역의 넓이를 구하라.

풀이. 먼저 Sage를 이용하여 직선과 포물선의 그래프를 그리면 다음과 같다.

http://matrix.skku.ac.kr/KOFAC/

```
var ('x, y')
p1 = plot(x - 1, (x, -3, 6))
p2 = implicit_plot(y^2 == 2*x + 6, (x, -3, 6), (y, -3, 6), color = 'red')
                         # implicit_plot을 이용해서 음함수 식으로 그래프를 그린다.
p1 + p2
```

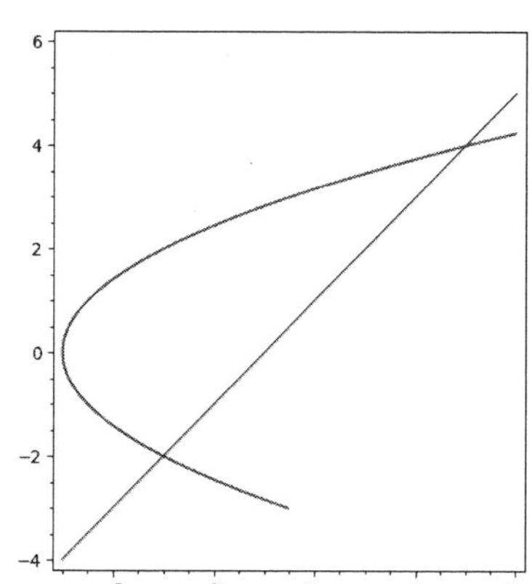

이때 직선과 포물선이 만나는 교점을 계산하면 다음과 같다.

http://matrix.skku.ac.kr/KOFAC/

```
solve ([y^2 == 2*x + 6, y == x - 1], x, y)     # 두 포물선의 교점을 구한다.
```

```
[[x == 5, y == 4], [x == -1, y == -2]]
```

포물선 $y^2 = 2x+6$에서 x를 y의 함수로 변경하면 다음과 같다.

http://matrix.skku.ac.kr/KOFAC/

```
solve (y^2 == 2*x + 6, x)                # x에 대해 포물선 방정식을 푼다.
```

```
[x == 1/2*y^2 - 3]
```

$-2 \le y \le 4$에서 $y+1 \ge \frac{1}{2}y^2 - 3$이므로 **구하고자 하는 영역의 넓이**는 다음과 같다.

http://matrix.skku.ac.kr/KOFAC/

```
integral (y + 1 - (1/2*y^2 - 3), y, -2, 4)     # y 값에 대해 적분한다.
```

답. 영역의 넓이 = 18 ■

• **곡선의 매개변수방정식**이 $x = f(t),\ y = g(t)$이고 $\alpha \le t \le \beta$일 때 **곡선이 꼭 한 번만 그려진다면**, 정적분에 대한 치환법을 이용하여 다음과 같이 **넓이 공식**을 계산할 수 있다.

$$A = \int_a^b y\,dx = \int_\alpha^\beta g(t)\frac{dx}{dt}\,dt = \int_\alpha^\beta g(t)f'(t)\,dt$$

여기서 $x = f(t)$에서 $dx = f'(t)dt$이고, $[a,\ b]$에서 $y \ge 0,\ a = f(\alpha),\ b = g(\beta)$이다.

예제 3 x축과 곡선 $x = t^3 + 1,\ y = 2t - t^2$로 둘러싸인 **영역의 넓이**를 구하라.

풀이. 먼저 sage를 이용하여 그래프를 그리면 다음과 같다.

http://matrix.skku.ac.kr/KOFAC/

```
# 그래프 그리기
var ('t')
f(t) = t^3 + 1; g(t) = 2*t - t^2
parametric_plot ( (f(t), g(t)), (t, -2, 3) )
```

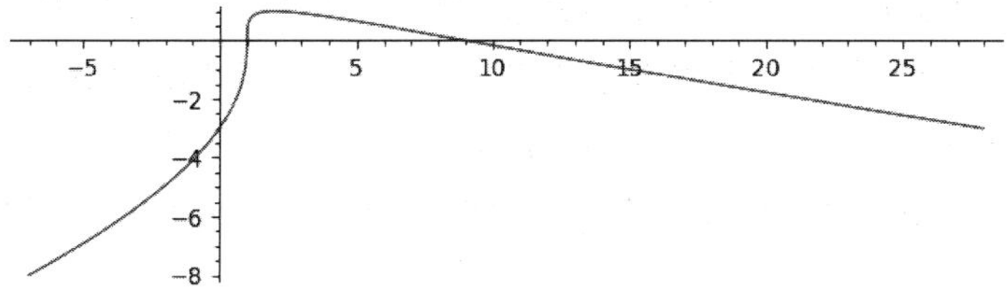

이제 매개변수곡선이 x축과 만날 때의 t값을 찾으면 다음을 얻는다.

```
solve (g(t) == 0, t)
```

```
[t == 0, t == 2]
```

이제 x축과 매개변수곡선으로 둘러싸인 넓이를 계산하면 다음을 얻는다.

```
df(t) = diff(f(t), t)
integral ( g(t)*df(t), t, 0, 2 )
```

답. 영역의 넓이 = 24/5 ■

12.2 회전체(입체)의 부피(Volume)

S를 평면 $x=a$와 $x=b$ 사이에 놓인 입체라고 하자. 점 x를 지나고 x축에 수직인 평면 P_x에 있는 S의 단면(cross-section)의 넓이가 $A(x)$이고 $A(x)$가 연속함수이면 S의 부피(volume) V는 다음과 같다.

$$V = \lim_{n\to\infty} \sum_{i=1}^{n} A(x_i^*)\Delta x = \int_a^b A(x)\,dx$$

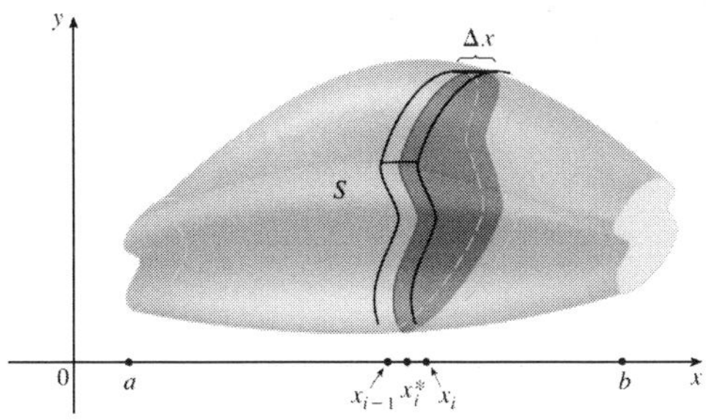

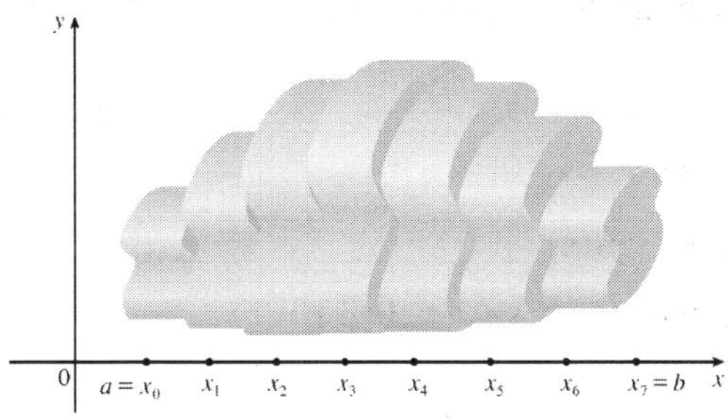

만일 주어진 입체가 어떤 곡선의 그래프를 주어진 축에 대하여 회전한 회전체라면, 단면은 원이 되므로 반지름과 적분범위만 알면 쉽게 입체의 부피를 구할 수 있다. 예를 들어, 함수 $f(x)$가 $[a,\ b]$에서 연속이고 $f(x) \geq 0$일 때, 곡선 $y = f(x)$와 두 직선 $x = a$, $x = b$로 둘러싸인 영역을 x축을 중심으로 회전시킬 때 생기는 회전체의 부피 V은 $V = \pi \int_a^b \{f(x)\}^2 dx$이다.

예제 4 0에서 3까지 곡선 $y = \sqrt{x}$ 아래의 영역을 x축을 중심으로 회전시킬 때 생기는 **입체의 부피**(volume)를 구하라.

풀이. 먼저 Sage를 이용하여 회전체의 그래프를 그리면 다음과 같다.

http://matrix.skku.ac.kr/KOFAC/

```
var ('x')
f(x) = sqrt(x)
revolution_plot3d (f(x), (x, 0, 3), show_curve = True, opacity = 0.7, parallel_axis = 'x', aspect_ratio = [1, 1, 1])
# revolution_plot3d는 회전 곡선의 그림을 그린다. x축을 중심으로 회전시킬 때는 parallel_axis = 'x'를 입력한다.
```

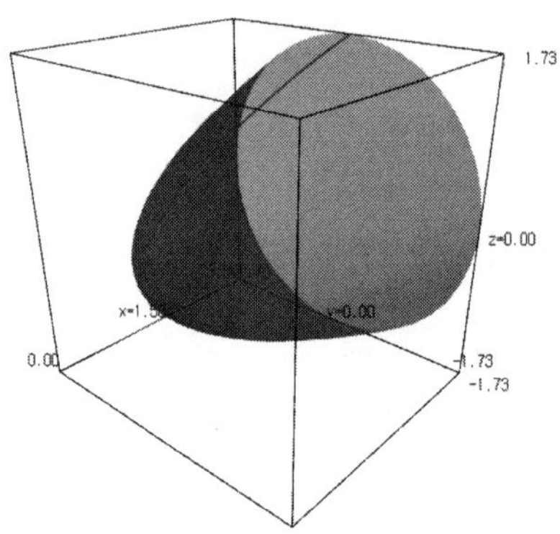

회전체를 x축에 수직인 평면으로 자르면 단면은 반지름이 $\sqrt{x}$인 원판이다. 따라서 단면의 넓이는 $A(x) = \pi(\sqrt{x})^2 = \pi x$가 된다. 회전체의 부피는 다음과 같다.

http://matrix.skku.ac.kr/KOFAC/

```
var ('x')
f(x) = sqrt(x)
integral ( pi*f(x)^2, x, 0, 3 )
```

답. 입체의 부피 = 9/2*pi ■

• 두 함수 $f(x)$, $g(x)$가 $[a,\ b]$에서 연속이고 $f(x) \geq g(x)$이면 두 곡선 $y = f(x)$, $y = g(x)$와 두 직선 $x = a$, $x = b$로 둘러싸인 영역을 x축을 중심으로 회전시킬 때 생기는 **회전체의 부피** V는 다음과 같다.

$$V = \pi \int_a^b [\{f(x)\}^2 - \{g(x)\}^2]\, dx$$

예제 5 직선 $y = x$와 $y = x^2$으로 둘러싸인 영역을 x축을 중심으로 회전시킬 때 생기는 입체의 부피를 구하라.

풀이. 먼저 sage를 이용하여 두 직선을 x축을 중심으로 회전한 회전체의 그래프를 그리면 다음과 같다.

http://matrix.skku.ac.kr/KOFAC/

```
var ('x')
f(x) = x; g(x) = x^2
p1 = revolution_plot3d(f(x), (x, 0, 1), show_curve = True, color = 'orange', opacity = 0.4, parallel_axis = 'x')
p2 = revolution_plot3d(g(x), (x, 0, 1), show_curve = True, color = 'green', parallel_axis = 'x')
show (p1 + p2, aspect_ratio = [1, 1, 1])
```

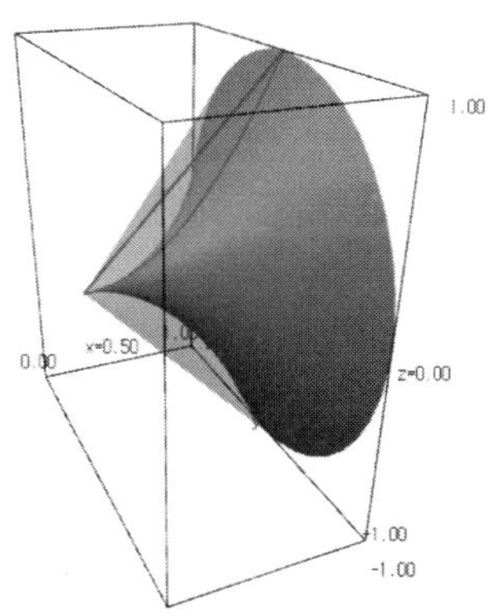

구하고자 하는 입체의 부피는 바깥쪽 회전체의 부피에서 안쪽 회전체의 부피를 빼면 되므로 다음과 같이 계산한다.

http://matrix.skku.ac.kr/KOFAC/

```
f(x) = x; g(x) = x^2
integral (pi*(f(x)^2 - g(x)^2), x, 0, 1)
```

답. 입체의 부피 = 2/15*pi ■

12.3 원통껍질 방법(shell method, Shell integration)으로 회전체의 부피 구하기

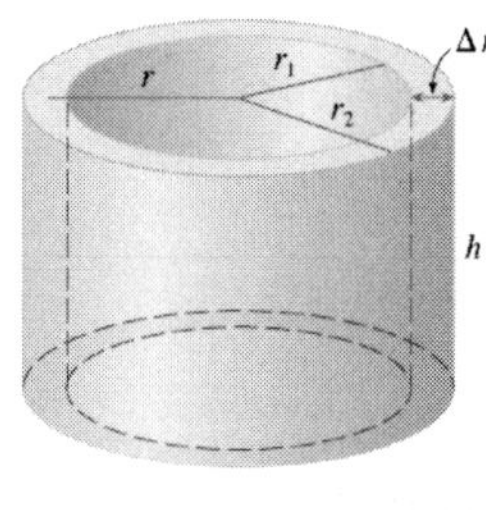

원통껍질(cylindrical shell)이란 중심축이 같은 두 개의 수직 원기둥 사이의 입체를 말한다. 내부의 반지름을 r_1, 외부의 반지름을 r_2, 높이를 h라 하면 원통껍질의 부피 V는 다음과 같이 계산할 수 있다.

$$V = \pi r_2^2 h - \pi r_1^2 h = \pi(r_2^2 - r_1^2)h = \pi(r_2 + r_1)(r_2 - r_1)h$$

$$= 2\pi \frac{r_2 + r_1}{2} h(r_2 - r_1) = 2\pi r h \Delta r \quad (\text{여기서 } r = \frac{r_2 + r_1}{2},\ \Delta r = r_2 - r_1)$$

이를 쉽게 기억하기 위해

$$V = [\text{원주}] \times [\text{높이}] \times [\text{두께}]$$

로 이해할 수 있다.

이제 **회전체의 부피를 원통껍질을 이용하여 계산**하자. 곡선 $y = f(x) \geq 0$와 직선 $y = 0$과 $x = a$, $x = b$ (단, $0 \leq a < b$)로 둘러싸인 영역을 **y축을 중심으로 회전시킬 때 생기는 입체의 부피** V는 다음과 같이 정의된다.

$$V = \int_a^b 2\pi x f(x)\,dx \quad (0 \leq a < b)$$

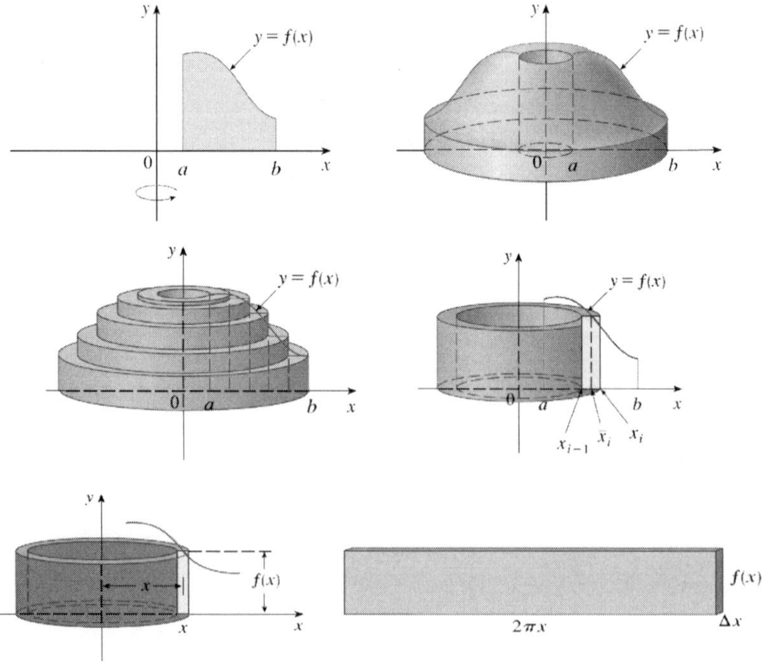

위 공식은 다음과 같이 쉽게 기억할 수 있다.

$$\int_a^b \underbrace{[2\pi x]}_{\text{원주}} \underbrace{[f(x)]}_{\text{높이}} \underbrace{[dx]}_{\text{두께}}$$

예제 6 $y = 3x^2 - 2x^3$ 과 $y = 0$ 으로 둘러싸인 영역을 y **축을 중심으로 회전시킬 때 생기는 입체의 부피**를 구하라.

풀이. 먼저 Sage를 이용하여 회전체의 그래프를 그리면 다음과 같다.

http://matrix.skku.ac.kr/KOFAC/

```
var ('x')
f(x) = 3*x^2 - 2*x^3
revolution_plot3d (f(x), (x, 0, 3/2), show_curve = True, opacity = 0.6, parallel_axis = 'z', aspect_ratio = [1, 1, 1.5])
# y축을 중심으로 회전시킬 때는 parallel_axis = 'z'를 입력한다. (3차원 그래프로 인식)
```

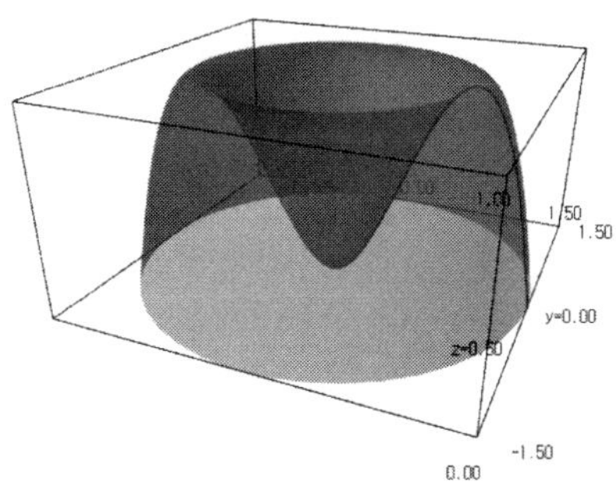

$y = 3x^2 - 2x^3$ 의 그래프가 x축과 만나는 **교점**의 x좌표를 구하면 다음과 같다.

```
solve ( f(x) == 0, x )
```

```
[x == (3/2), x == 0]
```

따라서 원통껍질을 이용하여 회전체의 부피를 구하면 다음과 같다.

```
integral (2*pi*x*f(x), x, 0, 3/2)
```

답. 입체의 부피 = 243/160*pi ■

열린 문제 1 다른 교재를 참고하여 다양한 회전체의 부피를 구하시오(원통껍질 방법).

12.4 곡선의 길이(호의 길이, Arc length)

방정식이 $y=f(x)$ $(a \le x \le b)$인 곡선 C의 길이 L은 다음과 같다.

$$L=\int_a^b \sqrt{1+\{f'(x)\}^2}\,dx$$

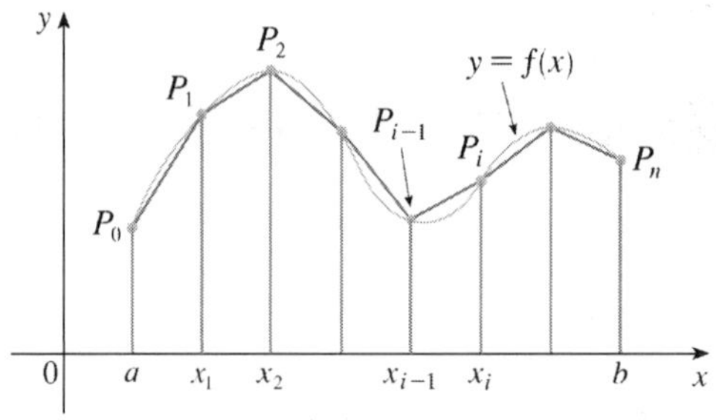

폐구간 $[a, b]$를 잘게 분할하면, 곡선 $y=f(x)$ 상의 두 점 $P_{i-1}(x_{i-1}, y_{i-1})$, $P_i(x_i, y_i)$ 사이의 구간 $\widehat{P_{i-1}P_i}$의 길이는 선분 $\overline{P_{i-1}P_i}$의 길이에 가까워진다. 따라서 다음 관계식을 얻는다.

$$\begin{aligned}|P_{i-1}P_i| &= \sqrt{(x_i-x_{i-1})^2+(y_i-y_{i-1})^2} = \sqrt{(\Delta x_i)^2+(\Delta y_i)^2} \\ &= \sqrt{(\Delta x_i)^2+[f'(x_i^*)\Delta x_i]^2} = \sqrt{1+[f'(x_i^*)]^2}\,\Delta x_i\end{aligned}$$

여기서 평균값 정리에 의해 $\Delta y_i = f(x_i)-f(x_{i-1}) = f'(x_i^*)(x_i-x_{i-1}) = f'(x_i^*)\Delta x_i$을 만족하는 $x_i^* \in [x_{i-1},\ x_i]$가 존재한다. **방정식이 $y=f(x)$ $(a \le x \le b)$인 곡선 C의 길이(호의 길이, Arc length) L을 계산하는 적분 공식**은 다음과 같이 쉽게 이해할 수 있다.

$$\begin{array}{ccccccc} & \sum_{i=1}^{n} & \sqrt{1+[f'(x_i^*)]^2} & \Delta x_i & \\ & \downarrow & \downarrow & \downarrow & n\to\infty \\ L= & \int_a^b & \sqrt{1+(f'(x))^2} & dx & \end{array}$$

같은 방법으로 **방정식이 $x=g(y)$ $(c \le y \le d)$이고 $g'(y)$가 연속이면 곡선 C의 길이(Arc length)** L은 다음과 같이 계산한다.

$$L=\int_c^d \sqrt{1+[g'(y)]^2}\,dy = \int_c^d \sqrt{1+\left(\frac{dx}{dy}\right)^2}\,dy$$

예제 7 두 점 (0, 0) 과 (2, 1) 사이에 있는 곡선 $y^3 = \left(\frac{x}{2}\right)^2$ 의 **호의 길이(Arc length)** 를 구하라.

풀이. 먼저 sage 를 이용하여 곡선을 그리면 다음과 같다.

http://matrix.skku.ac.kr/KOFAC/

```
var ('x, y')
implicit_plot ( y^3 == (x/2)^2 , (x, 0, 2), (y, 0, 1))
```

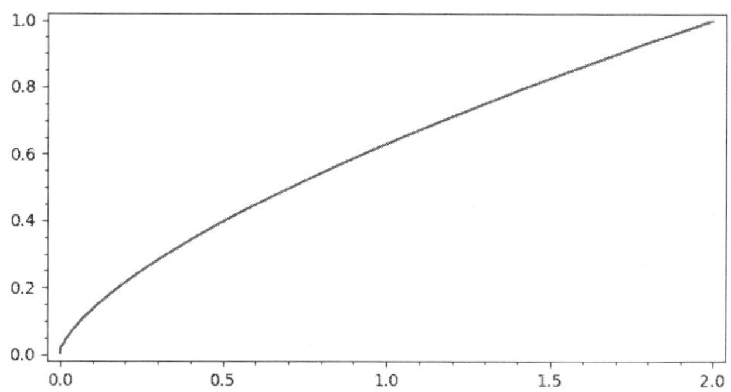

곡선 $y^3 = \left(\frac{x}{2}\right)^2$ 에서 y를 x의 함수로 변경하면 다음과 같다. 여기서 $y = \left(\frac{x}{2}\right)^{\frac{2}{3}}$ 를 얻는다.

http://matrix.skku.ac.kr/KOFAC/

```
solve ( y^3 == (x/2)^2, y )   # y에 대해 포물선 방정식을 푼다.
```

```
[y == 1/2*(1/4)^(1/3)*(x^2)^(1/3)*(I*sqrt(3) - 1),
y == -1/2*(1/4)^(1/3)*(x^2)^(1/3)*(I*sqrt(3) + 1), y == (1/4)^(1/3)*(x^2)^(1/3)]
```

따라서 $1 \le x \le 4$**까지 곡선의 길이**를 계산하면 다음과 같다.

http://matrix.skku.ac.kr/KOFAC/

```
f(x) = (x/2)^(2/3)
df(x) = diff(f(x), x)
integral ( sqrt(1 + df(x)^2), x, 0, 2 )
```

답. 호의 길이= $L = \int_a^b \sqrt{1 + \{f'(x)\}^2}\, dx$ = 20/27*sqrt(10) - 2/27 ■

예제 8 점 $(1,\ 1)$에서 $\left(2,\ \frac{1}{2}\right)$까지 쌍곡선 $xy=1$의 **호의 길이**(Arc length)를 구하라.

풀이. 먼저 Sage를 이용하여 곡선을 그리면 다음과 같다.

http://matrix.skku.ac.kr/KOFAC/

```
var ('x, y')
implicit_plot (x*y == 1, (x, 1, 2), (y, 1/2, 1))
```

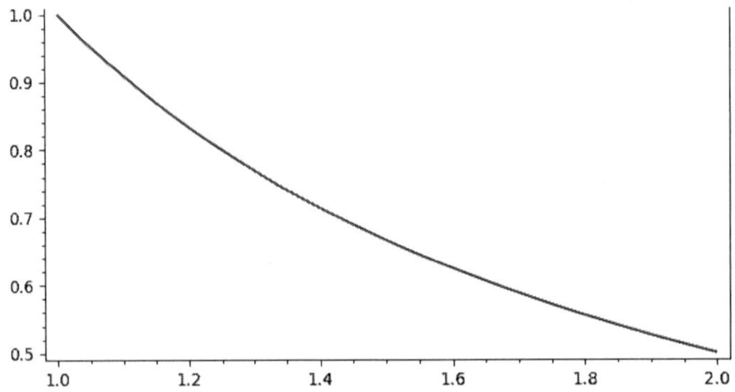

이제 $y=\frac{1}{x}$라 두고 적분을 계산하면 다음을 얻는다.

http://matrix.skku.ac.kr/KOFAC/

```
f(x) = 1/x
df(x) = diff (f(x), x)
integral ( sqrt(1 + df(x)^2), x, 1, 2 )    # 결과가 복잡하다.
```

호의 길이$=L=\int_a^b \sqrt{1+\{f'(x)\}^2}\,dx$ = **−1/2*gamma(−1/4)*hypergeometric((−1/2, −1/4), (3/4,), −1/16)/gamma(3/4) + 1/4*gamma(−1/4)*hypergeometric((−1/2, −1/4), (3/4,), −1)/gamma(3/4)**

위와 같이 결과가 복잡할 경우에는 numerical_integral 명령어를 이용하여 정적분의 근삿값을 구하는 편이 효율적이다.

```
# numerical integration
numerical_integral ( sqrt(1 + df(x)^2), 1, 2 )
```

답. 호의 길이 = (1.1320903933059177, 오차: 1.256872820605179e−14) ■

매개변수로 표현된 곡선의 길이는 다음과 같이 계산할 수 있다. $\alpha \le t \le \beta$에서 $\dfrac{dx}{dt} = f'(t) > 0$이고, 곡선 C의 매개변수방정식이 $x = f(t)$, $y = g(t)$, $\alpha \le t \le \beta$로 표현된다고 하자. 이는 t가 α에서 β로 증가하고 $f(\alpha) = a$, $f(\beta) = b$일 때 C가 왼쪽에서 오른쪽으로 한 번 그려지는 것을 뜻한다. 이 방정식이 그리는 **곡선 위의 점** $(f(\alpha), g(\alpha))$**에서 점** $(f(\beta), g(\beta))$**까지 호의 길이**는 다음과 같다.

$$L = \int_{\alpha}^{\beta} \sqrt{\left(\frac{dx}{dt}\right)^2 + \left(\frac{dy}{dt}\right)^2}\, dt = \int_{\alpha}^{\beta} \sqrt{\{f'(t)\}^2 + \{g'(t)\}^2}\, dt$$

예제 9 **사이클로이드** $x = 2(t - \sin t)$, $y = 2(1 - \cos t)$의 **한 아치의 길이**(호의 길이, Arc length)를 구하라.

(힌트) 사이클로이드 한 아치의 매개변수의 구간은 $0 \le t \le 2\pi$이다. 해당 구간에서 $t = \pi$에 대해 **대칭인 곡선**이므로

$$\int_0^{2\pi} \sqrt{[f'(t)]^2 + [g'(t)]^2}\, dt = 2\int_0^{\pi} \sqrt{[f'(t)]^2 + [g'(t)]^2}\, dt$$

로 계산할 수 있다.

풀이. 먼저 sage를 이용하여 곡선을 그리면 다음과 같다.

http://matrix.skku.ac.kr/KOFAC/

```
var ('t')
f(t) = 2*(t − sin(t)); g(t) = 2*(1 − cos(t))
parametric_plot ( (f(t), g(t)), (t, 0, 2*pi) )
```

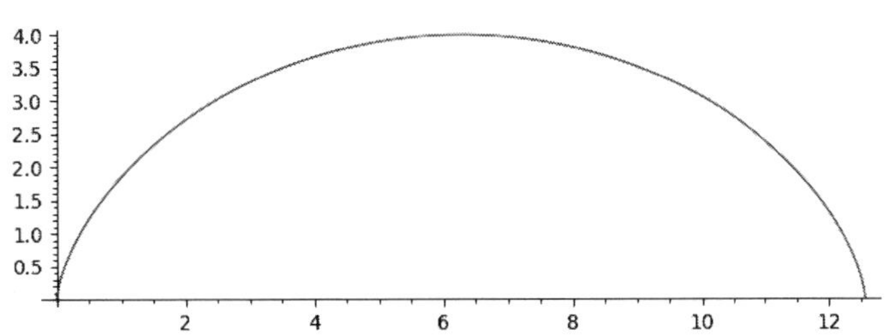

이제 곡선의 길이를 구하면 다음과 같다.

```
df(t) = diff(f(t), t); dg(t) = diff(g(t), t)
2*integral ((sqrt(df(t)^2 + dg(t)^2)).simplify_full(), t, 0, pi) # simplify_full은 수식을 간결하게 나타낸다.
```

답. 호의 길이(Arc length, 아치의 길이)$= 2\int_0^{\pi} \sqrt{[f'(t)]^2 + [g'(t)]^2}\, dt = 16$ ■

◪ 열린 문제 2 다른 교재를 참고하여 다양한 곡선의 길이(**Arc length의** 근삿값)를 구하시오.

12.5 곡면의 넓이(Surface area, 표면적)

이제 곡선 $y = f(x) > 0,\ a \le x \le b$를 x축에 대하여 **회전한 곡면의 겉넓이**를 구해보자.

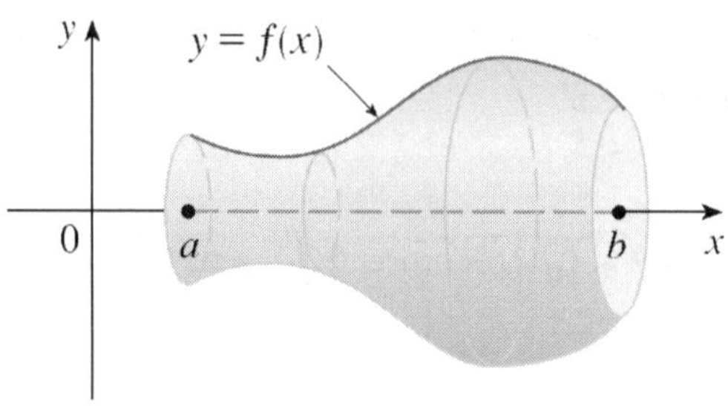

이를 위해 다음과 같이 윗면과 밑면의 반지름이 각각 r_1, r_2이고 모선의 길이가 l인 **원뿔대의 옆면의 넓이**를 구해보자.

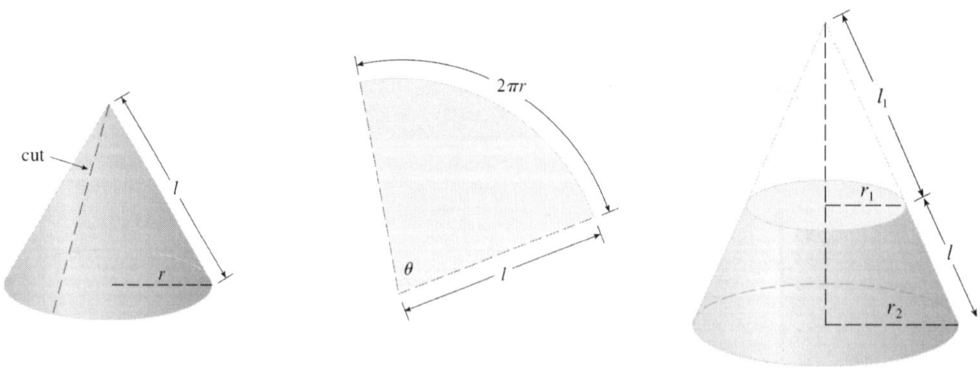

먼저 **원뿔대**는 큰 원뿔에서 작은 원뿔을 뺀 것과 같으므로 원뿔대의 옆면의 넓이는 원뿔을 전개한 부채꼴의 넓이의 차이와 같다. 위의 왼쪽 그림의 원뿔을 전개하여 가운데 그

림을 얻었다고 하면, **반지름이 l이고 호의 길이가 $2\pi r$이므로 중심각은 $\theta = \dfrac{2\pi r}{l}$이다.** 따라서 **부채꼴의 넓이**는 $\dfrac{1}{2}l^2\theta = \dfrac{1}{2}l^2\left(\dfrac{2\pi r}{l}\right) = \pi r l$가 된다. 이제 원뿔대의 **옆면의 넓이**를 계산하면 다음과 같다.

$$A = \pi r_2(l_1 + l) - \pi r_1 l_1 = \pi\left[(r_2 - r_1)l_1 + r_2 l\right]$$

이제 비례관계 $\dfrac{l_1}{r_1} = \dfrac{l_1 + l}{r_2}$로부터 $(r_2 - r_1)l_1 = r_1 l$를 이용하면 다음을 얻는다.

$$A = \pi(r_1 l + r_2 l) = 2\pi r l \quad \text{여기서} \quad r = \frac{1}{2}(r_1 + r_2) \text{ 이다.}$$

따라서 곡선 $y = f(x)$, $a \le x \le b$를 x축에 대하여 **회전한 곡면의 겉넓이**는 다음과 같다.

$$S = \int_a^b 2\pi f(x)\sqrt{1 + [f'(x)]^2}\, dx = \int_a^b 2\pi y \sqrt{1 + \left(\frac{dy}{dx}\right)^2}\, dx$$

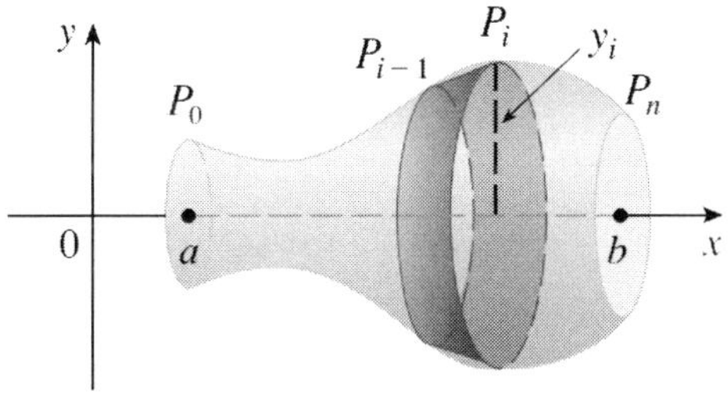

폐구간 $[a, b]$를 잘게 분할하면, 곡선 $y = f(x)$ 상의 두 점 $P_{i-1}(x_{i-1}, y_{i-1})$, $P_i(x_i, y_i)$ 사이의 구간 $\overset{\frown}{P_{i-1}P_i}$에 대응하는 회전체는 원뿔대와 비슷하게 된다. 따라서 **회전체의 넓이** ΔA_i에 관하여 다음 관계식을 얻는다.

$$\Delta A_i \approx 2\pi \frac{y_{i-1} + y_i}{2}\left|P_{i-1}P_i\right| \approx 2\pi f(x_i^*)\sqrt{1 + \left[f'(x_i^*)\right]^2}\,\Delta x_i$$

회전한 곡면의 겉넓이를 계산하는 적분 공식은 다음과 같이 쉽게 이해할 수 있다.

$$\sum_{i=1}^{n} \quad 2\pi f(x_i^*)\sqrt{1+\{f'(x_i^*)\}^2} \quad \Delta x_i$$

$$\downarrow \qquad \downarrow \qquad \downarrow \qquad n \to \infty$$

$$S = \int_a^b \quad 2\pi f(x)\sqrt{1+[f'(x)]^2} \quad dx$$

- **같은 방법으로 함수 $x = g(y) > 0$ 가 연속인 도함수를 갖는 경우,** 곡선 $x = g(y)$ $(c \le y \le d)$를 y축을 중심으로 회전시켜 얻은 **곡면의 넓이**(Surface area, 표면적)는 다음과 같이 계산한다.

$$S = \int_c^d 2\pi g(y)\sqrt{1+[g'(y)]^2}\,dy = \int_c^d 2\pi x\sqrt{1+\left(\frac{dx}{dy}\right)^2}\,dy$$

예제 10 곡선 $y = \sqrt{4-x^2}$ $(-1 \le x \le 1)$은 **원 $x^2+y^2=4$의 한 호(arc)**이다. 이 호를 x축을 중심으로 회전시킬 때 생기는 **곡면의 넓이**(Surface area)를 구하라.

풀이. 먼저 sage를 이용하여 회전체의 그래프를 그리면 다음과 같다.

http://matrix.skku.ac.kr/KOFAC/

```
f(x) = sqrt(4 - x^2)
revolution_plot3d (f(x), (x, -1, 1), show_curve = True, opacity = 0.7, parallel_axis = 'x', aspect_ratio = [1, 1, 1])
```

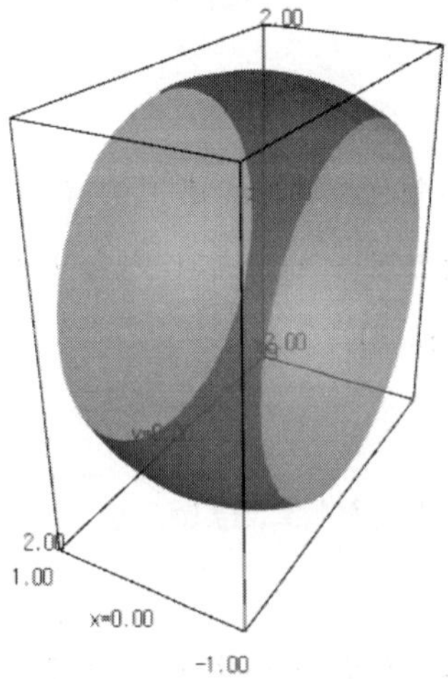

이제 곡면의 넓이를 계산하면 다음과 같다.

http://matrix.skku.ac.kr/KOFAC/

```
f(x) = sqrt(4 − x^2)
df(x) = diff(f(x), x)
integral ( 2*pi*f(x)*sqrt(1 + df(x)^2), x, −1, 1 )
```

답. 곡면의 넓이$=S=\int_a^b 2\pi f(x)\sqrt{1+[f'(x)]^2}\,dx = $ 8*pi ■

- **곡선이 매개변수방정식으로 주어져 있을 때 회전체의 겉넓이**는 다음과 같이 계산할 수 있다. 곡선 C가 $x=f(t)$, $y=g(t)$, $\alpha \le t \le \beta$로 주어지고 $f'(t)$, $g'(t)$가 연속이며, $g(t)\ge 0$라고 하자. 그러면 t가 α에서 β로 증가할 때 곡선 C를 x축을 중심으로 회전시킬 때 생기는 곡면의 넓이는 다음과 같다.

$$S=\int_\alpha^\beta 2\pi y\sqrt{\left(\frac{dx}{dt}\right)^2+\left(\frac{dy}{dt}\right)^2}\,dt$$

예제 11 다음 곡선을 **x축을 중심으로 회전**시킬 때 생기는 **회전체의 표면적**(곡면의 넓이, Surface area, 표면적)을 구하시오.

$$x=2t^2+\frac{1}{t},\ y=8\sqrt{t},\quad 1\le t\le 3$$

풀이. 먼저 Sage 를 이용하여 곡선의 그래프를 그리면 다음과 같다.

http://matrix.skku.ac.kr/KOFAC/

```
var('t')
f(t) = 2*t^2 + 1/t
g(t) = 8*sqrt(t)
parametric_plot ( (f(t), g(t)), (t, 1, 3) )
```

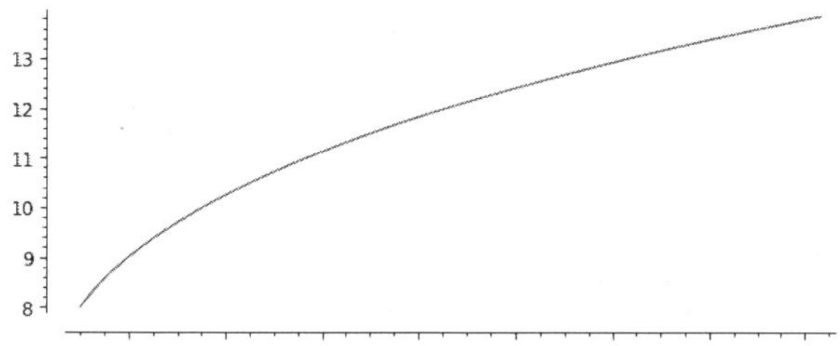

이제 이 곡선을 x축을 중심으로 회전한 회전체의 넓이는 다음과 같다.

```
df(t) = diff(f(t), t)
dg(t) = diff(g(t), t)
2*pi*integral ( g(t)*(sqrt(df(t)^2 + dg(t)^2)).simplify_full(), t, 1, 3 )
show (2*pi*integral ( g(t)*(sqrt(df(t)^2 + dg(t)^2)).simplify_full(), t, 1, 3 ))
```

답. 회전체의 표면적= $S = \int_{\alpha}^{\beta} 2\pi y \sqrt{\left(\frac{dx}{dt}\right)^2 + \left(\frac{dy}{dt}\right)^2}\, dt$

= 32/15*pi*(103*sqrt(3)+3)= $\frac{32}{15}\pi(103\sqrt{3}+3)$. ■

◩ 열린 문제 3 다른 교재를 참고하여 주어진 함수를 x축 또는 y축을 중심으로 회전시킬 때 생기는 **회전체의 표면적**(곡면의 넓이, Surface area, 표면적)을 구하시오.

12.6 극좌표(Polar coordinate)

극좌표(Polar coordinate)는 평면 위의 위치를 **각도와 거리**를 써서 나타내는 **2차원 좌표계**이다. 극좌표계는 두 점 사이의 관계가 각이나 거리로 쉽게 표현되는 경우에 유용한 것으로 알려져있다. 특히 **직교좌표계**(Cartesian coordinates system, Orthogonal coordinates system)**에서 삼각함수로 복잡하게 나타나는 관계가 극좌표계**(Polar coordinate system)**에서는 오히려 매우 간단하게 표현되는 경우가 많다.**

원점 O에서 x축의 양의 방향으로 반직선이 주어져 있다고 하자. 이 축을 **극축**(polar axis)이라고 한다. 좌표평면 위의 한 점 P에 대하여 원점으로부터 거리가 $|OP| = r$이고, 선분 $\overline{OP}$와 **극축**(polar axis)이 이루는 각을 θ(극축에서 부터 시계반대방향으로 잰 각을 양의 각으로 한다)라고 하면 P의 좌표를 (r, θ)로 나타낼 수 있다. 이 (r, θ)를 점 ***P*의 극좌표**(Polar coordinate)라고 한다.

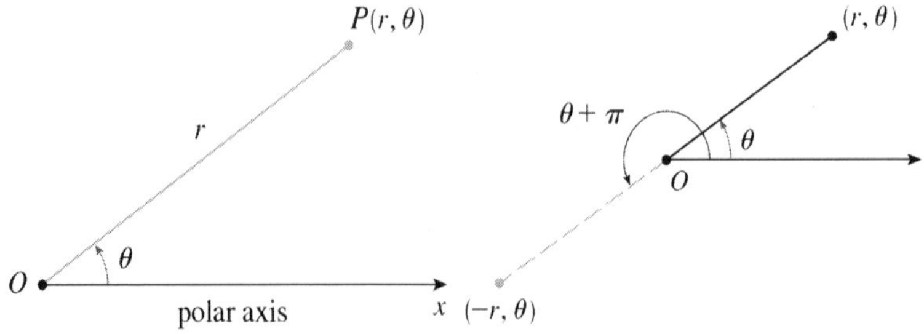

$r=0$이면 θ에 **관계없이 원점을 나타내고**, $r>0$일 때 $(-r,\theta)$는 위의 그림에서 보듯이 (r,θ)을 **원점에 대하여 대칭이동**한 점으로 생각한다. 즉 $(-r,\theta)=(r,\pi+\theta)$이다.

점 P가 직교좌표로 $(x,\ y)$이고 극좌표로 $(r,\ \theta)$이면 다음과 같은 관계식이 성립한다.

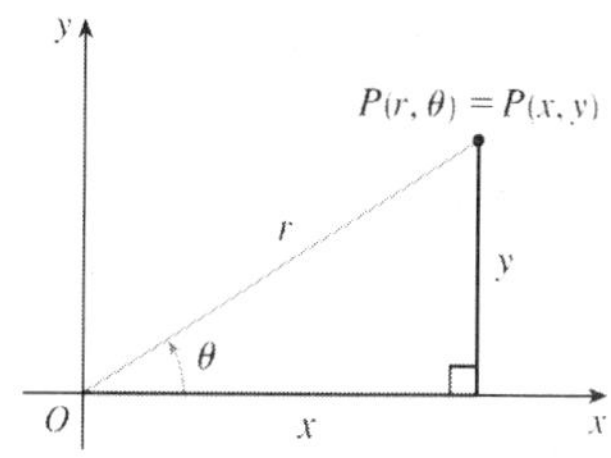

$(x,\ y)$	$(r,\ \theta)$
$x=r\cos\theta$	$x^2+y^2=r^2$
$y=r\sin\theta$	$\tan\theta=\dfrac{y}{x}$

(단 $r>0$이고 $0\le\theta<2\pi$)

예제 12 **극좌표**(Polar coordinate)가 $(r,\ \theta)=\left(2,\ \dfrac{\pi}{3}\right)$인 점에 대한 **직교좌표**(Cartesian coordinate) **표현** $(x,\ y)=\ (r\cos\theta,\ r\sin\theta)$을 구하여라.

풀이. Sage를 이용하여 계산하면 다음과 같다. $x=r\cos\theta$ 이고 $y=r\sin\theta$ 이므로,

http://matrix.skku.ac.kr/KOFAC/

```
r, t = 2, pi/3          # 각을 t 로 표현한다.
r*cos(t), r*sin(t)
```

답. 직교좌표(Cartesian coordinate) $(x,\ y)$ = (1, sqrt(3)) ■

예제 13 직교좌표가 $(1,\ -1)$인 점을 **극좌표**(Polar coordinate)로 나타내어라.

풀이. Sage를 이용하여 계산하면 다음과 같다.

http://matrix.skku.ac.kr/KOFAC/

```
u, v = 1, −1                        # x, y 대신 u, v로 나타내었다.
sqrt(u^2 + v^2), arctan(v/u)        # r = √(x² + y²), tan θ = y/x
```

답. 극좌표(Polar coordinate) $(r,\ \theta)$ = (sqrt(2), −1/4*pi) ■

열린 문제 4 **[좌표계 표현 변환]** 다른 교재를 참고하여 **직교좌표(Cartesian coordinate)로 표현된 평면상의 다양한 점** $(x,\ y)=(r\cos\theta,\ r\sin\theta)$**을 극좌표(Polar coordinate) 표현** $(r,\ \theta)$ **= (sqrt(x^2 + y^2), arctan(y/x)) 으로** 바꾸어 보고 반대로도 해 보세요.

12.7 극방정식(Polar Equations)의 그래프

$r = f(\theta)$ 또는 $F(r, \theta) = 0$ 라는 극방정식의 그래프는 **극방정식(Polar Equations)**을 만족하는 극좌표 표현 (r, θ)를 적어도 하나 갖는 점 P들의 전체로 이루어진다.

예제 14 극방정식(Polar Equations)의 곡선 $r = 2\cos\theta$의 그래프를 그려라.

풀이. 각이 극축(polar axis)에서 부터 시계 반대방향으로 움직일 때의 그래프를 그리기 위하여 범위를 나누어 다른 색으로 그려보았다.

http://matrix.skku.ac.kr/KOFAC/

```
var ('t') # 각을 t로 표현한다.
p = Graphics()
for k, col in [(0, 'red'), (1, 'orange'), (2, 'yellow'), (3, 'green')]:
    p += polar_plot (2*cos(t), (t, k*pi/4, (k+1)*pi/4), color = col)
    # polar_plot은 각을 독립변수로 하는 극곡선을 그린다.
p
```

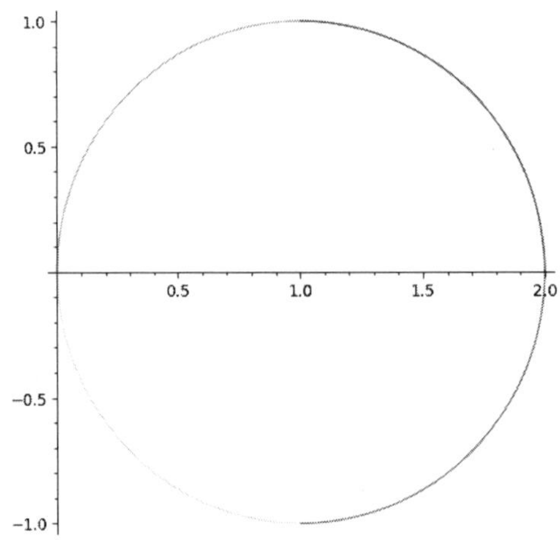

물론 다음과 같이 한 번에 그릴 수도 있다.

http://matrix.skku.ac.kr/KOFAC/

```
var ('t') # 각을 t로 표현한다.
polar_plot ( 2*cos(t), (t, 0, 2*pi) )    # polar_plot은 각을 독립변수로 하는 극곡선을 그린다.
```

답. 곡선 $r = 2\cos\theta$의 그래프

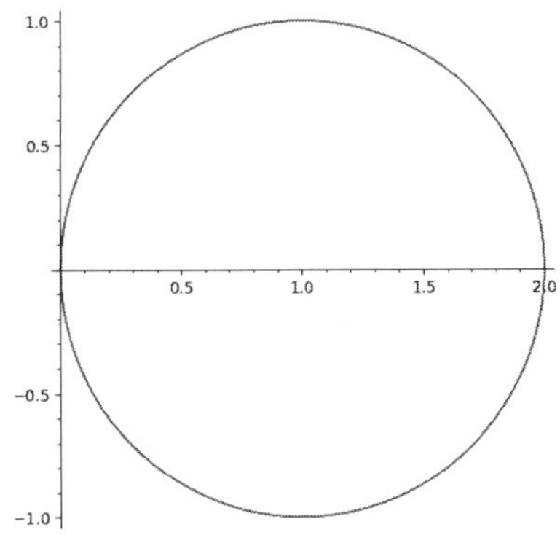

■

예제 15 극방정식(Polar Equations) 곡선 $r = 1 + 2\sin\theta$를 그려라.

풀이. Sage를 이용하여 그래프를 그리면 다음과 같다.

http://matrix.skku.ac.kr/KOFAC/

```
var ('t')
polar_plot ( 1 + 2*sin(t) , (t, 0, 2*pi) )
```

답. 곡선 $r = 1 + 2\sin\theta$의 그래프

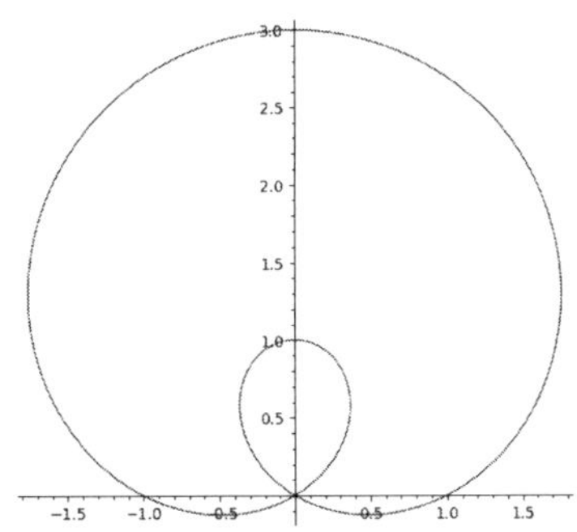

■

예제 16 극방정식(Polar Equations) 곡선 $r = \cos 2\theta$를 그려라.

풀이. Sage를 이용하여 계산하면 다음과 같다.

http://matrix.skku.ac.kr/KOFAC/

```
var ('t')
polar_plot ( cos(2*t), (t, 0, 2*pi) )
```

답. 곡선 $r = \cos 2\theta$의 그래프

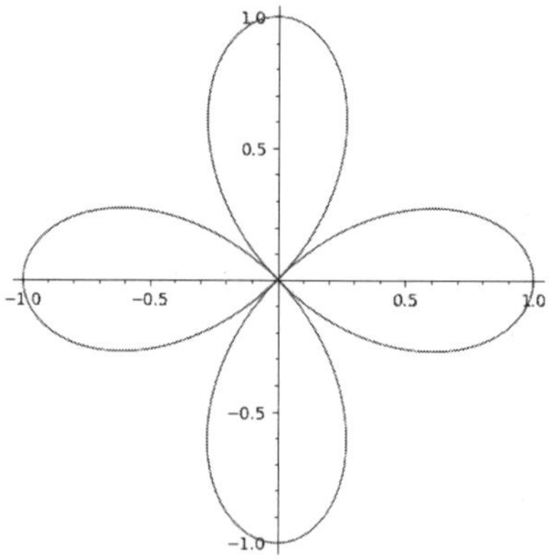

다음과 같이 slider 기능을 이용하여 움직임을 구체적으로 살펴볼 수도 있다.

http://matrix.skku.ac.kr/KOFAC/

```
t = var('t')
t0 = 0; t1 = 2*pi
dt = (t1−t0)/8
@interact
def polar_curve3(f=input_box(cos(2*t), label='r =', type=SR), xrange=input_box([−1,1],
label="x range"), yrange=input_box([−1,1], label="y range"),
                    theta = slider(t0,t1,dt, default=t0)):
    pretty_print(html('$$r = %s$$'%latex(f)))
    init = t0
    tpt = theta
    xfunc = f*cos(t)
    yfunc = f*sin(t)
    min_x = xrange[0]
    max_x = xrange[1]
    min_y = yrange[0]
    max_y = yrange[1]
    p = point((xfunc(t=init),yfunc(t=init)), color='red', size=20)
    p+= text('$\\theta = %s$'%(init), (xfunc(t=init)+0.2,yfunc(t=init)+0.2), color='red',
fontsize=15)
    if tpt == init:
        p.show(xmin = min_x, xmax = max_x, ymin = min_y, ymax = max_y, aspect_ratio=1)
  else:
        p+= polar_plot(f, (t,init,tpt),rgbcolor = (1,0,0))
        p+= point((xfunc(t=tpt),yfunc(t=tpt)), color='red', size=20)
        p+= text('$\\theta = %s$'%(latex(tpt)), (xfunc(t=tpt)+0.2,yfunc(t=tpt)−0.2),
color='red', fontsize=15)
        p.show(xmin = min_x, xmax = max_x, ymin = min_y, ymax = max_y, aspect_ratio=1)
```

답. 곡선 $r = \cos 2\theta$의 그래프. [0, 1/2*pi]

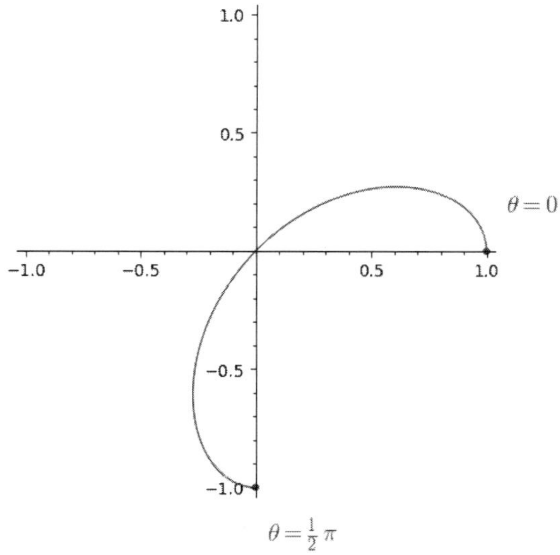

■

참고 극방정식 $F(r,\ \theta)=0$ 의 경우, implicit_plot과 같이 바로 그릴 수 있는 명령어는 없다.

◪ 열린 문제 5 다른 교재를 참고하여 다양한 극방정식(Polar Equations)의 그래프를 그려라.

12.8 극방정식에서의 접선(tangent line), 넓이(Area), 호의 길이(Arc length)

극방정식 $r=f(\theta)$에 대한 접선을 구하기 위해 θ를 매개변수로 생각하고 곡선의 **매개변수방정식**을 다음과 같이 쓴다.

$$x=r\cos\theta=f(\theta)\cos\theta,\quad y=r\sin\theta=f(\theta)\sin\theta$$

매개변수곡선의 **기울기**를 구하는 방법과 **곱의 법칙**을 이용하면 다음을 얻는다.

$$\frac{dy}{dx}=\frac{\dfrac{dy}{d\theta}}{\dfrac{dx}{d\theta}}=\frac{\dfrac{dr}{d\theta}\sin\theta+r\cos\theta}{\dfrac{dr}{d\theta}\cos\theta-r\sin\theta}$$

예제 17 **심장형(cardioid)** $r = 1 + \sin\theta$에 대해 $\theta = \frac{\pi}{3}$일 때의 **접선의 기울기**를 구하라.

풀이. Sage를 이용하여 계산하면 다음과 같다.

http://matrix.skku.ac.kr/KOFAC/

```
var ('t')
f(t) = 1 + sin(t)
df(t) = diff(f(t), t)
t0 = pi/3
dydx(t) = (df(t)*sin(t) + f(t)*cos(t))/(df(t)*cos(t) − f(t)*sin(t) )  # 접선의 기울기
print (dydx(t0))
p1 = polar_plot ( f(t), (t, 0, 2*pi) )                    # 심장형 그리기
p2 = plot (f(t0)*sin(t0) + dydx(t0)*(x − f(t0)*cos(t0)), (x, 0, 2), color = 'red')  # 접선 그리기
show (p1 + p2)                                            # 심장형 도형 위의 점에서의 접선
print ( f(t0)*sin(t0) + dydx(t0)*(x − f(t0)*cos(t0)) )    # 접선의 방정식 print
show ( f(t0)*sin(t0) + dydx(t0)*(x − f(t0)*cos(t0)) )     # 접선의 방정식 show
```

답. 접선의 기울기 $= \dfrac{dy}{dx} = \dfrac{\frac{dy}{d\theta}}{\frac{dx}{d\theta}} = \dfrac{\frac{dr}{d\theta}\sin\theta + r\cos\theta}{\frac{dr}{d\theta}\cos\theta - r\sin\theta}$

= −2*(sqrt(3) + 1)/(sqrt(3)*(sqrt(3) + 2) − 1)

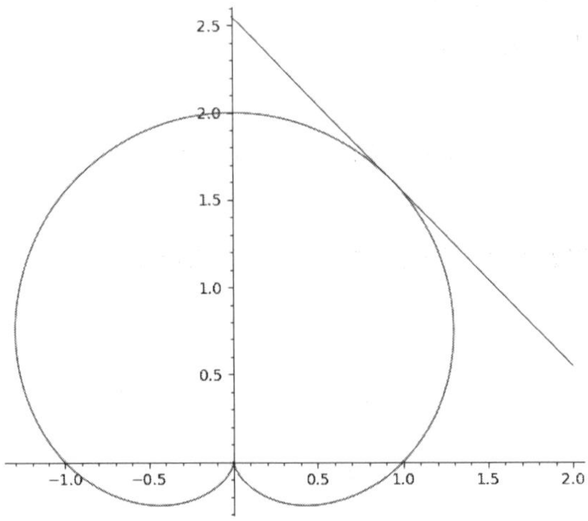

[접선의 방정식] f(t0)*sin(t0) + dydx(t0)*(x − f(t0)*cos(t0)) at t = t0 = pi/3

$= 1/4*sqrt(3)*(sqrt(3) + 2) - 1/2*(4*x - sqrt(3) - 2)*(sqrt(3) + 1)/(sqrt(3)*(sqrt(3) + 2) - 1)$

$$= \frac{1}{4}\sqrt{3}(\sqrt{3}+2) - \frac{1}{2}\frac{(4x-\sqrt{3}-2)(\sqrt{3}+1)}{(\sqrt{3}(\sqrt{3}+2)-1)}$$ ■

■ 극좌표에서 곡선 $r = f(\theta)$와 두 개의 반직선 $\theta = \alpha$, $\theta = \beta$로 **둘러싸인 영역의 면적** A은 다음과 같다.

$$A = \frac{1}{2}\int_{\alpha}^{\beta} \{f(\theta)\}^2 d\theta = \frac{1}{2}\int_{\alpha}^{\beta} r^2 d\theta$$

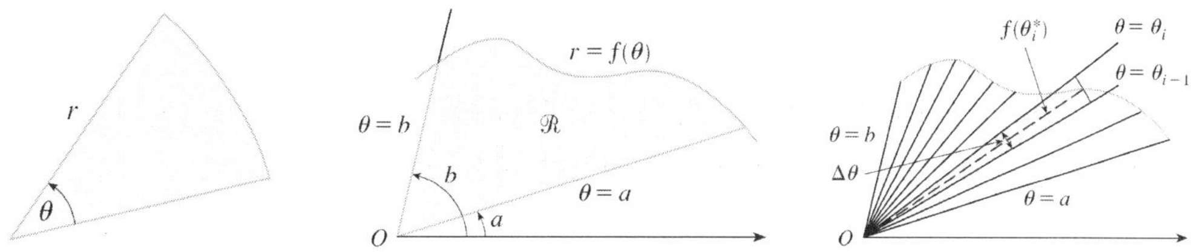

$A = \frac{1}{2}r^2\theta$ $\qquad$ $A = \int_a^b \frac{1}{2}[f(\theta)]^2 d\theta$ $\qquad$ $\Delta A_i \approx \frac{1}{2}\left[f(\theta_i^*)\right]^2 \Delta\theta$

예제 18 4엽 장미(**four-leaved rose**) $r = \cos 2\theta$의 한 고리로 **둘러싸인 영역의 넓이**를 구하라.

풀이. 먼저 Sage를 이용하여 영역을 그리면 다음과 같다.

http://matrix.skku.ac.kr/KOFAC/

```
var('t')
f(t) = cos(2*t)
show (polar_plot(f(t), (t, -pi/4, pi/4), fill = True))          # 넓이 계산
integral ( 1/2*f(t)^2, t, -pi/4, pi/4 )
```

$\alpha = -\pi/4$, $\beta = \pi/4$

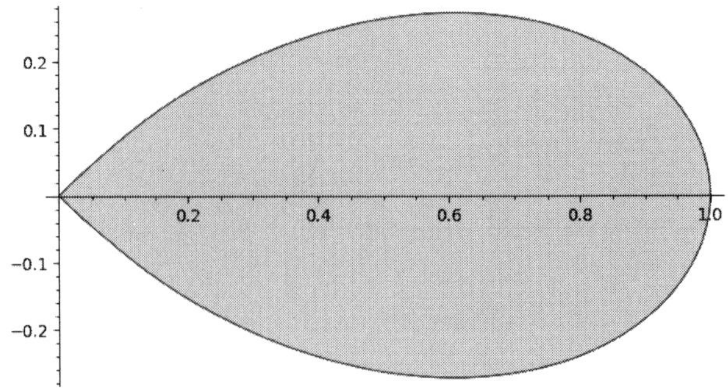

답. 둘러싸인 넓이 = 1/8*pi $= A = \dfrac{1}{2}\displaystyle\int_{\alpha}^{\beta} \{f(\theta)\}^2 d\theta = \dfrac{1}{2}\displaystyle\int_{\alpha}^{\beta} r^2 d\theta$ ■

- $[\alpha, \beta]$ 에서 $f_2(\theta) \le f_1(\theta)$ 일 때, 극좌표에서 곡선 $r_1 = f_1(\theta)$, $r_2 = f_2(\theta)$ 와 두 개의 반직선 $\theta = \alpha$, $\theta = \beta$ 로 **둘러싸인 영역의 면적** A 은 다음과 같다.

$$A = \frac{1}{2}\int_{\alpha}^{\beta} \left[\{f_1(\theta)\}^2 - \{f_2(\theta)\}^2\right] d\theta = \frac{1}{2}\int_{\alpha}^{\beta} \left\{r_1^2 - r_2^2\right\} d\theta$$

예제 19 **원** $r = 5\sin\theta$**의 내부**와 심장형(cardioid) $r = 1 + 2\sin\theta$의 외부에 놓인 **영역의 넓이**를 구하라.

풀이. sage 를 이용하여 계산하면 다음과 같다.

http://matrix.skku.ac.kr/KOFAC/

```
# 그래프 그리기
var ('t')
f(t) = 5*sin(t)
g(t) = 1 + 2*sin(t)
p1 = polar_plot(f(t), (t, 0, 2*pi))                          # 원 그리기
p2 = polar_plot(g(t), (t, 0, 2*pi), color = 'red')           # 심장형 그리기
show (p1 + p2)                                               # 원 r=5sinθ과 심장형 r=1+sinθ 만날 때의 θ구하기
solve (f(t) == g(t), t, to_poly_solve = 'force')             # 넓이 계산
2*(integral(1/2*f(t)^2, t, pi/6, pi/2) − integral(1/2*g(t)^2, t, pi/6, pi/2))
```

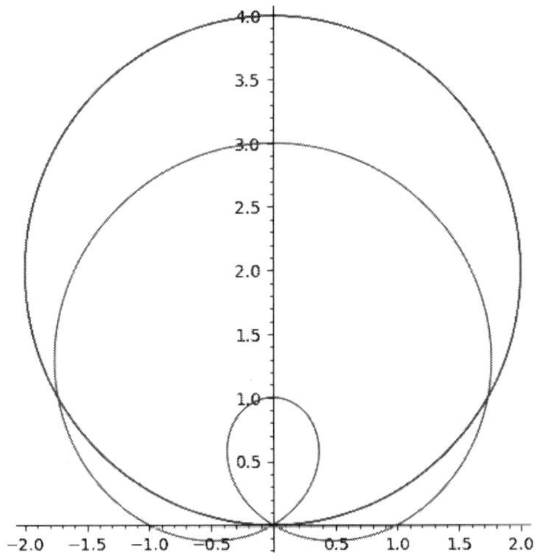

답. 영역의 넓이 = 19/6*pi + 5/8*sqrt(3)= $A = \dfrac{1}{2}\int_{\alpha}^{\beta}\left\{r_1^2 - r_2^2\right\}d\theta$ ■

- 극방정식 $r = f(\theta)$, $a \le \theta \le b$의 **곡선의 길이**는 다음과 같이 계산할 수 있다. 먼저 곡선의 매개변수 방정식은 $x = r\cos\theta = f(\theta)\cos\theta$, $y = r\sin\theta = f(\theta)\sin\theta$ 이므로 매개변수 방정식으로 주어진 **곡선의 호의 길이 공식**을 이용하면 다음과 같다.

$$L = \int_a^b \sqrt{\left(\frac{dx}{d\theta}\right)^2 + \left(\frac{dy}{d\theta}\right)^2}\, d\theta = \int_a^b \sqrt{r^2 + \left(\frac{dr}{d\theta}\right)^2}\, d\theta$$

예제 20 심장형(cardioid) $r = 1 + \sin\theta$ 의 **길이(호의 길이, Arc length)**를 구하라.

풀이. Sage 를 이용하여 계산하면 다음과 같다.

http://matrix.skku.ac.kr/KOFAC/

```
# 그래프 그리기
var ('t')
f(t) = 1 + sin(t)
show (polar_plot(f(t), (t, 0, 2*pi)))          # 곡선의 길이 계산
df(t) = diff(f(t), t)
integral ( sqrt(f(t)^2 + df(t)^2), t, 0, 2*pi )
```

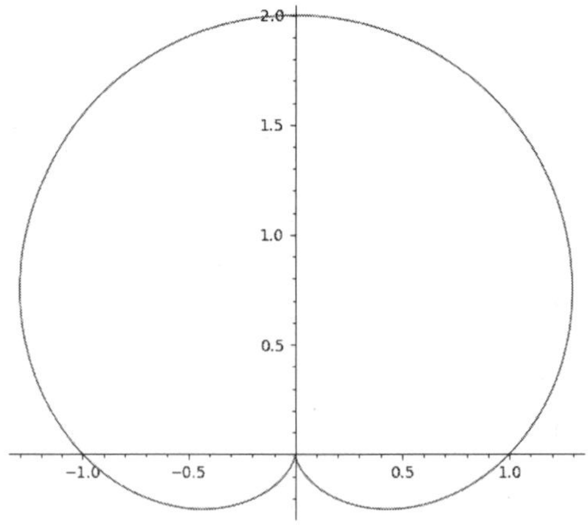

답. (cardioid) $r = 1 + \sin\theta$ 의 길이=

$$L = \int_a^b \sqrt{\left(\frac{dx}{d\theta}\right)^2 + \left(\frac{dy}{d\theta}\right)^2}\, d\theta = \int_a^b \sqrt{r^2 + \left(\frac{dr}{d\theta}\right)^2}\, d\theta = 8$$ ■

◪ 열린 문제 6 다른 교재를 참고하여 다양한 극방정식으로 주어진 곡선 위의 한 점에서의 접선의 방정식, 곡선으로 둘러싸인 면적, 곡선의 길이(근삿값)를 구하시오.

■ **[함수 그래퍼(Grapher) 실습]**

우리 연구팀이 개발한 다양한 도구 **http://matrix.skku.ac.kr/artsurf/** 가 있습니다. 특히 **http://matrix.skku.ac.kr/cal-lab/sage-grapher-flower.html 에서 매개변수 방정식 그래프를 그려보시고, r_1** = cos(2*t) 과 r_2 = 1 + sin(t) **를 a, b, c 슬라이더를 이동하여 그려보신 후, t의 구간을 변경하고, Animation of Change를 t 로 고르셔서, 시간이 변함에 따라 변하는 함수의 모양을 보시면서, 그래프가 변하는 과정에서 다양한 실습을 하고 내용을 공유하시기 바랍니다.**

http://matrix.skku.ac.kr/cal-lab/sage-grapher-Fermat-Spiral.html
http://matrix.skku.ac.kr/cal-lab/sage-grapher-flower.html
http://matrix.skku.ac.kr/cal-lab/sage-grapher-butterfly.html

http://matrix.skku.ac.kr/cal-lab/sage-grapher-integral2.html
http://matrix.skku.ac.kr/cal-lab/sage-grapher-inverse.html
http://matrix.skku.ac.kr/cal-lab/cal-Newton-method.html
http://matrix.skku.ac.kr/cal-lab/sage-grapher-derivatives.html
http://matrix.skku.ac.kr/cal-lab/sage-grapher-integral.html
http://matrix.skku.ac.kr/cal-lab/sage-grapher-integral2.html
http://matrix.skku.ac.kr/cal-lab/SKKU-Cell-Matrix-Calculator.html
http://matrix.skku.ac.kr/cal-lab/sage-grapher-cochleoid.html
http://matrix.skku.ac.kr/cal-lab/sage-grapher-dewdrop.html
http://matrix.skku.ac.kr/cal-lab/sage-grapher-epicycloid.html
http://matrix.skku.ac.kr/cal-lab/sage-grapher-pinwheel.html
http://matrix.skku.ac.kr/cal-lab/sage-grapher-Gear-Curve.html
http://matrix.skku.ac.kr/cal-lab/sage-grapher-Bicorn.html
http://matrix.skku.ac.kr/cal-lab/sage-grapher-Cartesian-Oval.html
http://matrix.skku.ac.kr/cal-lab/sage-grapher-Double-Folium.html
http://matrix.skku.ac.kr/cal-lab/sage-grapher-Figure-Eight-Curve.html
http://matrix.skku.ac.kr/cal-lab/sage-grapher-Folium.html
http://matrix.skku.ac.kr/cal-lab/sage-grapher-Involute-of-a-Circle.html
http://matrix.skku.ac.kr/cal-lab/sage-grapher-Kappa-Curve.html
http://matrix.skku.ac.kr/cal-lab/sage-grapher-Lame-Curves.html
http://matrix.skku.ac.kr/cal-lab/sage-grapher-Lituus.html
http://matrix.skku.ac.kr/cal-lab/sage-grapher-Nephroid.html
http://matrix.skku.ac.kr/cal-lab/sage-grapher-Pearls-of-Sluze.html
http://matrix.skku.ac.kr/cal-lab/sage-grapher-Serpentine.html
http://matrix.skku.ac.kr/cal-lab/sage-grapher-Tricuspoid.html
http://matrix.skku.ac.kr/cal-lab/sage-grapher-Freeth-Nephroid.html
http://matrix.skku.ac.kr/cal-lab/sage-grapher-Durer-Shell-Curves.html
http://matrix.skku.ac.kr/cal-lab/sage-grapher-Newton-Diverging-Parabolas.html
http://matrix.skku.ac.kr/cal-lab/sage-grapher-Talbot-Curve.html

12주차 과제 위의 열린 문제를 풀어본 후, 본인이 요약/실습/질문/답변한 내용을 Q&A(문의게시판)에 공유하시오.

13주차 수열과 급수의 수렴판정, 거듭제곱 급수, 테일러 급수

학습목표	이번 주차에서는 무한수열, 무한급수, 급수의 판정법과 거듭제곱 급수(power series), 테일러 급수에 대하여 학습한다. 1차시 https://youtu.be/yGhJ7yoX1XI https://youtu.be/jBsj6gPg-gM
핵심개념	무한수열, 무한급수, 급수의 판정법, 거듭제곱 급수, 테일러 급수, 매클로린 급수
실습실	http://matrix.skku.ac.kr/S-calculus/W13/ http://matrix.skku.ac.kr/Cal-Book1/Ch9/ http://matrix.skku.ac.kr/PBL/

13.1 수열의 극한

자연수 1, 2, ...에 대응하여 무한히 나열한 수

$$\begin{array}{ccccc} a_1, & a_2, & \dots, & a_n, & \dots \\ \uparrow & \uparrow & & \uparrow & \\ \text{제1항} & \text{제2항} & & \text{제}n\text{항} & \end{array}$$

를 **수열(sequence)**이라 하고, $\{a_1, a_2, \dots, a_n, \dots\}$, $\{a_n\}_{n=1}^{\infty}$ 또는 간단히 $\{a_n\}$으로 표시한다. 이때 a_n을 **수열의 일반항**이라고 한다. 이때 n이 반드시 1에서 시작할 필요는 없다.

참고 무한수열(infinite sequence)은 정의역이 **양의 정수인 집합**이고, 치역이 실수들의 집합인 함수이다.

$$f : \mathbb{N} \to \mathbb{R},\ f(n) = a_n\ (n \in \mathbb{N})$$

예를 들어, 다음과 같이 주어진 **수열**을 표시할 수 있다.

$2, 4, 8, \cdots, ;\ \{2^n\}$ $\quad 1, 1, 1, \cdots, ;\ \{1\}$ $\quad 1, -1, 1, -1, \cdots, ;\ \{(-1)^{n+1}\}$

$2, \dfrac{1}{2}, \dfrac{4}{3}, \dfrac{3}{4}, \cdots, ;\ \left\{\dfrac{n+(-1)^{n-1}}{n}\right\}$

수열은 수를 직접 나열하는 것 이외에 이웃하는 여러 개의 항 사이의 관계를 이용하여 귀납적으로 정의할 수도 있다. 예를 들어, 관계식 $a_1 = 1,\ a_n = a_{n-1} + 3,\ (n \geq 2)$으로 부터 수열

$$1,\ 4,\ 7,\ 10,\ \ldots$$

을 얻을 수 있다. 이러한 관계식을 **수열의 점화식(recursive formula)**이라 한다.

- 수열 $\{a_n\}$에 대하여 n을 충분히 크게 택해서 항 a_n이 L에 근접하게 만들 수 있다면, 수열 $\{a_n\}$은 극한(limit) L을 갖는다고 하고 다음과 같이 나타낸다.

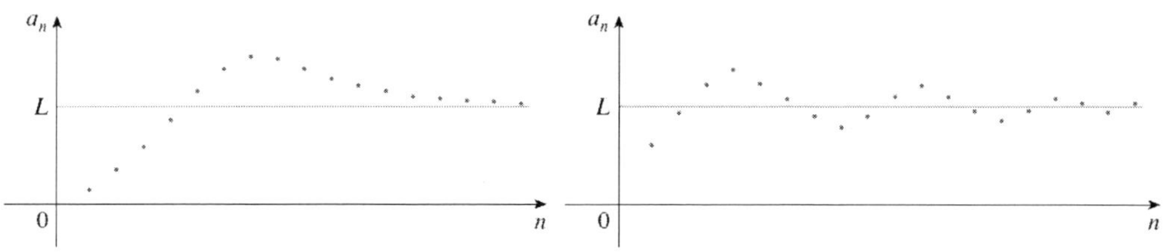

$$\lim_{n\to\infty} a_n = L \qquad \text{또는} \qquad n\to\infty \text{일 때} \qquad a_n \to L$$

극한 $\lim_{n\to\infty} a_n$이 존재하면 **수열 $\{a_n\}$은 수렴한다(converges)**고 하고, $\lim_{n\to\infty} a_n$이 존재하지 않으면 수열 $\{a_n\}$은 **발산한다(diverges)**고 한다.

- 수열의 극한은 함수의 극한과 관련이 있다. 수열 $\{a_n\}$과 함수 $f(x)$가 모든 자연수 n에 대하여 $f(n) = a_n$을 만족한다고 하자. 즉 수열 $\{a_n\}$은 x가 자연수일 때 대응하는 함숫값 $f(x)$만 고려한 것이다. 만일 $\lim_{x\to\infty} f(x) = L$이면 $\lim_{n\to\infty} a_n = L$이 성립한다. 앞으로 수열의 극한은 Sage를 활용하여 계산한다.

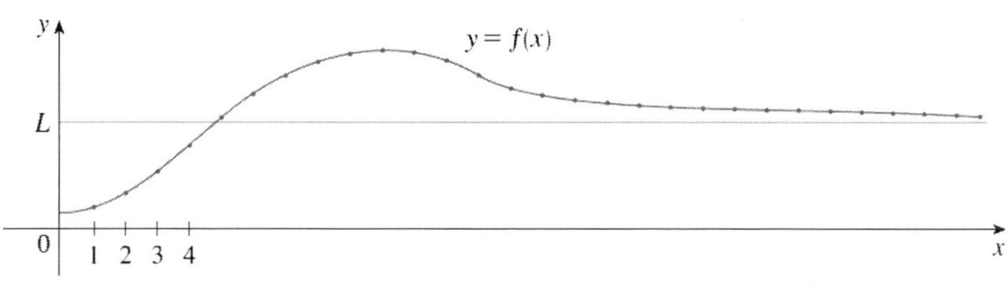

예제 1 $\lim_{n\to\infty} \dfrac{3n^2}{7n^2+1}$ 을 구하라.

풀이. sage 를 이용하여 계산하면 다음과 같다.

http://matrix.skku.ac.kr/KOFAC/

```
var ('n')
a(n) = 3*n^2/(7*n^2 + 1)
limit ( a(n), n = +oo )
```

답. $\lim_{n\to\infty} \dfrac{3n^2}{7n^2+1} = 3/7$ ■

- **함수의 극한**과 마찬가지로 **수열의 극한**에 대해서도 **극한법칙**이 성립한다. $\{a_n\}$과 $\{b_n\}$이 수렴하는 수열이고 c가 상수라 하자. 그러면

① $\lim_{n\to\infty} ca_n = c\lim_{n\to\infty} a_n \quad \lim_{n\to\infty} c = c$

② $\lim_{n\to\infty} (a_n \pm b_n) = \lim_{n\to\infty} a_n \pm \lim_{n\to\infty} b_n$

③ $\lim_{n\to\infty} a_n b_n = \left(\lim_{n\to\infty} a_n\right)\left(\lim_{n\to\infty} b_n\right)$

④ $\lim_{n\to\infty} b_n \neq 0$ 이면 $\lim_{n\to\infty} \dfrac{a_n}{b_n} = \dfrac{\lim_{n\to\infty} a_n}{\lim_{n\to\infty} b_n}$ 이다.

⑤ $p > 0$와 $a_n > 0$ 이면 $\lim_{n\to\infty} a_n^p = \left[\lim_{n\to\infty} a_n\right]^p$

⑥ **샌드위치 정리(조임 정리, Sandwich Theorem, Squeeze Theorem)**

$n \geq n_0$ 일 때 $a_n \leq b_n \leq c_n$, $\lim_{n\to\infty} a_n = \lim_{n\to\infty} c_n = L \Rightarrow \lim_{n\to\infty} b_n = L$

⑦ $\lim_{n\to\infty} |a_n| = 0$ 이면 $\lim_{n\to\infty} a_n = 0$ 이다.

예제 2 $\lim_{n\to\infty} \left(\dfrac{n+1}{n-1}\right)^n$ 을 구하라.

풀이. sage 를 이용하여 계산하면 다음과 같다.

http://matrix.skku.ac.kr/KOFAC/

```
var ('n')
a(n) = ((n + 1)/(n − 1))^n
limit ( a(n), n = +oo )
```

답. $\lim_{n \to \infty} \left(\frac{n+1}{n-1} \right)^n$ = e^2 ■

예제 3 $\lim_{n \to \infty} \frac{\ln n}{e^n}$ 을 구하라.

풀이. Sage 를 이용하여 계산하면 다음과 같다.

http://matrix.skku.ac.kr/KOFAC/

```
var('n')
a(n) = log(n)/exp(n)
limit ( a(n), n = +oo )
```

답. $\lim_{n \to \infty} \frac{\ln n}{e^n} = 0$ ■

• **수열 $\{a_n\}$ 의 수렴, 발산을 판별하기 위해 다음의 몇 가지 성질과 극한의 존재에 관한 정리** 몇 가지를 이해해보자.

① $\lim_{n \to \infty} a_n = a \quad \Leftrightarrow \quad \lim_{n \to \infty} a_{n+k} = a$ **(여기서 k는 임의의 자연수이다.)**

즉, 수열 $\{a_n\}$ 의 수렴, 발산과 최초의 유한 개의 항은 무관하다. 수열의 극한은 n이 충분히 클 때를 조사하는 것이므로 최초의 유한개의 항은 중요하지 않다.

② $\lim_{n \to \infty} a_n = a \Leftrightarrow \lim_{n \to \infty} a_{2n} = a$ **이고** $\lim_{n \to \infty} a_{2n-1} = a$

즉 수열 $\{a_n\}$의 홀수항으로 이루어진 수열 $\{a_{2n-1}\}$과 짝수항으로 이루어진 수열 $\{a_{2n}\}$이 모두 a로 수렴하면 원 수열 $\{a_n\}$도 a로 수렴한다. 역도 마찬가지이다.

③ **수열 $\{a_n\}$, $\{b_n\}$ 이 수렴하고 자연수 N이 존재하여 $n \ge N$일 때, $a_n \ge b_n$ 을 만족하면 $\lim_{n \to \infty} a_n \ge \lim_{n \to \infty} b_n$ 이다.**

Note 최초의 유한 개의 항을 제외하고 두 수열의 각 항에 대해서 유지되는 부등호는 극한을 취해도 (부등호) 방향이 변하지 않는다.

수열 $\{a_n\}$이 모든 자연수 $n \geq 1$에 대해 $a_n < a_{n+1}$일 때 즉 $a_1 < a_2 < a_3 < \cdots$ 일 때 **수열 $\{a_n\}$은 증가한다**고 한다. 마찬가지로 모든 자연수 $n \geq 1$에 대해 $a_n > a_{n+1}$일 때, 감소한다고 한다. 그리고 증가하거나 감소하는 수열을 **단조수열**(monotonic sequence)이라 한다.

참고 같은 값을 갖는 항도 포함하여 다음과 같이 구분하기도 한다.
① **단조 증가 수열 수열** : $a_n \leq a_{n+1}$ **(nondecreasing)** $a_n \geq a_1$ $(n = 1, 2, 3, \cdots)$
② 단조 감소 수열 **수열** : $a_n \geq a_{n+1}$ (nonincreasing) $a_n \leq a_1$ $(n = 1, 2, 3, \cdots)$

그리고 단조 증가하거나 단조 감소하는 수열을 단조수열(monotonic sequence)이라 한다.
모든 자연수 $n \geq 1$에 대해 $a_n \leq M$을 만족하는 수 M이 존재하면, 수열 $\{a_n\}$은 **위로 유계**(bounded above)라 한다. 마찬가지로 모든 자연수 $n \geq 1$에 대해 $a_n \leq m$을 만족하는 수 m이 존재하면, 수열 $\{a_n\}$은 **아래로 유계(bounded below)**라 한다. 그리고 **위로 유계인 동시에 아래로 유계인 수열 $\{a_n\}$은 유계수열(bounded sequence)**이라 한다.

참고 수열 $\{a_n\}$이 유계임을 보이기 위해서는 적당한 수 $M > 0$이 존재하여 수열 $\{a_n\}$이 모든 $n \geq 1$에 대해 $|a_n| \leq M$을 만족함을 보이면 된다.

수렴하는 **수열 $\{a_n\}$에 대해서** (즉 $\lim_{n \to \infty} a_n = L$이라 하면) 다음이 성립한다.

① $\{a_n\}$이 **(단조)증가수열**이면, $\{a_n\}$은 **위로 유계**이다. 즉 모든 자연수 n에 대하여 $a_n \leq L$이다.

② $\{a_n\}$이 (단조)감소수열이면, $\{a_n\}$은 아래로 유계이다. 즉 모든 자연수 n에 대하여 $a_n \geq L$이다.

- 단조이거나 유계만으로는 수열의 수렴성을 보장할 수 없다. 그러나 **단조와 유계**가 동시에 만족되는 경우에는 다음과 같이 수열의 수렴성을 보장한다.

단조수렴정리(Monotone Convergence Theorem)
모든 유계인 **단조수열(monotonic sequence)**은 **수렴**한다.
(즉 위로 유계인 증가수열과 아래로 유계인 감소수열은 수렴한다.)

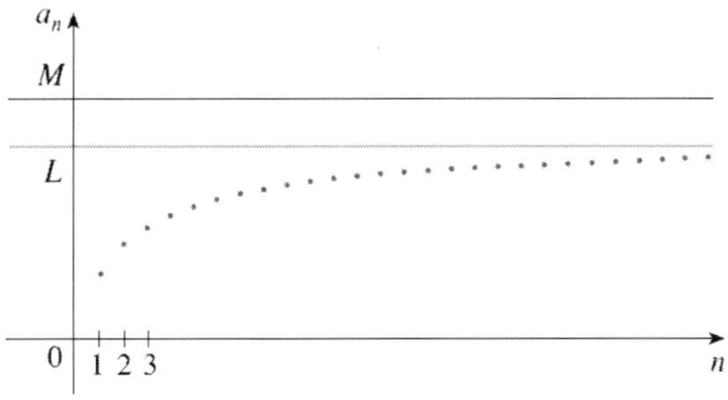

예제 4 수열 $\left\{\frac{1}{2^n}\right\}$은 수렴한다.

풀이. 수열 $\left\{\frac{1}{2^n}\right\}$은 모든 자연수 $n \geq 1$에 대하여 $\frac{1}{2^n} \geq \frac{1}{2^{n+1}}$이므로 **감소**하고, 또 $\frac{1}{2^n} > 0$ 이므로 **아래로 유계**이다. 따라서 **단조수렴정리**에 의해 수열 $\left\{\frac{1}{2^n}\right\}$은 수렴한다. 실제로 sage를 이용하여 계산하면 다음과 같다.

http://matrix.skku.ac.kr/KOFAC/

```
var ('n')
a(n) = 1/2^n
limit ( a(n), n = +oo )
```

답. $\lim_{n \to \infty} \frac{1}{2^n} = 0$ ■

13.2 무한급수(infinite series)

무한수열 $\{a_n\}_{n=1}^{\infty}$ 의 각 항 a_n을 합의 기호 '+'로 연결한 식

$$\sum_{n=1}^{\infty} a_n = a_1 + a_2 + a_3 + \cdots + a_n + \cdots$$

을 **무한급수(infinite series)** 또는 **급수(series)**라 한다. 이때 a_n을 **급수의 일반항**이라 한다.

무한급수의 제 n항까지의 합을 **부분합(partial sum)**이라 하고 S_n으로 표기한다.

$$S_n = a_1 + a_2 + a_3 + \cdots + a_n = \sum_{k=1}^{n} a_k$$

예제 5 급수 $\frac{1}{1\cdot 2}+\frac{1}{2\cdot 3}+\frac{1}{3\cdot 4}+\cdots$의 일반항은 $a_n=\frac{1}{n(n+1)}$이고 부분합은

$$S_n=\frac{1}{1\cdot 2}+\frac{1}{2\cdot 3}+\frac{1}{3\cdot 4}+\cdots+\frac{1}{n(n+1)}$$

이다. 이때 $\frac{1}{n(n+1)}=\frac{1}{n}-\frac{1}{n+1}$이므로 부분합은 다음과 같다.

$$\therefore\ S_n=\left(1-\frac{1}{2}\right)+\left(\frac{1}{2}-\frac{1}{3}\right)+\left(\frac{1}{3}-\frac{1}{4}\right)+\cdots+\left(\frac{1}{n}-\frac{1}{n+1}\right)=1-\frac{1}{n+1}$$ ■

이제 **급수의 부분합**을 통해서 무수히 많은 모든 항들의 합을 살펴보자. 먼저 무한급수의 부분합은 다음과 같이 쓸 수 있다.

$$S_1=a_1$$
$$S_2=a_1+a_2$$
$$\cdots$$
$$S_n=a_1+a_2+\cdots+a_n$$
$$\cdots$$

이렇게 **부분합의 수열** $\{S_n\}$을 얻을 수 있다: $S_1, S_2, S_3, \cdots,$

만일 수열 $\{S_n\}$이 S로 수렴하면(즉 $\lim_{n\to\infty} S_n=S$), 급수 $\sum_{n=1}^{\infty} a_n$는 수렴(converge)한다고 하고, 다음과 같이 나타낸다.

$$\sum_{n=1}^{\infty} a_n=a_1+a_2+a_3+\cdots+a_n+\cdots=S$$

그리고 수 S를 **급수의 합**(sum)이라고 한다. 만일 $\{S_n\}$이 발산하면, 이 급수는 **발산(diverge)**한다고 한다. 발산하는 급수는 합이 없다.

참고 등비급수 $\sum_{n=1}^{\infty} ar^{n-1}=a+ar+ar^2+\cdots$에 대하여

$|r|<1$일 때, 급수는 수렴하며 합은 $S=\frac{a}{1-r}$이다. $|r|\geq 1$일 때, 급수는 발산한다.

예제 6 등비급수 $\sum_{n=1}^{\infty} 2^n 3^{1-n}$의 합을 구하라.

풀이. 급수의 일반항은 $3 \cdot \left(\frac{2}{3}\right)^n = 2 \cdot \left(\frac{2}{3}\right)^{n-1}$에서 $\left|\frac{2}{3}\right| < 1$이므로 급수는 **수렴**하며, 그 합은 $S = \frac{a}{1-r} = \frac{2}{1-\frac{2}{3}} = 6$이다. Sage를 이용하여 계산하면 다음과 같다.

http://matrix.skku.ac.kr/KOFAC/

```
var ('k, n')
partial_sum = sum(2^k*3^(1 − k), k, 1, n)      # 부분합
print (partial_sum)
print ( limit (partial_sum, n = +oo) )
sum ( 2^k*3^(1 − k), k, 1, +oo )               # 급수의 합
```

```
partial_sum = (2*3^(n + 1) − 3*2^(n + 1))/3^n
partial_sum 의 limit = 6
```

답. $\sum_{n=1}^{\infty} 2^n 3^{1-n} = 6$ ■

예제 7 $2.4\overline{15} = 2.4151515\cdots$ 을 정수의 비(ratio, 유리수)로 나타내라.

풀이. $2.4\overline{159} = 2.4151515\cdots = 2.4 + 0.0\overline{15} = 2.4 + 0.015 + 0.00015 + \cdots$

$$= 2.4 + 0.015\left(1 + \frac{1}{10^2} + \frac{1}{10^4} + \cdots\right) = 2.4 + \frac{0.015}{1 - \frac{1}{10^2}} = 2.4 + \frac{1.5}{99} = \frac{797}{330}$$

Sage를 이용하여 계산하면 다음과 같다.

http://matrix.skku.ac.kr/KOFAC/

```
var ('n')
a(n) = 15/10^(2*n + 1)       # a(1) = 15/10^(3), a(2) = 15/10^(5), ...
p = sum( a(n), n, 1, +oo )   # 0.015 (1 + 1/10^2 + 1/10^4 + ...)
QQ(2.4 + p)                  # 유리수로 표현
```

답. 797/330 $\approx 2.4\overline{15}$ ■

예제 8 급수 $\sum_{n=1}^{\infty}\frac{1}{(n+2)(n+3)}$은 수렴함을 보이고, 그 합을 구하라.

풀이. 부분합 수열의 일반항을 구하면 다음과 같다.

$$S_n=\sum_{k=1}^{n}\frac{1}{(k+2)(k+3)}=\sum_{k=1}^{n}\left(\frac{1}{k+2}-\frac{1}{k+3}\right)$$
$$=\left(\frac{1}{3}-\frac{1}{4}\right)+\left(\frac{1}{4}-\frac{1}{5}\right)+\cdots+\left(\frac{1}{n+2}-\frac{1}{n+3}\right)=\frac{1}{3}-\frac{1}{n+3}$$

따라서 $\lim_{n\to\infty}S_n=\frac{1}{3}$이므로 급수의 합은 $\frac{1}{3}$이다.

Sage를 이용하여 계산하면 다음과 같다.

http://matrix.skku.ac.kr/KOFAC/

```
var ('k, n')
partial_sum = sum( 1/((k+2)*(k+3)), k, 1, n )
print ( partial_sum )
print ( limit ( partial_sum, n = +oo) )
sum ( 1/((k+2)*(k+3)), k, 1, +oo )
```

```
partial_sum = 1/3*n/(n + 3)
partial_sum 의 limit = 1/3
```

답. $\lim_{n\to\infty}S_n=\frac{1}{3}$: 급수의 합 ■

- **급수의 수렴, 발산은 부분합 수열의 수렴, 발산 여부와 같다.** 그러나 부분합 수열의 일반항을 구하는 것은 일반적으로 쉽지 않다. 다음 정리는 **급수가 발산하는지를 판단하는 기본적인 방법**을 제공해준다.

① 급수 $\sum_{n=1}^{\infty}a_n$이 수렴하면 $\lim_{n\to\infty}a_n=0$이다. 따라서,

② $\lim_{n\to\infty}a_n\neq 0$이거나 $\lim_{n\to\infty}a_n$이 존재하지 않으면, 이 급수는 발산(diverge)한다.

예제 9 **조화급수(Harmonic series)** $\sum_{n=1}^{\infty} \frac{1}{n} = 1 + \frac{1}{2} + \frac{1}{3} + \cdots$ 가 발산함을 보여라.

풀이. $S_2 = 1 + \frac{1}{2}$, $S_4 = 1 + \frac{1}{2} + \left(\frac{1}{3} + \frac{1}{4}\right) > 1 + \frac{1}{2} + \left(\frac{1}{4} + \frac{1}{4}\right) = 1 + \frac{1}{2} + \frac{1}{2}$

$$S_8 = 1 + \frac{1}{2} + \frac{1}{3} + \frac{1}{4} + \frac{1}{5} + \frac{1}{6} + \frac{1}{7} + \frac{1}{8} > 1 + \frac{1}{2} + \left(\frac{1}{4} + \frac{1}{4}\right) + \left(\frac{1}{8} + \frac{1}{8} + \frac{1}{8} + \frac{1}{8}\right)$$

$$= 1 + \frac{1}{2} + \frac{1}{2} + \frac{1}{2}$$

…

$S_{2^n} > 1 + \frac{1}{2} + \cdots + \frac{1}{2} = 1 + \frac{n}{2} \to \infty$ 이므로 $\sum_{n=1}^{\infty} \frac{1}{n} = \lim_{n \to \infty} S_n = \infty$ 이므로, 이 급수는 **발산**한다.

sage를 이용하여 계산하면 다음과 같이 발산함을 알 수 있다.

http://matrix.skku.ac.kr/KOFAC/

```
var ('k')
sum (1/k, k, 1, +oo)
```

…

ValueError: Sum is divergent.   (발산) ■

- 급수의 수렴성은 **부분합 수열의 극한**으로 판단하므로 **수렴하는 급수에 대해서도 다음과 같은 정리가 성립한다.**

정리(급수의 수렴정리) $\sum_{n=1}^{\infty} a_n$와 $\sum_{n=1}^{\infty} b_n$가 둘 다 **수렴**하고, c는 상수라고 하자. 그러면 $\sum_{n=1}^{\infty} ca_n$와 $\sum_{n=1}^{\infty} (a_n \pm b_n)$도 수렴하며, $\sum_{n=1}^{\infty} ca_n = c\sum_{n=1}^{\infty} a_n$, $\sum_{n=1}^{\infty} (a_n \pm b_n) = \sum_{n=1}^{\infty} a_n \pm \sum_{n=1}^{\infty} b_n$이 성립한다.

예제 10 급수 $\sum_{n=1}^{\infty}\left(3\left(\frac{1}{8}\right)^n-5\left(\frac{1}{3}\right)^n\right)$의 합(sum)을 구하라.

풀이. **Sage** 를 이용하여 계산하면 다음과 같다.

http://matrix.skku.ac.kr/KOFAC/

```
var ('k')
3*sum((1/8)^k, k, 1, +oo) - 5*sum((1/3)^k, k, 1, +oo)
```

답. $\sum_{n=1}^{\infty}\left(3\left(\frac{1}{8}\right)^n-5\left(\frac{1}{3}\right)^n\right)=-29/14$ ■

13.3 양항급수(series of positive terms)와 수렴발산판정법(Convergence tests)

무한급수와 관련하여 관심이 있는 두 가지 문제는 다음과 같다.

"급수는 수렴하는가?" **"수렴하면 그 합은 무엇인가?"**

일반적인 급수에 대하여는 위의 두 질문에 대답하기가 쉽지 않으나 **각 항이** $a_n \geq 0$**인 양항급수**

$$\sum_{n=1}^{\infty}a_n = a_1+a_2+a_3+\cdots+a_n+\cdots$$

에 대해서는 여러 가지 **수렴발산판정법(Convergence tests)**이 존재한다.

먼저 **양항급수의 부분합 수열** $\{S_n\}$**은 감소하지 않는 수열**이다. 즉, 다음이 성립한다.

$$S_1 \leq S_2 \leq S_3 \leq \cdots \leq S_n \leq \cdots$$

따라서 **양항급수** $\sum a_k$**가 수렴할 필요충분조건**은 그 부분합의 수열 $\{S_n\}$**이 위로 유계**인 것이다.

예제 11 **양항급수** $\sum_{n=1}^{\infty} \frac{1}{1+2^n} = \frac{1}{1+2} + \frac{1}{1+2^2} + \cdots + \frac{1}{1+2^n} + \cdots$가 수렴함을 증명하라.

풀이. 이 급수는 양항(positive terms)급수이므로 **부분합**은

$$S_n = \frac{1}{1+2} + \frac{1}{1+2^2} + \cdots + \frac{1}{1+2^n} < \frac{1}{2} + \frac{1}{2^2} + \cdots + \frac{1}{2^n} = 1 - \frac{1}{2^n} < 1$$

이고, 따라서 $\{S_n\}$이 위로 유계이므로 주어진 **양항급수**는 **수렴**한다. ■

이를 바탕으로 다음과 같은 **다양한 수렴/발산 판정법**이 있다.

(1) 비교판정법 (比較判定法, comparison test)

모든 자연수 n에 대하여 $0 < a_n \le b_n$ 이라 하자. 그러면 다음이 성립한다.

① $\sum_{n=1}^{\infty} b_n$ 이 수렴하면 $\sum_{n=1}^{\infty} a_n$ 도 수렴한다.

② $\sum_{n=1}^{\infty} a_n$ 이 발산하면 $\sum_{n=1}^{\infty} b_n$ 도 발산한다.

(2) 극한비교판정법(limit comparison test)

모든 자연수 n에 대하여 $a_n \ge 0, b_n > 0$이고 $\lim_{n \to \infty} \frac{a_n}{b_n} = c$ 라 하자. 그러면 다음이 성립한다.

① $0 < c < \infty$ 이면 $\sum_{n=1}^{\infty} a_n$ 과 $\sum_{n=1}^{\infty} b_n$ 은 **동시에 수렴하거나 동시에 발산한다.**

② $c = 0$이고 $\sum_{n=1}^{\infty} b_n$ 이 수렴하면 $\sum_{n=1}^{\infty} a_n$ 은 수렴한다.

(3) 적분판정법(積分判別法, integral test)

f 가 $[1, \infty)$에서 연속이고 양의 값을 갖는 감소함수(continuous, positive, decreasing function)라 하고 $a_n = f(n)$ 이라 하자. 그러면 급수 $\sum_{n=1}^{\infty} a_n$ 이 수렴할 필요충분조건은 이상적분 $\int_1^{\infty} f(x)\,dx$ 이 수렴하는 것이다.

(증명 sketch) $$\sum_{k=2}^{n} a_k \le \int_1^n f(x)dx \le \sum_{k=1}^{n-1} a_k$$

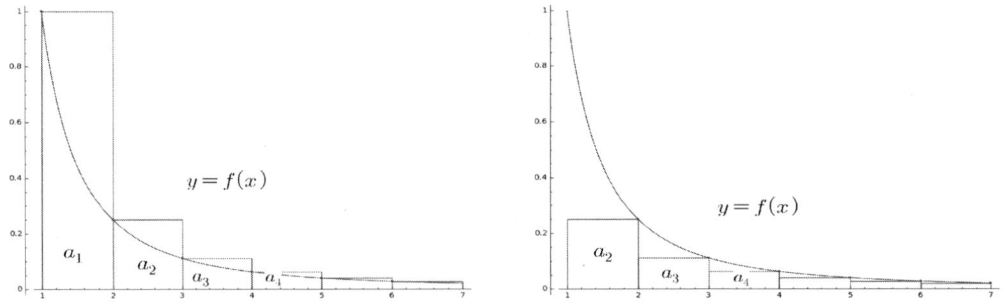

예제 12 급수 $\sum_{n=1}^{\infty} \frac{1}{n^2+1}$의 수렴, 발산 여부를 판정하라.

풀이. $f(x)=\frac{1}{1+x^2}$이라 하면 $\int_1^{\infty} \frac{1}{1+x^2}\,dx=\frac{\pi}{4}$ 이므로 급수 $\sum_{n=1}^{\infty} \frac{1}{n^2+1}$는 수렴한다.

http://matrix.skku.ac.kr/KOFAC/

```
f(x) = 1/(x^2 + 1)
integral (f(x), x, 1, +oo)
```

답. $\int_1^{\infty} \frac{1}{1+x^2}\,dx=\frac{\pi}{4}$ = 1/4*pi (적분 판정법에 의해 수렴) ■

예제 13 급수 $\sum_{k=2}^{\infty} \frac{1}{k \ln k}$의 수렴, 발산 여부를 판정하라.

풀이. $f(x)=\frac{1}{x\ln x}$라 하면

$$\int_2^{\infty} f(x)dx=\int_2^{\infty} \frac{1}{x\ln x}dx=\lim_{b\to\infty}\int_2^{b} \frac{1}{x\ln x}dx=\lim_{b\to\infty}[\ln(\ln x)]_2^b=\infty$$

이므로 적분판정법에 의해 급수 $\sum_{k=2}^{\infty} \frac{1}{k \ln k}$는 발산한다.

http://matrix.skku.ac.kr/KOFAC/

```
f(x) = 1/(x*log(x))
integral ( f(x), x, 2, +oo )     # 적분판정법
```

```
...
ValueError: Integral is divergent.     (발산)
```
■

참고 $\sum_{n=1}^{\infty} a_n$와 $\int_1^{\infty} f(x)dx$가 모두 수렴해도 일반적으로는 $\sum_{n=1}^{\infty} a_n \neq \int_1^{\infty} f(x)dx$이다.

(4) p급수 판정법 (p–series test)

실수 p에 대한 급수 $\sum_{n=1}^{\infty} \frac{1}{n^p}$ 를 p급수(series)라 하며 다음을 만족한다.

① $p > 1$이면, $\sum_{n=1}^{\infty} \frac{1}{n^p}$ 는 수렴한다.

② $p \le 1$이면, $\sum_{n=1}^{\infty} \frac{1}{n^p}$ 는 발산한다. [증명: https://j1w2k3.tistory.com/994]

예제 14 급수 $\sum_{n=1}^{\infty} \frac{2n^2+3n}{\sqrt{5+n^5}}$ 의 수렴, 발산 여부를 판정하라.

풀이. $a_n = \frac{2n^2+3n}{\sqrt{5+n^5}}$, $b_n = \frac{2}{\sqrt{n}}$ 이라 하면 극한 $\lim_{n\to\infty} \frac{a_n}{b_n}$ 은 1이다.

http://matrix.skku.ac.kr/KOFAC/

```
var ('n')
a(n) = (2*n^2 + 3*n)/sqrt(5 + n^5)
b(n) = 2/n^(1/2)
limit ( a(n)/b(n), n = +oo )        # 극한비교판정법(limit comparison test)
```

$\lim_{n\to\infty} \frac{a_n}{b_n} = 1$

또한 **p급수 판정법**에 의해 $p \le 1$인 급수 $\sum_{n=1}^{\infty} \frac{2}{\sqrt{n}}$ 은 발산하므로, **극한비교판정법**에 의해 급수 $\sum_{n=1}^{\infty} \frac{2n^2+3n}{\sqrt{5+n^5}}$ 는 **발산한다.** ■

(5) 비(ratio) 판정법 (Ratio test)

$\sum_{n=1}^{\infty} a_n$ 가 양항(positive terms)급수이고, $\lim_{n\to\infty} \frac{a_{n+1}}{a_n} = L$라 하자.

① **$0 \le L < 1$이면 급수 $\sum_{n=1}^{\infty} a_n$ 은 수렴한다.**

② $L > 1$ 또는 $L = \infty$ 이면 급수 $\sum_{n=1}^{\infty} a_n$ 은 발산한다.

③ $L = 1$ 이면 이번 비 판정법으로는 급수 $\sum_{n=1}^{\infty} a_n$ 이 수렴하는지 발산하는지 판단할 수 없다.

예제 15 급수 $\sum_{n=1}^{\infty} \frac{2^n}{n!}$ 의 수렴, 발산 여부를 판정하라.

풀이. $L = \lim_{n\to\infty} \frac{a_{n+1}}{a_n} = \lim_{n\to\infty} \frac{2^{n+1}}{(n+1)!} \times \frac{n!}{2^n} = \lim_{n\to\infty} \frac{2}{(n+1)} = 0 < 1$ 이므로 급수 $\sum_{n=1}^{\infty} \frac{2^n}{n!}$ 은 수렴한다.

http://matrix.skku.ac.kr/KOFAC/

```
var('n')
a(n) = 2^n/factorial(n)
limit ( a(n + 1)/a(n), n = +oo )          # 비(ratio) 판정법
```

답. 0 (비(ratio) 판정법에 의하여 L=1보다 적으므로 수렴) ■

예제 16 급수 $\sum_{n=1}^{\infty} \frac{2^n}{n^{20}}$ 의 수렴, 발산 여부를 판정하라.

풀이. $L = \lim_{n\to\infty} \frac{a_{n+1}}{a_n} = \lim_{n\to\infty} \frac{2^{n+1}}{(n+1)^{20}} \times \frac{n^{20}}{2^n} = \lim_{n\to\infty} 2\left(\frac{n}{n+1}\right)^{20} = 2 > 1$ 이므로

급수 $\sum_{n=1}^{\infty} \frac{2^n}{n^{20}}$ 은 발산한다.

http://matrix.skku.ac.kr/KOFAC/

```
var('n')
a(n) = 2^n/n^20
limit ( a(n + 1)/a(n), n = +oo )          # 비(ratio) 판정법
```

답. 2 (비(ratio) 판정법에 의하여 L값이 1보다 크므로 주어진 급수는 발산) ■

◪ 열린 문제 1 다른 교재를 참고하여 다양한 양항급수의 수렴, 발산을 판정하시오.

(6) 근(root) 판정법 (Root test)

$\sum_{n=1}^{\infty} a_n$ 가 양항(positive terms)급수이고, $\lim_{n\to\infty} a_n^{\frac{1}{n}} = L$ 라 하자.

① $0 \le L < 1$이면 급수 $\sum_{n=1}^{\infty} a_n$ 은 수렴한다.

② $L > 1$ 또는 $L = \infty$이면 급수 $\sum_{n=1}^{\infty} a_n$ 은 발산한다.

③ $L = 1$이면 이번 근 판정법으로는 급수 $\sum_{n=1}^{\infty} a_n$ 이 수렴하는지 발산하는지 판단할 수 없다.

열린 문제 1 **예제 16** 에 소개한 급수의 수렴, 발산 여부를 근 판정법(root test)을 사용하여 판정하시오.

13.4 교대급수 판정법(Alternating series test)과 절대비판정법(Absolute Ratio Test)

이제 양항급수가 아닌 **일반적인 급수의 수렴발산판정법**에 대하여 살펴보자. 일반적인 급수의 각 항은 다음과 같이 양수도 있고 음수도 있는 임의의 실수이다.

$$1 + \frac{1}{4} - \frac{1}{9} + \frac{1}{16} + \frac{1}{25} - \frac{1}{36} + \cdots$$

먼저 다음과 같이 양의 항과 음의 항이 번갈아 나타나는 규칙성이 있는 **교대급수(alternating series)**에 대하여

$$\sum_{n=1}^{\infty} (-1)^n a_n = -a_1 + a_2 - \cdots - a_{2k-1} + a_{2k} - \cdots \qquad (a_n > 0)$$

$$\sum_{n=1}^{\infty} (-1)^{n+1} a_n = a_1 - a_2 + \cdots + a_{2k-1} - a_{2k} + \cdots \qquad (a_n > 0)$$

다음과 같은 판정법이 있다.

정리 (교대급수 판정법) 교대급수 $\sum_{n=1}^{\infty} (-1)^{n+1} a_n$에서 모든 n에 대하여 a_n**이 단조감소하고,** $\lim_{n\to\infty} a_n = 0$**이면, 이 교대급수는 수렴**한다. 또한 급수의 합 S의 부분합 S_N에 의해 오차는 a_{N+1}보다 작거나 같다(절대오차). **즉, 절대오차** $= |R_N| = |S - S_N| \le a_{N+1}$**이다.**

예제 17 급수 $\sum_{n=2}^{\infty}(-1)^{n+1}\frac{1}{\ln n}$의 **수렴, 발산** 여부를 판정하라.

풀이. SAGE 를 이용하여 계산하면 다음과 같다.

http://matrix.skku.ac.kr/KOFAC/

```
var ('n')
b(n) = 1/log(n)
assume (n > 2)
print ( bool( b(n + 1) < b(n) ) )          # 교대급수 판정법
limit ( b(n) , n = +oo)
```

```
True                                       # 점점 감소, 단조감소
0                                          # a_n > a_{n+1} > 0 이면서 lim_{n→∞} a_n = 0
```

따라서 **교대급수 판정법**에 의해 급수 $\sum_{n=2}^{\infty}(-1)^{n+1}\frac{1}{\ln n}$는 **수렴**한다. ■

이제 **규칙성이 없는 일반적인 급수의 수렴, 발산판정법**을 살펴보자. 이를 위해서는 **절대수렴과 조건부 수렴에 대한 정의**가 필요하다.

① 급수 $\sum_{n=1}^{\infty}a_n$의 각 항에 절댓값을 취하여 만든 **급수** $\sum_{n=1}^{\infty}|a_n|$**가 수렴하면** 원 급수 $\sum_{n=1}^{\infty}a_n$는 **절대수렴(absolutely convergent)**한다고 말한다.

② 급수 $\sum_{n=1}^{\infty}a_n$는 수렴하지만 $\sum_{n=1}^{\infty}|a_n|$는 발산하는 경우 원 급수 $\sum_{n=1}^{\infty}a_n$는 **조건부 수렴 (conditionally convergent)**한다고 말한다.

정리 절댓값을 취하여 만든 급수 $\sum_{n=1}^{\infty}|a_n|$가 수렴하면 원 급수 $\sum_{n=1}^{\infty}a_n$도 **수렴**한다.

예제 18 급수 $\sum_{n=1}^{\infty}\frac{\sin n\alpha}{n^2}$가 절대수렴**인지** 조건부수렴**인지를 판단하라.**

풀이. $|a_n| = \left|\frac{\sin n\alpha}{n^2}\right| \le \frac{1}{n^2}$ **이고 급수** $\sum_{n=1}^{\infty}\frac{1}{n^2}$**가 ($p>1$인 p급수이므로 p급수 판정법에 의해) 수렴하므로,** 비교판정법에 의하여 $\sum_{n=1}^{\infty}\left|\frac{\sin n\alpha}{n^2}\right|$가 **수렴**한다. 따라서 $\sum_{n=1}^{\infty}\frac{\sin n\alpha}{n^2}$는 절대수렴한다. ■

• 무한급수의 각 항의 절댓값으로 이루어진 급수는 **양항급수**이므로 앞서 학습한 **양항급수의 수렴판정법으로 무한급수의 절대수렴을 판단**할 수 있다. 예를 들어, **절대 비판정법**은 다음과 같다.

정리 (절대비판정법) $\sum_{n=1}^{\infty} a_n$은 0이 아닌 항들로 구성된 급수이며, $\lim_{n\to\infty}\left|\frac{a_{n+1}}{a_n}\right| = L$이 성립한다고 하자.

① $L < 1$이면, 이 급수는 절대수렴한다(따라서 수렴한다).

② $L > 1$이면, 이 급수는 발산한다.

③ $L = 1$이면, 이 판정법으로는 아무런 결론도 내릴 수 없다.

예제 19 급수 $\sum_{n=1}^{\infty} (-1)^n \frac{n^3}{3^n}$이 절대수렴함을 판정하라.

풀이. Sage를 이용하여 계산하면 다음과 같다.

http://matrix.skku.ac.kr/KOFAC/

```
var ('n')
a(n) = (-1)^n*n^3/3^n
limit ( abs(a(n + 1)/a(n)) , n = +oo )    # 절대 비판정법
```

답. $L = 1/3$ # 절대 비판정법에 의하여 $L < 1$이므로 이 급수는 절대수렴한다. ■

참고 급수 $\sum_{n=1}^{\infty} a_n$에 대하여 **만일 $\sum_{n=1}^{\infty} |a_n|$이 발산한다는 것은,** 단지 $\sum_{n=1}^{\infty} a_n$이 절대수렴하지 않는 다는 것만 확인해 준다. 즉, 원 급수 $\sum_{n=1}^{\infty} a_n$의 수렴, 발산에 대해서는 추가 분석이 필요하다.

열린 문제 2 다른 교재를 참고하여 다양한 무한급수의 절대수렴(absolutely convergent), 조건부수렴(conditionally convergent), 발산 여부를 판정하시오.

13.5 거듭제곱 급수(Power Series)

다음과 같은 형식의 급수

$$\sum_{n=0}^{\infty} c_n x^n = c_0 + c_1 x + c_2 x^2 + c_3 x^3 + \cdots$$

를 x에 관한 **거듭제곱 급수**(power series, 멱급수, 冪級數)라 한다. (이때 $x=0$인 경우 $c_0 x^0$은 c_0라고 본다.) 그리고 다음과 같은 형식의 급수

$$\sum_{n=0}^{\infty} c_n (x-a)^n = c_0 + c_1 (x-a) + c_2 (x-a)^2 + \cdots$$

를 $x-a$에 관한 거듭제곱 급수라 한다.

참고 ① x에 상숫값을 대입하면 급수 $\sum_{n=0}^{\infty} c_n x^n$은 수렴 또는 발산 여부를 판정할 수 있는 상수들의 급수가 된다. 따라서 **거듭제곱 급수**(power series)는 x의 값에 따라 수렴하기도 혹은 발산하기도 한다.
② $f(x) = c_0 + c_1 x + c_2 x^2 + \cdots + c_n x^n + \cdots$는 이 급수가 수렴하는 x값 전체의 집합을 **정의역**으로 하는 **함수**이다.

- **거듭제곱 급수(power series) $\sum_{n=0}^{\infty} c_n (x-a)^n$에 대해, 다음 세 가지 중 어느 하나만 가능하다.**
  ① $x=a$일 때만 수렴하다.
  ② 모든 x에 대해 수렴한다.
  ③ 적당한 양수 R이 존재해서 $|x-a|<R$이면 수렴하고, $|x-a|>R$이면 발산한다. 이러한 R을 거듭제곱 급수의 **수렴 반지름(radius of convergence)**이라 한다.

참고 수렴 반지름 R
①의 경우, $R=0$으로 나타낸다.
②의 경우, $R=\infty$로 나타낸다.

③의 경우, 부등식 $|x-a|<R$는 $a-R<x<a+R$로 고쳐 쓸 수 있다. 이때 x가 구간의 끝점, 즉 $x=a \pm R$일 때의 거듭제곱 급수는 한쪽 또는 양쪽 끝점에서 수렴하거

나 양 끝점에서 발산할 수도 있다. 따라서 거듭제곱 급수 $\sum_{n=0}^{\infty} c_n (x-a)^n$에 대해 **수렴구간** (interval of convergence)은 다음 중 어느 하나이다.

$$(a-R, a+R),\ (a-R, a+R],\ [a-R, a+R),\ [a-R, a+R]$$

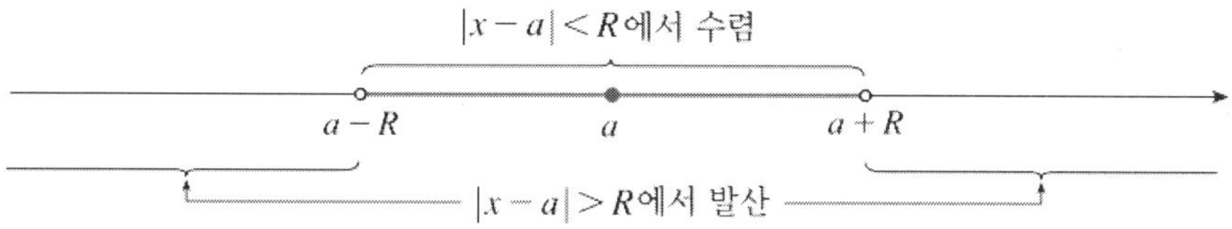

즉 주어진 거듭제곱 급수에 대하여 먼저 **수렴 반지름**을 구한 후, 양 끝점에서 거듭제곱 급수가 수렴하는지를 판단하여 **수렴구간**을 구해야 한다. 수렴 반지름은 다음과 같이 거듭제곱 급수의 계수만 가지고도 계산할 수 있다.

- **거듭제곱 급수**(power series) $\sum_{n=0}^{\infty} c_n x^n = c_0 + c_1 x + c_2 x^2 + \cdots$에 대하여, $\lim_{n\to\infty} \left| \frac{c_{n+1}}{c_n} \right| = \rho$이면

① $0 < \rho < +\infty \quad \Rightarrow \quad R = \frac{1}{\rho}$

② $\rho = 0 \quad \Rightarrow \quad R = +\infty$

③ $\rho = +\infty \quad \Rightarrow \quad R = 0$

(증명의 Sketch) $a_n = c_n x^n$이라 하고 **비(ratio)판정법**을 이용한다.

$$\left| \frac{a_{n+1}}{a_n} \right| = \left| \frac{c_{n+1} x^{n+1}}{c_n x^n} \right| = \left| \frac{c_{n+1}}{c_n} \right| |x| \Rightarrow \rho |x| < 1 \Rightarrow |x| < \frac{1}{\rho} = R$$

예제 20 급수 $\sum_{n=0}^{\infty} n! x^n$은 x가 어떤 값을 가질 때 수렴하는가?

풀이. Sage를 이용하여 계산하면 다음과 같다.

http://matrix.skku.ac.kr/KOFAC/

```
var('n')
c(n) = factorial(n)
rho = limit ( c(n + 1)/c(n) , n = +oo )
R = 1/rho
R
```

수렴 반지름(radius of convergence) R : 0

답. 수렴 반지름이 $R=0$이므로 급수 $\sum_{n=0}^{\infty} n! x^n$은 $x=0$일 때만 수렴한다. ■

예제 21 급수 $\sum_{n=0}^{\infty} \frac{x^n}{n!}$ 은 x가 어떤 값을 가질 때 수렴하는가?

풀이. Sage를 이용하여 계산하면 다음과 같다.

http://matrix.skku.ac.kr/KOFAC/

```
var('n')
c(n)=1/factorial(n)
rho = limit ( c(n+1)/c(n), n=+oo )
rho
```

```
rho = 0
```

답. $\rho = 0$ 즉 $\frac{1}{\rho} = R = +\infty$ 이므로 모든 x 에 대해 주어진 급수는 수렴한다. ■

예제 22 급수 $\sum_{n=1}^{\infty} \frac{(x-3)^n}{n} = \sum_{n=1}^{\infty} \frac{1}{n}(x-3)^n$ 은 x가 어떤 값을 가질 때 수렴하는가?

풀이. Sage를 이용하여 계산하면 다음과 같다.

http://matrix.skku.ac.kr/KOFAC/

```
var ('n')
c(n) = 1/n
rho = limit ( c(n + 1)/c(n) , n = +oo )
R = 1/rho
R
```

```
수렴반지름 R : 1
```

$R = 1$ 이므로 $|x-3| < 1$, 즉 $2 < x < 4$ 구간에서 주어진 급수는 **절대수렴**한다. **이제 양끝점** $x = 2$, $x = 4$**에서 급수가 수렴하는지 조사하자.** $x = 2$ **일 때** 급수는 $\sum_{n=1}^{\infty} \frac{(-1)^n}{n}$ 와 같이 교대급수가 된다. 다음과 같이 **교대급수 판정법에 의해 수렴한다.**

http://matrix.skku.ac.kr/KOFAC/

```
var('n')
u(n) = 1/n
assume (n > 0)
print ( bool( u(n + 1) < u(n) ) )
limit (u(n), n = +oo)
```

```
True
0                    # 따라서 점 2 에서는 수렴
```

$x=4$일 때 급수는 $\sum_{n=1}^{\infty}\frac{1}{n}$와 같이 $p=1$인 p급수가 되어 발산한다. 따라서

답. 급수는 구간 $[2, 4)$에서 수렴한다. ■

예제 23 급수 $\sum_{n=1}^{\infty}\frac{(-1)^{n+1}(x+2)^n}{n2^n}$의 **수렴 반지름(radius of convergence)**을 구하라.

풀이. Sage를 이용하여 계산하면 다음과 같다.

http://matrix.skku.ac.kr/KOFAC/

```
var('n')
c(n) = (-1)^(n+1)/(n*2^n)
rho = limit( abs(c(n + 1)/c(n) ) , n = +oo)
R = 1/rho
R
```

답. 수렴반지름 R: 2 ■

- 지금까지 거듭제곱 급수(power series)의 수렴 반지름(radius of convergence)과 수렴구간(interval of convergence)에 대하여 살펴보았다. 그러면 거듭제곱 급수 $\sum_{n=0}^{\infty}c_n(x-a)^n$의 합(sum, limt) $f(x)$가 존재할 때 $f(x)$를 미분 또는 적분할 수 있는가? 이에 대하여 다음이 성립한다.

거듭제곱 급수 $\sum_{n=0}^{\infty}c_n(x-a)^n$의 수렴 반지름(radius of convergence)이 $R>0$일 때, 함수 $f(x)=c_0+c_1(x-a)+c_2(x-a)^2+\cdots=\sum_{n=0}^{\infty}c_n(x-a)^n$는 구간 $(a-R, a+R)$에서 미분가능하고, 적분가능하여 아래 ① 과 ②가 성립한다.

① $f'(x)=c_1+2c_2(x-a)+3c_3(x-a)^2+\cdots=\sum_{n=1}^{\infty}nc_n(x-a)^{n-1}=\sum_{n=1}^{\infty}\frac{d}{dx}c_n(x-a)^n$

② $\int f(x)dx=C+c_0(x-a)+c_1\frac{(x-a)^2}{2}+c_2\frac{(x-a)^3}{3}+\cdots=C+\sum_{n=0}^{\infty}c_n\frac{(x-a)^{n+1}}{n+1}$

$$=\sum_{n=0}^{\infty}\int c_n(x-a)^n dx$$

이때 $\sum_{n=1}^{\infty} nc_n(x-a)^{n-1}$와 $\sum_{n=0}^{\infty} c_n \frac{(x-a)^{n+1}}{n+1}$ 의 수렴 반지름도 R 이다.

위의 내용을 요약하면 다음과 같다

① $\frac{d}{dx}\left[\sum_{n=0}^{\infty} c_n(x-a)^n\right] = \sum_{n=1}^{\infty} \frac{d}{dx} c_n(x-a)^n$,

$\int \left[\sum_{n=0}^{\infty} c_n(x-a)^n\right] dx = \sum_{n=0}^{\infty} \int c_n(x-a)^n dx$

② 거듭제곱 급수(power series)는 수렴 반지름(radius of convergence) 내에서 항별로 미분 및 적분이 가능하고, 미분 및 적분 후에 얻어진 거듭제곱 급수와 원 급수는 같은 수렴 반지름을 갖는다. 그러나 수렴구간(interval of convergence)의 끝점은 따로 살펴봐야 한다.

열린 문제 3 다른 교재를 참고하여 다양한 **거듭제곱 급수(power series)**의 **수렴 반지름 (radius of convergence)**과 **수렴구간(interval of convergence)**을 구하시오.

13.6 테일러 급수(Taylor series)와 매클로린 급수(Maclaurin Series)

주어진 함수 $f(x)$를 x의 거듭제곱 급수(power series) 또는 $x-a$의 거듭제곱 급수로 나타낼 수 있는가? 만일 주어진 함수를

$$f(x) = c_0 + c_1(x-a) + c_2(x-a)^2 + c_3(x-a)^3 + \cdots$$

으로 나타낼 수 있다면 다음이 성립한다.

$$\begin{aligned} f'(x) &= c_1 + 2c_2(x-a) + 3c_3(x-a)^2 + 4c_4(x-a)^3 + \cdots \\ f''(x) &= 2c_2 + 3\cdot 2c_3(x-a) + 4\cdot 3c_4(x-a)^2 + \cdots \\ f'''(x) &= 3\cdot 2\cdot 1c_3 + 4\cdot 3\cdot 2c_4(x-a) + \cdots \\ &\vdots \end{aligned}$$

이때 각 식에 $x=a$를 대입하면, $f^{(n)}(a) = n!\, c_n$ 이므로, 다음과 같이 모든 c_n을 얻을 수 있다.

$$c_0 = f(a),\ c_1 = f'(a),\ c_2 = \frac{f''(a)}{2!},\ c_3 = \frac{f'''(a)}{3!},\ \cdots \rightarrow\ c_n = \frac{f^{(n)}(a)}{n!}$$

정리 $f(x)$를 a에서 거듭제곱 급수(power series)로 표현(전개)할 수 있다고 하자.

$$f(x) = \sum_{n=0}^{\infty} c_n (x-a)^n$$

그러면 그 거듭제곱 급수의 계수들은 $c_n = \frac{f^{(n)}(a)}{n!}$ 과 같다.

따라서 **함수 $f(x)$를 $x-a$에 관하여 거듭제곱 급수로 표현하는 방법은 유일하다.** 그러나 모든 함수가 거듭제곱 급수(power series)로 전개 가능하다는 의미는 아니다.

다음 거듭제곱 급수를 a에서(a에 대한 또는 중심이 a인) f의 **테일러 급수(Taylor series)**라 한다.

$$\sum_{n=0}^{\infty} \frac{f^{(n)}(a)}{n!}(x-a)^n = f(a) + \frac{f'(a)}{1!}(x-a) + \frac{f''(a)}{2!}(x-a)^2 + \frac{f'''(a)}{3!}(x-a)^3 + \cdots$$

(영국의 수학자 Brook Taylor가 1715년에 이런 급수를 처음 소개하였다.) **특히 $a=0$에서 $f(x)$의 테일러 급수**는 f의 매클로린 **급수(Maclaurin series)**라 한다.

$$\sum_{n=0}^{\infty} \frac{f^{(n)}(0)}{n!}x^n = f(0) + \frac{f'(0)}{1!}x + \frac{f''(0)}{2!}x^2 + \frac{f'''(0)}{3!}x^3 + \cdots$$

참고 함수 f의 테일러 급수를 구할 때 테일러 급수의 합(sum, limit)이 f와 항상 같다는 보장은 없다. 위의 정리는 단지 f가 a에서 거듭제곱 급수(power series) 표현을 가진다면, 그 거듭제곱 급수(power series)는 항상 f의 테일러 급수라는 것을 말해준다. 또한 자신의 테일러 급수와 원래 함수가 동일하지 않은 경우도 존재한다.

다음과 같이 테일러 공식이 성립한다.

테일러(Taylor) 공식 함수 f가 a를 포함하는 개구간 $(a-R,\ a+R)$에 속하는 모든 x에 대해서, f의 $(n+1)$계 도함수 $f^{(n+1)}(x)$가 존재한다고 하자. 그러면, $(a-R,\ a+R)$에 속하는 모든 x에 대해서 다음이 성립한다.

$$f(x) = P_n(x) + R_n(x)$$
$$= f(a) + f'(a)(x-a) + \frac{f''(a)}{2!}(x-a)^2 + \cdots + \frac{f^{(n)}(a)}{n!}(x-a)^n + R_n(x)$$

여기서 **나머지항(remainder term, error, 오차)** $R_n(x)$는 식 $R_n(x) = \frac{f^{(n+1)}(c)}{(n+1)!}(x-a)^{n+1}$ 로 주어지며, c는 x와 a 사이의 어떤 점이다.

이때 $P_n(x) = f(a) + f'(a)(x-a) + \frac{f''(a)}{2!}(x-a)^2 + \cdots + \frac{f^{(n)}(a)}{n!}(x-a)^n$는 a에서 f의 n차 **테일러 다항식(Taylor polynomial**이라 하고 $R_n(x) = f(x) - P_n(x)$는 테일러 급수의 나머지항(Remainder term)이라 한다.

- 함수 f가 f의 **테일러 급수(Taylor expansion)와** 같게 되는 조건은 다음과 같다.

테일러 정리(Taylor's theorem) 함수 f가 $|x-a| < R$ 에서 무한 번 미분가능하다고 하자. 그러면 **테일러 급수**

$$f(a) + f'(a)(x-a) + \frac{f''(a)}{2!}(x-a)^2 + \cdots +$$

이 $|x-a| < R$ 에서 함수 $f(x)$를 나타내는 **필요충분조건**은 $\lim_{n\to\infty} R_n(x) = 0$이다.

예제 24 함수 $f(x) = \frac{1}{\sqrt{4-x}}$의 $a = 1$에서의 3차의 **테일러 다항식(Taylor polynomial)**을 구하시오.

풀이. Sage를 이용하여 계산하면 다음과 같다.

http://matrix.skku.ac.kr/KOFAC/

```
var ('x')
f(x) = (4 − x)^(−1/2)
print ( f(x).taylor(x, 1, 3) )   # a=1 에서 3차 테일러 다항식
show (f(x).taylor(x, 1, 3))
```

```
5/1296*sqrt(3)*(x − 1)^3 + 1/72*sqrt(3)*(x − 1)^2 + 1/18*sqrt(3)*(x − 1) + 1/3*sqrt(3) # f(x).taylor(x, 1, 3)
```

답. 테일러 다항식

$$P_3(x) = \frac{5}{1296}\sqrt{3}(x-1)^3 + \frac{1}{72}\sqrt{3}(x-1)^2 + \frac{1}{18}\sqrt{3}(x-1) + \frac{1}{3}\sqrt{3}$$ ■

예제 25 함수 $f(x) = e^x$의 **매클로린 급수(Maclaurin Series)**와 이의 수렴 반지름을 구하라.

풀이. $f^{(n)}(x) = e^x$이므로 $f^{(n)}(0) = 1$이다. **매클로린 급수는** $a = 0$**에서의 테일러 다항식이므로,** $\sum_{n=0}^{\infty} \frac{f^{(n)}(0)}{n!} x^n = \sum_{n=0}^{\infty} \frac{x^n}{n!}$이다. 이때 $\rho = \lim_{n\to\infty} \left| \frac{a_{n+1}}{a_n} \right| = \lim_{n\to\infty} \frac{\frac{1}{(n+1)!}}{\frac{1}{n!}} = 0$이므로 수렴반지름(radius of convergence)은 $R = \frac{1}{\rho} = +\infty$, 즉 수렴구간(interval of convergence)은 $(-\infty, +\infty)$이다. 임의의 수 x, θ $(0 < \theta < 1)$에 대하여

$$\lim_{n\to\infty} |R_n(x)| = \lim_{n\to\infty} \left| \frac{e^{\theta x}}{(n+1)!} x^{n+1} \right| < \lim_{n\to\infty} \frac{e^{|x|}}{(n+1)!} |x|^{n+1} \text{ 에서}$$

$e^{|x|}$는 고정된 수이고 $\frac{|x|^{n+1}}{(n+1)!}$는 수렴하는 급수 $\sum_{n=0}^{\infty} \frac{|x|^{n+1}}{(n+1)!}$의 일반항이므로 $\lim_{n\to\infty} \frac{e^{|x|}}{(n+1)!} |x|^{n+1} = 0$, 즉 $\lim_{n\to\infty} R_n(x) = 0$이다. 따라서 다음과 같은 전개식을 얻는다.

$$e^x = 1 + x + \frac{x^2}{2!} + \cdots + \frac{x^n}{n!} + \cdots \quad (-\infty < x < \infty)$$

Sage를 이용하여 $a = 0$**에서의 테일러 다항식(Taylor polynomial)을 계산**하면 된다.

http://matrix.skku.ac.kr/KOFAC/

```
f(x) = exp(x)
f(x).taylor(x, 0, 5)        # 함수.taylor(x, 0, n) : a=0에서의 Maclaurin 다항식
```

답. 5차의 매클로린 다항식 $= 1 + x + \frac{x^2}{2!} + \frac{x^3}{3!} + \frac{x^4}{4!} + \frac{x^5}{5!}$,

수렴구간: $-\infty < x < \infty$, $R = \infty$. ■

참고 **다양한 함수의 매클로린 급수(Maclaurin series)와 수렴반지름**

$\frac{1}{1-x} = \sum_{n=0}^{\infty} x^n = 1 + x + x^2 + x^3 + \cdots$ $\qquad R = 1$

$e^x = \sum_{n=0}^{\infty} \frac{x^n}{n!} = 1 + x + \frac{x^2}{2!} + \frac{x^3}{3!} + \cdots$ $\qquad R = \infty$

$$\sin x = \sum_{n=0}^{\infty}(-1)^n \frac{x^{2n+1}}{(2n+1)!} = x - \frac{x^3}{3!} + \frac{x^5}{5!} - \frac{x^7}{7!} + \cdots \qquad R = \infty$$

$$\cos x = \sum_{n=0}^{\infty}(-1)^n \frac{x^{2n}}{(2n)!} = 1 - \frac{x^2}{2!} + \frac{x^4}{4!} - \frac{x^6}{6!} + \cdots \qquad R = \infty$$

$$\tan^{-1} x = \sum_{n=0}^{\infty}(-1)^n \frac{x^{2n+1}}{2n+1} = x - \frac{x^3}{3} + \frac{x^5}{5} - \frac{x^7}{7} + \cdots \qquad R = 1$$

$$\ln(1+x) = \sum_{n=1}^{\infty}(-1)^{n-1} \frac{x^n}{n} = x - \frac{x^2}{2} + \frac{x^3}{3} - \frac{x^4}{4} + \cdots \qquad R = 1$$

$$(1+x)^k = \sum_{n=0}^{\infty}\binom{k}{n} x^n = 1 + kx + \frac{k(k-1)}{2!}x^2 + \frac{k(k-1)(k-2)}{3!}x^3 + \cdots \qquad R = 1$$

예제 26 $\int e^{-x^2}dx$ 를 6차의 거듭제곱급수(power series, **Maclaurin** 다항식)을 적분하여 근사식을 구하여라.

풀이. Sage 를 이용하여 계산하면 다음과 같다.

http://matrix.skku.ac.kr/KOFAC/

```
f(x) = exp(−x^2)
T(x) = f(x).taylor(x, 0, 6)
print (T(x))
integral (T(x), x)
```

f(x).taylor(x, 0, 6) = $-1/6*x^6 + 1/2*x^4 - x^2 + 1 = P_6(x)$

답. $\int e^{-x^2}dx \approx \int P_6(x)\,dx =$ **−1/42*x^7 + 1/10*x^5 − 1/3*x^3 + x + C** ■

예제 27 함수 $f(x) = \sqrt[3]{x}$ 에 근사한(approximation) $a = 8$에서의 **3차 테일러 다항식**을 구하라.

풀이. Sage 를 이용하여 계산하면 다음과 같다.

http://matrix.skku.ac.kr/KOFAC/

```
f(x) = x^(1/3)
f(x).taylor(x, 8, 3)          # a = 8에서 3차 테일러 다항식
show (f(x).taylor(x, 8, 3))
```

답. $f(x) = \sqrt[3]{x} \approx$ **5/20736*(x − 8)^3 − 1/288*(x − 8)^2 + 1/12*x + 4/3** ■

예제 28 함수 $f(x) = \sqrt{x}$에 근사한 $a = 1$**에서의 10차 테일러 다항식**을 이용하여 $\sqrt{1.1}$의 근삿값을 구하라.

풀이. Sage를 이용하여 계산하면 다음과 같다.

http://matrix.skku.ac.kr/KOFAC/

```
f(x) = sqrt(x)
T(x) = f(x).taylor(x, 1, 10)        # a = 1에서 10차 테일러 다항식
f(1.1), T(1.1)
```

답. $\sqrt{1.1}$ = f(1.1) = 1.04880884817015, 근삿값: **T(1.1) =** 1.04880884817008 ■

예제 29 $a = 0$에서 3차 테일러 다항식에 의해 $\sin x$의 **3차** 근사다항식을 구하여라.

풀이. Sage를 이용하여 계산하면 다음과 같다.

http://matrix.skku.ac.kr/KOFAC/

```
f(x) = sin(x)
T(x) = f(x).taylor(x, 0, 3)        # a = 0에서 3차 테일러 다항식
T(x)
```

답. $\sin x$ 의 3차 근사다항식 = −1/6*x^3 + x ■

예제 30 함수 $f(x) = \sin x$의 $a = 0$에서의 3차, 5차, 7차, 9차, 11차, 13차, 15차 (테일러) 근사다항식을 그려라.

풀이. Sage를 이용하여 계산하면 다음과 같다.

http://matrix.skku.ac.kr/KOFAC/

```
f(x) = sin(x)
p = plot(f(x), (x, −2*pi, 2*pi))
for k, col in [(1,'red'), (3,'orange'),(5,'yellow'), (7,'green'), (9,'skyblue'), (11,'pink'), (13,'purple'),
(15, 'black')]:
    p += plot(f(x).taylor(x, 0, k), (x, −2*pi, 2*pi), color = col)
show(p, ymax = 2, ymin = −2)
```

답.

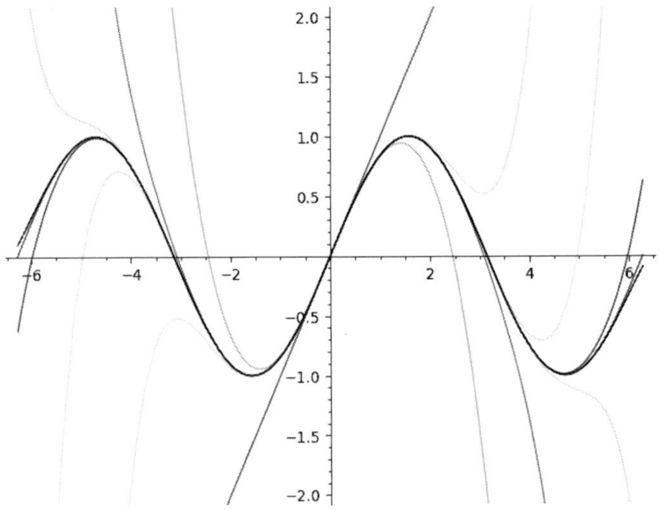

점점 $f(x) = \sin x$에 수렴한다. ■

예제 31 $a = 2$에서 **5차 테일러 다항식**에 의해 $\ln x$ 을 근사하고, $\ln 2.2$ 의 근삿값을 구하라.

풀이. Sage 를 이용하여 계산하면 다음과 같다.

http://matrix.skku.ac.kr/KOFAC/

```
f(x) = ln(x)
T(x) = f(x).taylor(x, 2, 5)      # a = 2에서 5차 테일러 다항식
print (T(x))
print (T(2.2).n())
```

답. $\ln x \approx$ 1/160*(x − 2)^5 − 1/64*(x − 2)^4 + 1/24*(x − 2)^3 − 1/8*(x − 2)^2 + 1/2*x + log(2) − 1
$\ln 2.2 \approx$ 0.788457513893279 ■

열린 문제 4 다른 교재를 참고하여 다양한 함수의 $a = 2$에서의 7차 테일러 다항식을 구하고, 적당한 점에서 함수의 근삿값을 구하시오.

13주차 과제 위의 열린 문제를 풀어본 후, 본인이 요약/실습/질문/답변한 내용을 Q&A(문의게시판)에 공유하시오.

미적분학의 구성

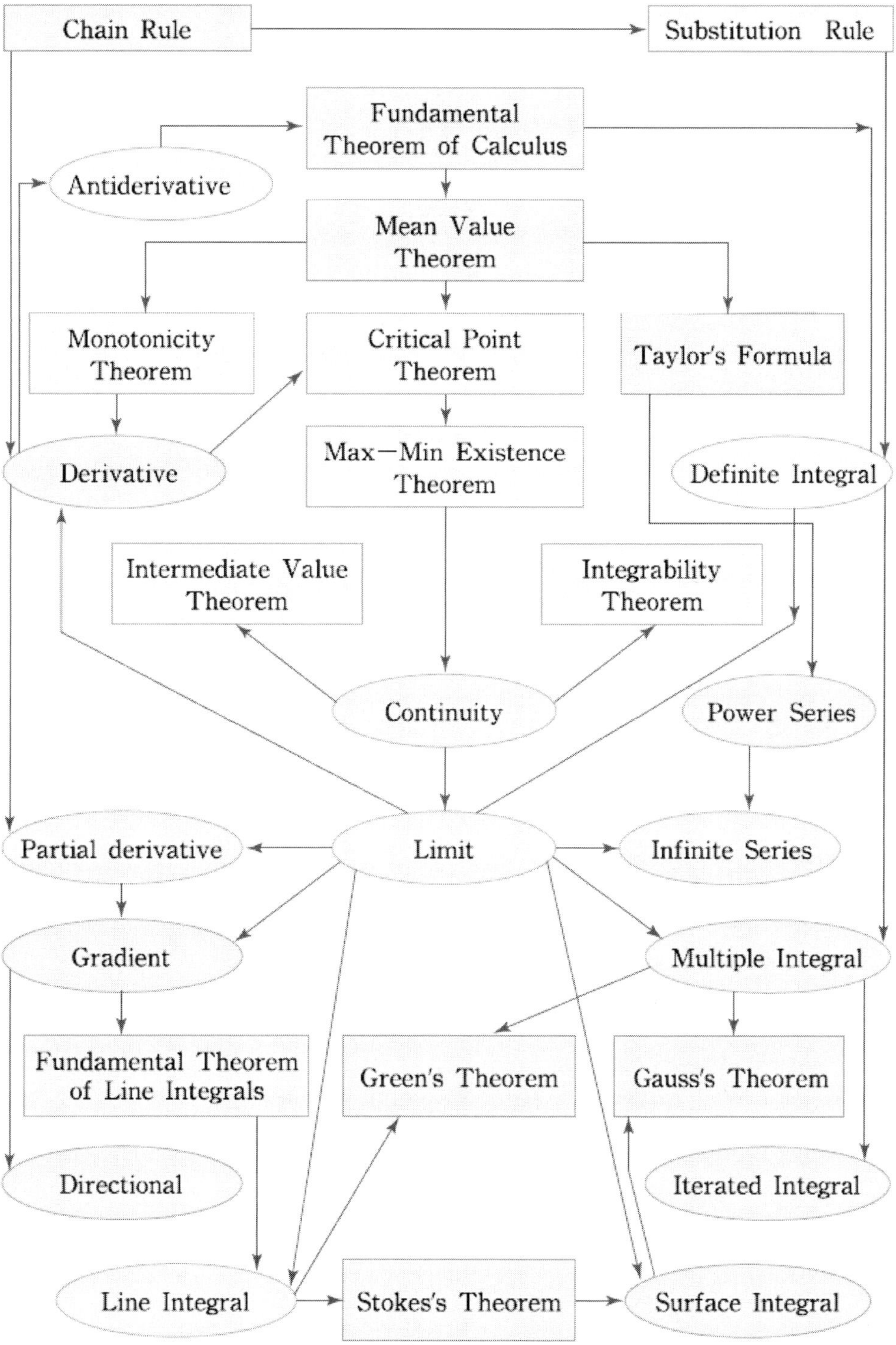

http://matrix.skku.ac.kr/calculus-map/by SGLee

8-13주차 복습 (Review)

8주차. 삼각함수, 역삼각함수, 지수함수, 로그함수의 미분법, 선형근사

열린 문제 1 같은 방법으로 역삼각함수의 미분공식을 확인하고, 다른 교재를 참고하여 다양한 삼각함수와 역삼각함수 및 합성함수의 도함수와 고계 도함수를 구하시오.

열린 문제 2 다른 교재를 참고하여 다양한 지수함수와 로그함수 및 합성함수의 도함수와 3계 도함수, diff (f(x), x, 3) 를 구하시오.

열린 문제 3 다른 교재를 참고하여 다양한 함수의 $x=a$에서의 선형근사 함수를 찾고, a 근방의 x에서의 함숫값의 근삿값을 구하시오.

8주차 과제 위의 열린 문제를 풀어본 후, 본인이 요약/실습/질문/답변한 내용을 Q&A(문의게시판)에 공유하시오.

9주차. 쌍곡선 함수, 역쌍곡선 함수의 미분, 평균값 정리, 로피탈 법칙

열린 문제 다른 교재에서 찾은 (연속) 미분가능한 쌍곡선함수의 3계 도함수(3rd derivative, jerk, a measure of the smoothness of the acceleration)를 구하시오.

9주차 과제 부정형의 극한을 구하는 열린 문제를 풀어본 후, 본인이 요약/실습/질문/답변한 내용을 Q&A(문의게시판)에 공유하시오.

[함수의 극한과 연속] http://matrix.skku.ac.kr/Cal-Book1/Ch2/
[도함수] http://youtu.be/A-vDsF9ulTs
[미분] http://matrix.skku.ac.kr/Cal-Book1/Ch3/
[명령어 모음] http://matrix.skku.ac.kr/Lab-Book/Sage-Lab-Manual-1.htm
[강의동영상] http://matrix.skku.ac.kr/2019-album/
[미적분학 교재] http://matrix.skku.ac.kr/Cal-Book1/
[연습문제와 풀이] http://matrix.skku.ac.kr/Cal-Book/
1. 일변수함수와 미적분 http://matrix.skku.ac.kr/PBL/
2. 다변수함수와 미적분 http://matrix.skku.ac.kr/PBL2/

10주차. 함수의 극대, 극소(최대, 최소)

http://matrix.skku.ac.kr/math4ai-intro/W8/

◪ 열린 문제 1 주어진 폐구간에서 두 번 미분가능한 함수를 골라서 그 함수의 극댓값, 극솟값 및 그 구간에서의 최댓값, 최솟값을 찾아보시오.

◪ 열린 문제 2 주어진 구간에서 미분가능한 방정식을 골라서, 개형을 그리고, 각 해의 근처의 한점에서 시작하여 위에 소개한 **뉴턴의 방법(Newton's method)**의 코드를 이용하여 그 방정식의 모든 근을 찾아보시오.

◪ 열린 문제 3 뉴턴의 방법(Newton's method)의 코드를 수정하여 수렴하는 과정을 시각화해 보시오. [참고: 학생(Marc Owen/막 오웬 른타프)의 코드]

10주차 과제 위의 열린 문제를 풀어본 후, 본인이 요약/실습/질문/답변한 내용을 Q&A(문의게시판)에 공유하시오.

[함수의 극값 동영상 강의] http://youtu.be/mXVU8OqIHJY

[미적분학 실습실] http://matrix.skku.ac.kr/Cal-Book1/Ch4/

http://matrix.skku.ac.kr/Cal-Book/part1/CS-Sec-4-1-Sol.html

[미분의 응용 동영상 강의] https://youtu.be/O4lN5zEZnMA

[참고] 경사하강법(Gradient Descent Method) 과 최소제곱문제의 해

http://matrix.skku.ac.kr/math4ai-intro/W9/ http://matrix.skku.ac.kr/math4ai/gradient_descent/

경사하강법은 딥러닝에서 가중치를 업데이트하는 데 사용되는 핵심 알고리즘이기도 하다.

[Newton의 방법] http://matrix.skku.ac.kr/Cal-Book1/Ch4/

[테일러전개] 주어진 연속함수에 가까운 다항식을 찾는 방법 http://matrix.skku.ac.kr/Cal-Book1/Ch9/

11주차. 부정적분, 정적분, 이상적분(improper integral)

◪ 열린 문제 1 다른 교재를 참고하여 다양한 함수의 부정적분을 구하시오.

◪ 열린 문제 2 다른 교재를 참고하여 다양한 함수의 주어진 구간에서의 정적분을 구하시오.

◪ 열린 문제 3 다른 교재를 참고하여 다양한 함수의 이상적분을 구하시오.

◪ 열린 문제 4 다른 교재를 참고하여 다양한 함수의 (부)정적분을 구하시오.

11주차 과제 위의 열린 문제를 풀어본 후, 본인이 요약/실습/질문/답변한 내용을 Q&A(문의게시판)에 공유하시오.

12주차. 적분의 응용(넓이, 부피, 호의 길이), 극좌표

http://matrix.skku.ac.kr/cal-lab/sage-grapher-polar.htm

열린 문제 1 다른 교재를 참고하여 다양한 회전체의 부피를 구하시오(원통껍질 방법).

열린 문제 2 다른 교재를 참고하여 다양한 곡선의 길이(근삿값)를 구하시오.

열린 문제 3 다른 교재를 참고하여 다양한 곡면의 넓이(근삿값)를 구하시오.

열린 문제 4 **[좌표계 표현 변환]** 다른 교재를 참고하여 **직교좌표(Cartesian coordinate)로 표현된 평면상의 다양한 점** $(x, y)]=(r\cos\theta, r\sin\theta)$을 **극좌표(Polar coordinate) 표현** (r, θ) = **(sqrt(x^2 + y^2), arctan(y/x)) 으로** 바꾸어 보고 반대로도 해 보세요.

열린 문제 5 다른 교재를 참고하여 다양한 극방정식의 그래프를 그려라.

열린 문제 6 다른 교재를 참고하여 다양한 극방정식으로 주어진 곡선 위의 한 점에서의 접선의 방정식, 곡선으로 둘러싸인 넓이, 곡선의 길이(근삿값)를 구하시오.

12주차 과제 위의 열린 문제를 풀어본 후, 본인이 요약/실습/질문/답변한 내용을 Q&A(문의게시판)에 공유하시오.

13주차. 수열, 급수, 판정법, 거듭제곱 급수, 테일러 급수 http://matrix.skku.ac.kr/PBL/

열린 문제 1 다른 교재를 참고하여 다양한 양항급수의 수렴, 발산을 판정하시오.

열린 문제 2 다른 교재를 참고하여 다양한 무한급수의 절대수렴, 조건부수렴, 발산 여부를 판정하시오.

열린 문제 3 다른 교재를 참고하여 다양한 거듭제곱급수의 수렴반지름과 수렴구간을 구하시오.

열린 문제 4 다른 교재를 참고하여 다양한 함수의 $x = a$에서의 테일러 다항식을 구하고, 함수의 근삿값을 구하시오.

13주차 과제 위의 열린 문제를 풀어본 후, 본인이 요약/실습/질문/답변한 내용을 Q&A(문의게시판)에 공유하시오.

14주차 Summary / PBL 보고서 발표

샘플 Summary, Math4AI : http://matrix.skku.ac.kr/Math4AI-Summary/

- [PBL report Form Download(보고서양식다운로드)]
- Korean (HWP) :http://matrix.skku.ac.kr/PBL/PBL-Report-Form-Korean.hwp
- English (MS Word) :http://matrix.skku.ac.kr/PBL/PBL-Report-Form-English.docx

샘플 2021 PBL 보고서 (한글) : http://matrix.skku.ac.kr/2021-Final-PBL/

- 2020 Fall PBL 보고서 (한글) : http://matrix.skku.ac.kr/2020-Math4AI-PBL/
- 2021 Fall PBL report (English) : http://matrix.skku.ac.kr/2021-Math4AI-Fall-PBL/
- 2021 Summer PBL report (English) : http://matrix.skku.ac.kr/2021-Final-PBL-E/

PBL 보고서 발표 http://matrix.skku.ac.kr/2021-W-Final-PBL/

학생발표: [7주차, 미적분학 1, Midterm] 이주한 발표 https://youtu.be/j7josDk1Bg8

조현준 발표 https://youtu.be/3kTHSf5kC_M

임경섭 발표 https://youtu.be/KZyC5sZJKJE

Ms. 손혜원 발표 https://youtu.be/j9oFSpB5sCw

김재영 발표 https://youtu.be/ew28Lh5J2Q0

전형준 발표 https://youtu.be/1ktqurBHUns

Ms. 박경현 빌표 https://youtu.be/CYLugm1mFN8

천혜준 발표 https://youtu.be/65cfpyvPQUI

박경현 발표 https://youtu.be/CYLugm1mFN8

노영규 발표 https://youtu.be/1cK7ZD8ZeB4

[다변수 미적분학, 예습] 선형대수학의 주요 개념

[벡터, vector] 힘, 속도, 가속도 등과 같이 크기와 방향을 포함하는 대상.

n차원 공간의 벡터는 $\mathrm{x}=\begin{bmatrix} x_1 \\ \vdots \\ x_n \end{bmatrix}=(x_1, \ldots, x_n)$ 으로 표현한다.

[벡터공간, vector space] 집합 V에 덧셈(+)과 스칼라배(·)의 2가지 연산이 정의되고, 이 두 연산에 대하여 닫혀 있으며, 8개의 연산 성질을 만족하면 $(V, +, \cdot)$을 벡터공간이라 한다.

[부분공간, subspace] 벡터공간 V의 $\varnothing$이 아닌 부분집합 W가 다시 벡터공간이 될 때, W를 V의 부분공간이라 한다.

[부분공간 test] 벡터공간 V의 $\varnothing$이 아닌 부분집합 W가 V의 부분공간이기 위해서는 임의의 두 벡터 $\mathrm{u}, \mathrm{v} \in W$와 임의의 실수 $\alpha \in \mathbb{R}$에 대하여, $\mathrm{u}+\mathrm{v} \in W$, $\alpha\mathrm{u} \in W$을 만족하면 된다.

[일차결합, linear combination] $\{\mathrm{u}_1, \mathrm{u}_2, \ldots, \mathrm{u}_n\} \subseteq \mathrm{V}$ 에 대하여 $\mathrm{u}_1, \mathrm{u}_2, \ldots, \mathrm{u}_n$의 일차결합은 $\mathrm{v}=\alpha_1\mathrm{u}_1+\alpha_2\mathrm{u}_2+\cdots+\alpha_n\mathrm{u}_n\ (\alpha_1, \ldots, \alpha_n \in \mathbb{R})$으로 표현되는 v를 말한다.

[일차결합들의 집합, span] $\{\alpha_1\mathrm{u}_1+\alpha_2\mathrm{u}_2+\cdots+\alpha_n\mathrm{u}_n : \alpha_i \in \mathbb{R}, \mathrm{u}_i \in \mathrm{V}\} := \langle \mathrm{u}_1, \mathrm{u}_2, \ldots, \mathrm{u}_n \rangle$

[일차독립, linear independence] $U=\{\mathrm{u}_1, \mathrm{u}_2, \ldots, \mathrm{u}_n\}$이 일차독립

$\Leftrightarrow$ $\alpha_1\mathrm{u}_1+\alpha_2\mathrm{u}_2+\cdots+\alpha_n\mathrm{u}_n=0$ 이면 $\alpha_1=\alpha_2=\cdots=\alpha_n=0$

[일차종속, linear dependence] $U=\{\mathrm{u}_1, \mathrm{u}_2, \ldots, \mathrm{u}_n\}$이 일차종속

$\Leftrightarrow$ 모두는 0이 아닌 스칼라 $\alpha_1, \ldots, \alpha_n$이 존재하여 $\alpha_1\mathrm{u}_1+\alpha_2\mathrm{u}_2+\cdots+\alpha_n\mathrm{u}_n=0$

[기저, basis] B가 벡터공간 V의 기저 $\Leftrightarrow$ B가 일차독립이고 $V=\langle B \rangle$

[차원, dimension] 벡터공간 V의 차원은 V의 기저 B를 이루는 벡터의 개수. $\dim V=|B|$

[행공간, row space] 행렬 A의 행벡터들의 일차결합을 모두 모은 집합. Row(A)

$$A = \begin{bmatrix} A_{(1)} \\ A_{(2)} \\ \vdots \\ A_{(n)} \end{bmatrix} \text{ 의 행공간 } = \langle\, A_{(1)}, A_{(2)}, \ \ldots\ , A_{(n)} \,\rangle$$

[열공간, column space] 행렬 A의 열벡터들의 일차결합을 모두 모은 집합. Col(A)

A 의 열(column)공간 $= \langle A^{(1)}, A^{(2)}, \ \ldots\ , A^{(n)} \rangle$

[계수, rank] 행렬 A의 열(column)공간의 차원. rank(A)$=$dim Row(A)=dim Col(A)

rank(A) = 일차독립인 행의 개수 = RREF(A)안의 선행성분 1(leading 1) 의 개수.

*** [해공간, solution space] 연립방정식 $A\mathrm{x}=0$의 해들의 집합 = null space(A)**

null space(A)의 차원 = nullity(A)

[Rank-Nullity 정리] $m\times n$행렬 A에 대하여 rank(A)+**nullity(A)**$=n$

[행렬식(determinant)과 고윳값(eigenvalue), 고유벡터(eigenvaector)] ■

15주차 기말고사

기말고사 (Sample)

Sample Final Exam 1 **http://matrix.skku.ac.kr/cal-book/2014-Calculus-S-Final-Exam-Final.pdf**

Sample Final Exam 2 **http://matrix.skku.ac.kr/cal-book/2013-Calculus-S-Final-Exam-Final.pdf**

...

샘플 퀴즈

1. 다음 곡선을 x축을 중심으로 회전시킬 때 생기는 곡면의 넓이를 정확히 소수 네 자리까지 구하라. 그리고 곡면을 그려라. (그래프는 실습파일에 그리시면 됩니다.)

$$y = xe^{-2x^2}\cos(3x^2)+1,\ y=0,\ x=0,\ x=2$$

Answer :

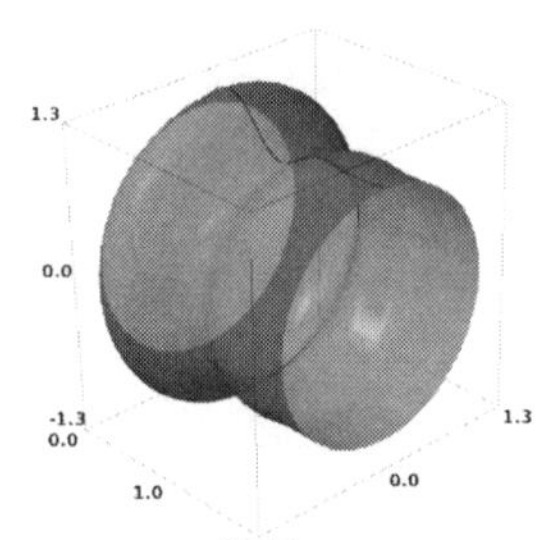

답. 14.9015

Sage Coding http://matrix.skku.ac.kr/KOFAC/ http://sagecell.sagemath.org/

```
var('x')
f(x) = x*e^(−2*x^2p)*cos(3*x^2)+1
revolution_plot3d(f(x), (x, 0, 2), show_curve = True, opacity = 0.7, parallel_axis = 'x',
aspect_ratio = [1, 1, 1])
```

```
df(x) = diff(f(x), x)
numerical_integral(2*pi*f(x)*sqrt(1 + df(x)^2), 0, 2)
```

2. 주어진 구간에서 곡선을 그려라. (그래프는 실습파일에 그리시면 됩니다.) 그리고 $n = 10$ 일 때 Simpson's Rule을 이용해서 곡선의 길이를 정확히 소수점 넷째 자리까지 구하라.

$$x = 2y - y^2, \ -2 \le y \le 2$$

Answer :

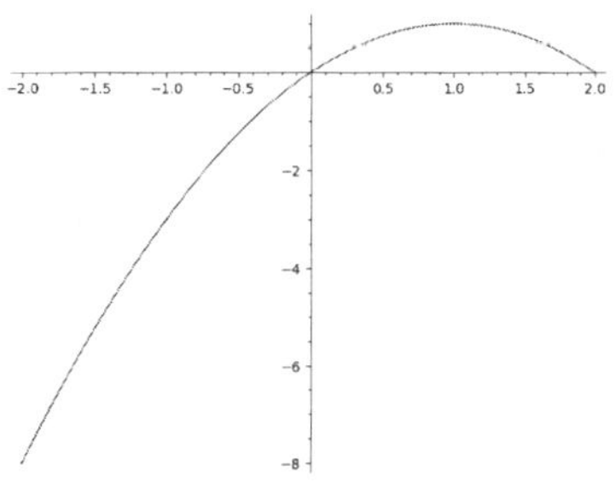

답. −5.3333

Sage Coding http://matrix.skku.ac.kr/KOFAC/ http://sagecell.sagemath.org/

```
var('y')
g(y) = 2*y−y^2
plot(g(y), −2, 2)
```

```
a, b = −2, 2; n = 10
h = (b − a)/n
simpson = h/3*(g(a) + sum([4*g(a + i*h) for i in range(1, n, 2)]) + sum([2*g(a + i*h) for
i in range (2, n, 2)]) + g(b))
simpson.n(digits = 5)
```

5. 다음 급수가 수렴하는지 발산하는지 판정하여라. 만약 수렴한다면 10번째 항까지 급수의 합의 근삿값을 소수점 셋째 자리까지 정확하게 구하라. (소수점 넷째 자리에서 반올림하세요.)

$$\sum_{n=1}^{\infty} \frac{(n+3)!}{3!\,n!\,3^n}$$

Answer : Convergent (by the Ratio Test), 4.0590

Sage Coding http://matrix.skku.ac.kr/KOFAC/ http://sagecell.sagemath.org/

```
var('n')
a(n) = factorial(n+3)/(factorial(3)*factorial(n)*3^n) #Absolute Ratio Test
limit(a(n + 1)/a(n), n = +oo)
```

```
sum(a(n), n, 1, 10).n(digits=5)
```

6. 거듭제곱급수의 수렴 반지름(radius of convergence)을 구하라.

$$\sum_{n=1}^{\infty}(-1)^{n+1}\frac{(x+2)^n}{n\cdot 2^n}$$

Answer : 수렴 반지름: 2, 수렴 구간: $-4 < x \le 0$

Sage Coding http://matrix.skku.ac.kr/KOFAC/ http://sagecell.sagemath.org/

```
var('n')
c(n) = 1/(n*2^n)
r = limit(c(n + 1)/c(n), n = +oo)
1/r
```

7. 다음 급수가 수렴하는지 발산하는지 판정하여라.

$$\sum_{n=1}^{\infty}\frac{1}{11n^{1+\ln 3/n}}$$

Answer : divergent

Sage Coding http://matrix.skku.ac.kr/KOFAC/ http://sagecell.sagemath.org/

```
var('n')
a(n) = 1/(11*n^(1+log(3)/n))
b(n) = 1/n  #divergent series
limit(a(n)/b(n), n = +oo)  #Limit Comparison Test
```

8. $a = 3$ 에서 5차 테일러 다항식에 의해 함수 $f(x) = \sqrt[3]{x-2}$ 를 근사시켜라.

Answer :

```
11/2834352*6^(1/3)*(x − 8)^5 − 5/157464*6^(1/3)*(x − 8)^4 +
5/17496*6^(1/3)*(x − 8)^3 − 1/324*6^(1/3)*(x − 8)^2 +
1/18*6^(1/3)*(x −8) + 6^(1/3)
```

Sage Coding http://matrix.skku.ac.kr/KOFAC/ http://sagecell.sagemath.org/

```
var('x')
f(x) = (x−2)^(1/3)
f(x).taylor(x, 8, 5)
```

샘플 기말고사 1

```
var('t') # 변수정의 (매개변수방정식)
x=2+2*t; y=-3*t-2
parametric_plot((x, y), (t, -10, 10), rgbcolor='red')      # 직선 Plot
var('a, b, c, d, x, y, z, r, n') # 변수정의 (매개변수방정식)
f(x)=exp(-2*x)                  # 함수 정의
g(x)=f.taylor(x,2,4)            # 테일러전개
plot(f(x), (x, -2, 2))          # 함수의 그래프
implicit_plot(sin(x)-2*y==3, (x, -2, 2), (y, -2, 2))      # 음함수 그래프
solve(f(x)==0, x)               # Solve 방정식 풀이
diff(f(x), x, 2)                # f(x)의 2계 도함수
integral(f(x), x)               # x에 관한 부정적분
integral(f(x), x, -2, 3)        # [-2, 3]까지의 정적분
limit(f(x), x=2)                # 극한
limit(f(x), x=2, dir='+')       # 우극한
limit(f(x), x=2, dir='-')       # 좌극한
limit(f(x), x=+oo)              # +infinity 에서의 극한
limit(f(x), x=-oo)              # -infinity 에서의 극한
limit(ln(3*n)/ln(5*n), n=+oo)
a(n) = ((e)/10)^n
sum(a(n), n, 1, +oo)            # 급수의 계산

u(n)=1/(n*2^n)
rho=limit(abs(u(n+1)/u(n)), n=+oo)
R=1/rho; R                      # 수렴반경

x = (3, -4, 5)
a=sqrt(x[0]^2)                  # yz평면과의 거리
b=sqrt(x[1]^2)                  # zx평면과의 거리
c=sqrt(x[2]^2)                  # xz평면과의 거리
d=sqrt(x[1]^2 +x[2]^2)          # x 축과의 거리
e=sqrt(x[0]^2 +x[2]^2)          # y 축과의 거리
f=sqrt(x[0]^2 +x[1]^2)          # z 축과의 거리

f.partial_fractions(x)          # 부분분수
find_root(f(x), a, b)           # [a, b] 사이에서 근사해 구하기
a=vector(QQ, [2, -4, 3]);d= -2
a.norm()                        # 벡터의 크기
distance=abs(a.dot_product(a)+d)/a.norm()            # 거리
r(t)=(t-t^3, t^2, 0)            # 벡터함수 정의
dr=diff(r(t), t)
ddr=diff(r(t), t, 2)
T=dr.dot_product(ddr)/dr.norm()#.dot_product()는 내적
N=(dr.cross_product(ddr)).norm() / dr.norm()          #.cross_product()
는 외적
var('t')                        # 변수정의 (매개변수방정식)
r(t)=(t-t^3, t^2, 0)            # 벡터함수 정의
dr=diff(r(t),t)
g(t)=sqrt((dr[0]^2+dr[1]^2+dr[2]^2).simplify_trig());
k=integral(g(t),t,-5,5)         # arc length
S=integral(r(t), t)             # integral은 적분하는 명령어
```

```
v=diff(r(t), t)         # diff는 t에 관해 도함수 구하는 명령어
a=diff(v, t)            # diff(r(t), t, 2) 와 a는 가속도 벡터함수
s= v.norm()             # s는 속도의 크기, .norm()은 벡터의 크기를 구한다.
v2=v.subs(t=2) v2는 t=2 일 때 속도
a2=a.subs(t=2)          # a2는 t=2 일 때 가속도
p1=parametric_plot(r(t), (t, 0, 3))  # parametric_plot은 매개변수함수 그림
p2=line([r(2), r(2)+v2], color='red') # line은 선분을 두 점을 잇는 선분
p3=line([r(2), r(2)+a2], color='green')
show(p1+p2+p3)
var('x, y, z')
p1=implicit_plot3d(x^2+y^2==5, (x, -3, 3), (y, -3, 3),  (z, -3, 3))
p2=implicit_plot3d(x*y==z,  (x,  -3,  3),  (y,  -3,  3),  (z,  -3,  3),
rgbcolor='green', opacity=0.4)
show(p1+p2)
contour_plot(f(x,  y),  (x,  -1,  1),  (y,  -1,  1),  fill=False,  cmap='hsv',
axes=True, labels=True)  # level curve 그리기

var('x, y, z')
f=x*y+y*z^2+x*z^3
f.gradient()            # Find gradient
integral(integral(f, x, 0, y), y, 0, 1)                # 이중적분
integral(integral(integral(f, x, 0, y), y, 0, 1),z,0,1) # 삼중적분
var('r,theta')
f=arctan(tan(theta))
integral(integral(f*r,r,1,2),theta,0,pi/4)             # 이중적분 (극좌표)

T = Cylindrical('height', ['radius', 'azimuth'])    #cylindrical ->rectangular
T.transform(radius=1, azimuth= pi, height=2)
T = Spherical('radius', ['azimuth', 'inclination'])          #spherical
->rectangular
T.transform(radius=3, azimuth=pi/6, inclination=pi/6)

T=Cylindrical('radius', ['azimuth', 'height'])
theta, z=var('theta, z')
plot3d(3*cos(theta), (theta, 0, 2*pi), (z, -2, 2), transformation=T)

vf=plot_vector_field((x+y,x), (x,-3,3), (y,-3,3), aspect_ratio=1) #벡터필드

plot_vector_field3d((0,0,1), (x, -3,3), (y,-3,3), (z,-3,3)) #3차원 벡터필드

integral(f.dot_product(diff(r,t)),t,0,pi)         # Line integral

A(x,y,z) = P*i+Q*j+R*k # A의 curl, conservative if curl(F)=0.
curlA=(diff(R,y)-diff(Q,z))*i+(diff(P,z)-diff(R,x))*j+(diff(Q,x)-diff(P,y))*k
divA = diff(P,x)+diff(Q,y)+diff(R,z)         # A 의 divergence

integral(integral((diff(N,x)-diff(M,y))*r, r, 0, 3), t, 0, 2*pi) # Green 정리
integral(integral(curl(F).dot_product(-n), r, 0, 1),t, 0, 2*pi) # Stokes 정리
integral(integral(integral(Div,0,3),y,0,2),z,0,1)           # Divergence 정리
```

```
var('a,b,c,d')                      # 변수정의
limit(f(x), x=a)                    # 극한
limit(f(x), x=a, dir='minus')       # 좌극한
limit(f(x), x=a, dir='plus')        # 우극한
limit(f(x), x=+oo)                  # 무한대에서의 극한
limit(f(x), x=-oo)
diff(f(x), x)                       # 도함수
diff(f(x), x, 2)                    # 2계 도함수
bool(expr)                          # 참, 거짓 판단
                                    # 여기서 expr 에는 등식 또는 부등식
```

```
solve(f(x)==0, x)                                    # Solve 방정식 풀
이
integral(f(x), x)                                    # 부정적분
integral(f(x), x, a, b)                              # 정적분
plot(f(x), (x, a, b)                                 # 함수의 그래프
implicit_plot(f(x, y), (x, a, b), (y, c, d))         # 음함수 그래프
find_root(f(x), a, b)                                # 근사해 구하기
var('t') # 변수정의 (매개변수방정식)
x=2+2*t
y=-3*t-2
parametric_plot((x,y), (t, -10, 10), rgbcolor='red') # 직선 Plot
```

Ⅰ. (2pt x 11 = 22) Mark True(T) or False(F) in the blank (   ).

1. (F) The parametric equations $x = t^2,\ y = t^4$ have the same graph as $x = t^3,\ y = t^6$. The ranges of x are different.

2. (F) If f is continuous at a, then f is differentiable at a. However, there are some functions that are differentiable but not continuous.

3. (F) Air is being pumped into a spherical balloon so that its volume increases at a rate of $100\,cm^3/s$. So the radius of the balloon is increasing at the rate of $\frac{1}{20\pi}$ cm/s. $\frac{1}{25\pi}$

4. (F) Let f be a function whose first derivative exists on an open interval I. If $f'(c) = 0$ where $c \in I$, then f has a local maximum or minimum at c.

5. (F) By L'Hospital's Rule, $\lim_{x\to 0}\frac{x}{e^x} = \lim_{x\to 0}\frac{1}{e^x} = 1$. $\lim_{x\to 0}\frac{x}{e^x} = \frac{\lim_{x\to 0} x}{\lim_{x\to 0} e^x} = \frac{0}{1} = 1$

6. (F) If $m \leqq f(x) \leqq M$ for $a \leqq x \leqq b$, $m \leqq \int_a^b f(x)\,dx \leqq M$. $m(b-a) \leqq \int_a^b f(x)\,dx \leqq M(b-a)$

7. (T) If $u = g(x)$ is a differentiable function whose range is an interval I and f is continuous on I, then $\int f(g(x))g'(x)dx = \int f(u)du$.

8. (F) If $\lim_{n\to\infty} a_n = 0$, then the series $\sum_{n=1}^{\infty} a_n$ converges.

9. (T) The series $\sum \frac{1}{n^p}$ converges if $p > 1$ and diverges if $p \leq 1$.

10. (T) Let Σa_n and Σb_n be series of positive terms. Assume that $\lim_{n\to\infty}\frac{a_n}{b_n}=L>0$ exists. Then Σa_n converges if and only if Σb_n converges. Σa_n diverges if and only if Σb_n diverges.

11. (F) A series Σa_n is absolutely convergent if Σa_n converges, but $\Sigma |a_n|$ diverges.

12. (T) If $\lim_{n\to\infty}\left|\frac{a_{n+1}}{a_n}\right|=1$, the Ratio Test is inconclusive; that is, no conclusion can be drawn on the convergence or divergence of Σa_n.

13. (T) If $\lim_{n\to\infty}\sqrt[n]{|a_n|}=1$, the Root Test is inconclusive; that is, no conclusion can be drawn on the convergence or divergence of Σa_n.

14. ( ) The polynomial $T_n(x)=\sum_{k=0}^{n}\frac{f^{(k)}(a)}{k!}(x-a)^k$ is called the nth degree Taylor polynomial of f at a when $R_n(x)$ is the **remainder** of the Taylor series of f about a. And f is equal to the sum of its Taylor series on the interval $|x-a|<R$ if and only if $\lim_{n\to\infty}R_n(x)=0$, for $|x-a|<R$.

15. (F) We know $\frac{1}{1-x}=\sum_{n=0}^{\infty}x^n=1+x+x^2+x^3+\cdots$, for all x, and $e^x=\sum_{n=0}^{\infty}\frac{x^n}{n!}$ $=1+\frac{x}{1!}+\frac{x^2}{2!}+\frac{x^3}{3!}+\cdots$, for all x in $(-1,\ 1)$.

16. (T) Let C be a smooth curve defined by the vector function r, and the unit tangent vector $\mathrm{T}(t)$ is $\mathrm{T}(t)=\frac{\mathrm{r}'(t)}{|\mathrm{r}'(t)|}$. The **curvature** κ of a curve r is $\kappa=\left|\frac{d\mathrm{T}}{ds}\right|$ and we can compute the curvature as $\kappa=\left|\frac{d\mathrm{T}}{ds}\right|=\left|\frac{\frac{d\mathrm{T}}{dt}}{\frac{ds}{dt}}\right|=\frac{|\mathrm{T}'(t)|}{|\mathrm{r}'(t)|}$ since $\frac{d\mathrm{T}}{dt}=\frac{d\mathrm{T}}{ds}\frac{ds}{dt}$.

If C is smooth curve defined by the vector function r, then the curvature κ can be expressed as

$$\kappa(t)=\frac{|\mathrm{r}'(t)\times\mathrm{r}''(t)|}{|\mathrm{r}'(t)|^3}$$

17. (F) The area of the region, bounded by the curves, $y = x$ and $y = \sqrt[3]{x}$ is $A = \int_0^1 [\sqrt[3]{x} - x]dx = \frac{1}{6}$.

18. ( ) For any function $y = f(x)$ defined on $[a, b]$, $F(x) = \int_a^x f(t)dt$ is differentiable on $[a, b]$ and $\frac{d}{dx}F(x) = f(x)$.

19. (F) The radius of convergence of the power series $\sum_{n=0}^{\infty} \frac{(x-5)^n}{3^n}$ is 5, Ans. 3

20. (T) The area of the surface of revolution obtained by rotating the curve $y = f(x)$, $a \le x \le b$, about the x-axis is given by $S = \int_a^b 2\pi f(x)\sqrt{1 + [f'(x)]^2}\,dx$.

21. (F) The alternating series $\frac{3}{1} - \frac{5}{2} + \frac{7}{3} - \dots + (-1)^{n+1}\frac{2n+1}{n} + \dots$ does converge.

22. (F) $\int_{-1}^{1} \frac{1}{x^2}\,dx = -2$. Ans. 2 -Improper Integral (이상적분)-

23. (F) Since the radius of convergence of the power series $\sum_{n=1}^{\infty} \frac{x^n}{n \ln n}$ is 1, its interval of convergence is (−1, 1).

24. ( ) For any function $f(x)$ can be differentiated infinitely many times for all x, its Taylor series about $x = 0$ always converges to $f(x)$ for all x in $(-\epsilon, \epsilon)$, $\epsilon > 0$.

Ⅱ. (4pt x 3 = 12pt) State or Define.

1(복습). Choose 2 terminologies or concepts from each group (**A, B, C**) and state their meanings as much as you can.

① ... ③ The Arc Length Formula ④ ...
⑤ Leibniz가 생각한 <미분의 개념> 은 무엇인가? ⑥ Archimedes를 비롯한 수학자들이 원의 면적을 구하는 방법에서 발전한 <정적분>의 아이디어는 무엇인가? ⑦ 미분을 배우는 이유는 무엇일까? ⑧ Arc length 구하는 아이디어에 대하여 서술하시오.
⑨ 컴퓨터 단층 촬영 장치인 CT에는 적분의 어떤 아이디어가 이용된 것인가? ⑩ 미분과 적분을 이어주는 정리는 무엇인지 말하고, 그 이유에 대하여 아는 대로 서술하시오. ⑪ 19세기에 극한을 엄밀한 논리(argument)를 이용하여 완전한 형식화 방법은 무엇인가?
⑫ differential (infinitesimal-infinitely small) dx 는 왜 중요한가? ⑬ 근사다항식와 Taylor 급수가 왜 중요한지 아는 대로 서술해 보시오. ⑭ Flipped Learning(역진행 수업) 이란? ⑮ Gamma function
Extreme Value theorem, Intermediate Value theorem, Fermat's theorem, Mean Value theorem, Squeeze theorem, Fundamental Theorem of Calculus, [differential(미분), dy], [linear approximation(선형근사)], [Riemann Sum(리만합)], [convexity(볼록성)], [inflection point (변곡점)], [Chain Rule(연쇄법칙)], [Differentiation of Implicit function(음함수의 미분법)]

[first derivative and monotonicity(도함수와 함수의 증가, 감소)], [global maximum, global minimum(최대, 최소의 판단)], [asymtote and limit at infinity(무한대 극한과 점근선)], [Bisection method and Newton's method(이분법과 뉴튼법)], [second derivative and convexity(이계도함수와 오목, 볼록)], [critical point, local maximum, local minimum(임계점과 극대, 극소)], [equations of tangent line and normal line(접선과 법선의 방정식)]

① Procedure for Newton's Method.

Sol Let us consider the graph of $y=f(x)$ and we want to solve $f(x)=0$. We start with the (proper, 해에 충분히 가까운) initial approximation x_1, which may be obtained by just guessing, or examining the graph of f. Then we use the tangent line L to the curve $y=f(x)$ at the point $(x_1, f(x_1))$ to approximate the curve and look at the x-intercept of L, labeled x_2. The equation of the tangent line L is $y-f(x_1)=f'(x_1)(x-x_1)$. Thus, we obtain $0-f(x_1)=f'(x_1)(x_2-x_1)$. If $f'(x_1)\neq 0$, we can solve this equation for x_2: $x_2 = x_1 - \dfrac{f(x_1)}{f'(x_1)}$

Under certain conditions, x_2 is usually a better approximation to the solution than x_1. Then we repeat this procedure with x_1 replaced by x_2, using the tangent line at $(x_2, f(x_2))$. This gives a third approximation: $x_3 = x_2 - \dfrac{f(x_2)}{f'(x_2)}$. Continuing this process obtains a sequence of approximations x_1, x_2, x_3, ... as shown in the Figure. In general, if $f'(x_n) \neq 0$ then we have $x_{n+1} = x_n - \dfrac{f(x_n)}{f'(x_n)}$. The number x_n becomes closer and closer to the solution if the sequence $\{x_n\}$ converges as $n \to \infty$. We note that if $f'(x_1) \to 0$ then the sequence may not converge. In this case, we have to choose a different initial x_1. ■

② Improper Integral (이상적분)

9. Center of mass를 배우는 이유는?

(답의 예) 질량중심은 공식을 이용하여 어렵지 않게 구할 수 있다. 그럼 바윗돌이나 Torus, 우주선 같이 불균형하게 생긴 물체의 경우도 질량중심과 무게만 알면 그 물체의 운동을 분석하고 이해하여 미래 상황을 예측하는 것이 가능하기 때문에 매우 유용하게 쓰일 수 있다.

15. differential (infinitesimal-infinitely small) dx는 왜 중요한가?

(답의 예) http://en.wikipedia.org/wiki/Differential_(infinitesimal) Infinitesimal quantities played a significant role in the development of calculus. Archimedes used them, even though he didn't believe that arguments involving infinitesimals were rigorous.[5] Isaac Newton referred to them as fluxions. However, it was Gottfried Leibniz who coined the term differentials for infinitesimal quantities, and introduced the notation for them which is still used today. In Leibniz's notation, if x is a variable quantity, then dx denotes an infinitesimal change in the variable x. Thus, if y is a function of x, then the derivative of y with respect to x is often denoted dy/dx, which would otherwise be denoted (in the notation of Newton or Lagrange) ẏ or y ′. The notation has remained popular because it suggests strongly the idea that the derivative of y at x is its instantaneous rate of change (the slope of the graph's tangent line), which may be obtained by taking the limit of the ratio Δy/Δx of the change in y over the change in x, as the change in x becomes arbitrarily small. Differentials are also compatible with dimensional analysis, where a differential such as dx has the same dimensions as the variable x.

14. 근사다항식와 Taylor급수가 왜 중요한지 아는 대로 서술해 보시오.

(답의 예)

http://gmaedu.co.kr/bbs_01/read.asp?kind=1&mode=&top=&field=&word=&page=&webid=695

A. ① Integral Test ② p-series Test ③ Comparison Test ④ Limit Comparison Test
⑤ Alternating Series Test ⑥ Ratio Test ⑦ Root Test

Theorem 1 The Integral Test

Suppose f is a continuous, positive, decreasing function on $[1, \infty)$ and let $a_n = f(n)$. Then the series $\sum_{n=1}^{\infty} a_n$ is convergent if and only if the improper integral $\int_1^{\infty} f(x)dx$ is convergent. In other words,

(i) If $\int_1^{\infty} f(x)dx$ is convergent, then $\sum_{n=1}^{\infty} a_n$ is convergent.

(ii) If $\int_1^{\infty} f(x)dx$ is divergent, then $\sum_{n=1}^{\infty} a_n$ is divergent.

Theorem 2 p-series Test

The series $\sum \frac{1}{n^p}$ converges if $p > 1$ and diverges if $p \le 1$.

Theorem 3 The Comparison Test

Let Σa_n and Σb_n be series of positive terms with $a_n \le b_n$ for all $n \ge N$, where N is some fixed integer.

(i) If Σb_n is convergent, then Σa_n is also convergent.

(ii) If Σa_n is divergent, then Σb_n is also divergent.

Theorem 4 The Limit Comparison Test

Let Σa_n and Σb_n be series of positive terms. Assume that

$\lim_{n\to\infty} \frac{a_n}{b_n} = L > 0$ exists. Then

Σa_n converges if and only if Σb_n converges.

Σa_n diverges if and only if Σb_n diverges.

Theorem 1 **The Alternating Series Test**

The alternating series

$$\sum_{n=1}^{\infty}(-1)^{n-1}b_n = b_1 - b_2 + b_3 - b_4 + b_5 - b_6 + \cdots, \text{ where } b_n > 0 \text{ for all } n.$$

is convergent if it satisfies

(i) $b_{n+1} \le b_n$ for all n

(ii) $\lim_{n\to\infty} b_n = 0$.

Definition 2

A series $\Sigma\, a_n$ is absolutely convergent if $\Sigma\, |a_n|$ is convergent.

A series $\Sigma\, a_n$ is conditionally convergent if $\Sigma\, a_n$ converges, but $\Sigma\, |a_n|$ diverges.

Theorem 4 **The Ratio Test**

(i) If $\lim_{n\to\infty}\left|\frac{a_{n+1}}{a_n}\right| = L < 1$, then the series $\sum_{n=1}^{\infty} a_n$ is absolutely convergent (and therefore convergent).

(ii) If $\lim_{n\to\infty}\left|\frac{a_{n+1}}{a_n}\right| = L > 1$ or $\lim_{n\to\infty}\left|\frac{a_{n+1}}{a_n}\right| = \infty$, then the series $\sum_{n=1}^{\infty} a_n$ is divergent.

(iii) If $\lim_{n\to\infty}\left|\frac{a_{n+1}}{a_n}\right| = 1$, the Ratio Test is inconclusive; that is, no conclusion can be drawn on the convergence or divergence of $\Sigma\, a_n$.

Theorem 5 **The Root Test**

(i) If $\lim_{n\to\infty}\sqrt[n]{|a_n|} = L < 1$, then the series $\sum_{n=1}^{\infty} a_n$ is absolutely convergent (and therefore convergent).

(ii) If $\lim_{n\to\infty}\sqrt[n]{|a_n|} = L > 1$ or $\lim_{n\to\infty}\sqrt[n]{|a_n|} = \infty$, then the series $\sum_{n=1}^{\infty} a_n$ is divergent.

(iii) If $\lim_{n\to\infty}\sqrt[n]{|a_n|} = 1$, the Root Test is inconclusive.

B. ⑧ Taylor series and Maclaurin series ⑨ Gamma function : gamma (2, 1) ⑩ Arc Length ⑪ Curvature ⑫ Limit of a function with two variables

Theorem 2 **Taylor's Theorem with Remainder**

Let f be n times continuously differentiable on the interval $|x-a|<h$. Then for all x in this interval,

[7] $$f(x)=\sum_{k=0}^{n-1}\frac{f^{(k)}(a)}{k!}(x-a)^k+R_n(x)$$

where $R_n(x)=\dfrac{f^{(n)}(\xi)}{n!}(x-a)^n$, for some point ξ lying between x and a.

The polynomial $T_n(x)=\sum_{k=0}^{n}\dfrac{f^{(k)}(a)}{k!}(x-a)^k$ is called the **nth degree Taylor polynomial of f at a**, and $R_n(x)$ the **remainder** of the Taylor series of f about a. As an immediate corollary of the above theorem, we obtain the following important result.

Corollary 3 **Taylor's Theorem with Remainder**

[3] Let f be infinitely differentiable (smooth) on the interval $|x-a|<h$. Then f is equal to the sum of its Taylor series on the interval $|x-a|<R$ if and only if $\lim_{n\to\infty}R_n(x)=0$, for $|x-a|<R$, where $R_n(x)$ is given by in Theorem 2.

$$\frac{1}{1-x}=\sum_{n=0}^{\infty}x^n=1+x+x^2+x^3+\cdots,\qquad(-1,\ 1)$$

$$e^x=\sum_{n=0}^{\infty}\frac{x^n}{n!}=1+\frac{x}{1!}+\frac{x^2}{2!}+\frac{x^3}{3!}+\cdots,\qquad(-\infty,\ \infty)$$

$$\sin x=\sum_{n=0}^{\infty}(-1)^n\frac{x^{2n+1}}{(2n+1)!}=x-\frac{x^3}{3!}+\frac{x^5}{5!}-\frac{x^7}{7!}+\cdots,\qquad(-\infty,\ \infty)$$

$$\tan^{-1}x=\sum_{n=0}^{\infty}(-1)^n\frac{x^{2n+1}}{2n+1}=x-\frac{x^3}{3}+\frac{x^5}{5}-\frac{x^7}{7}+\cdots,\qquad[-1,\ 1]$$

⑧ Taylor series and Maclaurin series ⑨ Gamma function : gamma (2, 1)

Theorem 2 **Taylor's Theorem with Remainder**

Let f be n times continuously differentiable on the interval $|x-a|<h$. Then for all x in this interval,

[7] $$f(x)=\sum_{k=0}^{n-1}\frac{f^{(k)}(a)}{k!}(x-a)^k+R_n(x)$$

where $R_n(x)=\dfrac{f^{(n)}(\xi)}{n!}(x-a)^n$, for some point ξ lying between x and a.

The polynomial $T_n(x)=\sum_{k=0}^{n}\frac{f^{(k)}(a)}{k!}(x-a)^k$ is called the n**th degree Taylor polynomial of** f **at** a, and $R_n(x)$ the **remainder** of the Taylor series of f about a. As an immediate corollary of the above theorem, we obtain the following important result.

Corollary 3

3 Let f be infinitely differentiable (smooth) on the interval $|x-a|<h$. Then f is equal to the sum of its Taylor series on the interval $|x-a|<R$ if and only if $\lim_{n\to\infty}R_n(x)=0$, for $|x-a|<R$, where $R_n(x)$ is given by in Theorem 2.

$$\frac{1}{1-x}=\sum_{n=0}^{\infty}x^n=1+x+x^2+x^3+\cdots, \qquad (-1,\ 1)$$

$$e^x=\sum_{n=0}^{\infty}\frac{x^n}{n!}=1+\frac{x}{1!}+\frac{x^2}{2!}+\frac{x^3}{3!}+\cdots, \qquad (-\infty,\ \infty)$$

$$\sin x=\sum_{n=0}^{\infty}(-1)^n\frac{x^{2n+1}}{(2n+1)!}=x-\frac{x^3}{3!}+\frac{x^5}{5!}-\frac{x^7}{7!}+\cdots, \qquad (-\infty,\ \infty)$$

$$\tan^{-1}x=\sum_{n=0}^{\infty}(-1)^n\frac{x^{2n+1}}{2n+1}=x-\frac{x^3}{3}+\frac{x^5}{5}-\frac{x^7}{7}+\cdots, \qquad [-1,\ 1]$$

(1) [differential(미분), dy] Given a function $y=f(x)$ we call dy and dx **differentials** and the relationship between them is given by, $dy=f'(x)dx$. Also $f'(x)dx$ will be called **a differential of** $f(x)$ and denoted by dy or $df(x)$. Note that if we are just given $f(x)$ then the differentials are df and dx and we compute them the same manner. $df=f'(x)dx$

(2) [the Squeeze Theorem (or Sandwich Theorem)]

If $f(x)\le g(x)\le h(x)$ and $\lim_{x\to a}f(x)=\lim_{x\to a}h(x)=L$, then $\lim_{x\to a}g(x)=L$.

(3) ...

(2) A function f is continuous at $x=a$ if $\lim_{x\to a}f(x)=f(a)$. So if a function f is continuous at $x=a$, then f will satisfy the following three conditions : 1. $f(a)$ is defined (that is, a is in the domain of f) 2. $\lim_{x\to a}f(x)$ exists 3. $\lim_{x\to a}f(x)=f(a)$

(3) A function f is differentiable at a if $f'(a)$ exists.

3. (QnA) State its meaning. Suppose that we use limit of Riemann sum to compute the Gaussian integral $\int_{-\infty}^{\infty} e^{-x^2}dx = \sqrt{\pi}$ as follows:

```
var('i, n')
f=e^(−(n^2)/2)
A=sum(f(i/n)/n, 1, n)
A.simplify
l=limit(A.simplify, n=oo)
l.expand
```

Answer: (답은 안나온다?? 그럼 이런 경우에 어떤 코드를 써야 할까요?)

보통의 적분하듯이 간단한 명령어 integrate(f, x, −a, b) 등으로 일단 쉽게 구할 수 있습니다.

```
var ('x')
f(x) = e^(−x^2)
A= numerical_integral(f, −10, 10)        # random output
B= integrate(f, x, −10, 10)              # 적분구간 숫자 10을 변형 시키면서 ...
print (A)
print (B)
```

Answer: (1.7724538509055163, 1.967819065654781e−14)

sqrt(pi)*erf(10) where erf = error function ($\mathrm{erf}(x) = \frac{2}{\sqrt{\pi}}\int_0^x e^{-t^2}dt$)

이 문제가 감마분포, 정규분포, 스털링 근사, Gaussian integral 등에서 어떤 의미를 갖는지 아는대로 설명하시오.

Ⅲ. (4pt x 11 = 44pt) Find or Explain or Fill the blank.

1. Determine whether the series $\sum_{n=1}^{\infty}\left(\frac{e}{10}\right)^n$ is convergent or divergent. Find the sum if it is convergent.

▶▶ **Sol** This is a geometric series and since $-1 < \frac{e}{10} < 1$, this series is convergent.

And, $$\sum_{n=1}^{\infty}\left(\frac{e}{10}\right)^n = \frac{\frac{e}{10}}{1-\frac{e}{10}} = \frac{e}{10-e}$$

http://matrix.skku.ac.kr/cal-lab/cal-10-1-19.html

```
var('n')
a(n) = ((e)/10)^n
sum(a(n), n, 1, +oo)
```

Answer: −e/(e − 10) ■

2. Use $\ln(1+x)=\sum_{n=1}^{\infty}(-1)^{n-1}\frac{x^n}{n}$, $|x|<1$ to find a power series representation for $f(x)=\ln(1-x^2)$. What is the radius of convergence?

Sol $\ln(1-x)=-\sum_{n=1}^{\infty}\frac{x^n}{n}$, $|x|<1$

$$\Rightarrow \ln(1-x^2)=-\sum_{n=1}^{\infty}\frac{(x^2)^n}{n},\ |x|<1.$$

The radius of convergence R = 1 ■

3. Obtain the 5th Taylor polynomial of $f(x)$ around a, where $f(x) = e^{-2x}$, a=2

Sol $T(x) = \sum_{n=0}^{5}\frac{f^{(n)}(2)}{n!}(x-2)^n$.

$$= e^{-4} - 2e^{-4}(x-2) + 2e^{-4}(x-2)^2 - \frac{4e^{-4}}{3}(x-2)^3 + \frac{2e^{-4}}{3}(x-2)^4 - \frac{4e^{-4}}{15}(x-2)^5$$

```
var('x')
f(x)=exp(−2*x)
g(x)=f.taylor(x,2,5)
p1=plot(f,(x,0,4))
p2=plot(g,(x,0,4),color="red", linestyle='—')
show(p1+p2)
print g
```

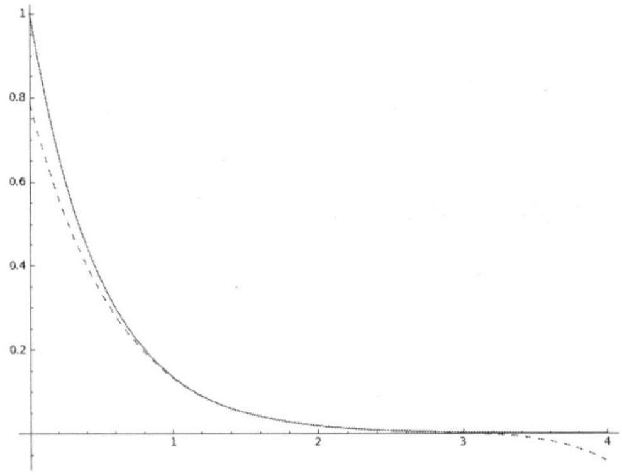

x |—> −4/15*(x − 2)^5*e^(−4) + 2/3*(x − 2)^4*e^(−4) − 4/3*(x − 2)^3*e^(−4) + 2*(x − 2)^2*e^(−4) − 2*(x − 2)*e^(−4) + e^(−4) ■

4. Evaluate the indefinite integral $\int \frac{\sin t}{t} dt$ as an infinite series.

Sol $\frac{\sin t}{t} = \frac{1}{t}(t - \frac{t^3}{3!} + \frac{t^5}{5!} - \cdots) = 1 - \frac{t^2}{3!} + \frac{t^4}{5!} - \cdots$

$\int \frac{\sin t}{t} dt = t - \frac{1}{3}\frac{t^3}{3!} + \frac{1}{5}\frac{t^5}{5!} - \cdots + C \ = (-1)^n \frac{t^{2n+1}}{(2n+1)\cdot(2n+1)!} + \cdots + C$ (C is constant, $\forall t$)

Also, we can get the result by Sage.

```
var('x')
f=sin(x)/x
g=f.taylor(x,0,10)
integral(g,x)
```

Answer : −1/439084800*x^11 + 1/3265920*x^9 − 1/35280*x^7 + 1/600*x^5 − 1/18*x^3 + x

■

***미적분학 with Sage Sec-9-1 Sequences and Series, 문제풀이 by 이원준**
http://youtu.be/O6y1v5fJA0k

***미적분학 with Sage Sec-9-2 Tests for convergence of series with positive terms, 문제풀이 by 김범윤**
http://youtu.be/1flKAnlv9LA

***미적분학 with Sage Sec-9.3 Calculus of Alternating Series and Absolute Convergence, 문제풀이 by 김유경 http://youtu.be/XESJ9Hg_qbo**

*미적분학 with Sage Sec-9.4 Calculus of Power Series, 문제풀이 by 이한울

http://youtu.be/zPnbn6n3b1w

*미적분학 with Sage Sec-9.5 Calculus of Taylor, Maclaurin, and Binomial Series, 문제풀이 by 이지석

http://youtu.be/IDniIOPtNaE

*미적분학 with Sage Sec-12.3 Arc Length and Curvature, 문제풀이 by 이한울

http://youtu.be/w-R4ez7vg24

*미적분학 with Sage Sec-12.4 Velocity and Acceleration, 문제풀이 by 이인행

http://youtu.be/JlgB5XN3LI4

5. The followings explain that the equation $\sqrt{8x-x^2}=3$ has at least one real root on $(1,2)$ using Intermediate Value Theorem.

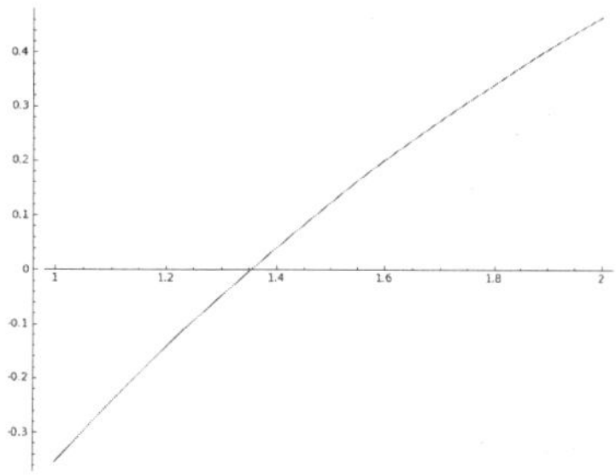

```
var('x')
f(x)=sqrt(8*x - x^2) - 3
plot(f(x), x, 1, 2)
```

```
print bool( f(1)*f(2) < 0 )
```

Answer: True ■

Since $f(x)=\sqrt{8x-x^2}-3$ is continuous on $(1,2)$ and $f(1)f(2)<0$, using Intermediate Value Theorem, there exist at least one real root of the equation $\sqrt{8x-x^2}=3$ on $(1,2)$.

```
find_root(f(x),  1, 2)
```

Answer: 1.3542486889354097 ■

6. Is the following function differentiable at $x=0$?

$$f(x)=\begin{cases} x|x|\sin\dfrac{1}{x^2} & x\neq 0 \\ 0, & x=0 \end{cases}$$

▶▶ **Sol** The function f is differentiable at $x=0$ if and only if $f'(0)$ exists.

$$\Rightarrow f'(0)=\lim_{h\to 0}\frac{f(h+0)-f(0)}{h}=\lim_{h\to 0}\frac{h|h|\sin\dfrac{1}{h^2}}{h}=\lim_{h\to 0}|h|\sin\frac{1}{h^2}=0$$

$\therefore$ The function is differentiable at $x=0$ ■

7. Find the vertical and horizontal asymptote of the following function f and graph them together with f.

$$f(x)=\frac{x^2}{x^2-4}$$

Sol $\lim_{x\to 2^-} f(x)=-\infty$, $\lim_{x\to 2^+} f(x)=\infty$ and $\lim_{x\to -2^-} f(x)=\infty$, $\lim_{x\to -2+0} f(x)=-\infty$

$\Rightarrow$ Vertical asymptotes : $x=\pm 2$

$\lim_{x\to\infty} f(x)=1 \Rightarrow$ Horizontal asymptote : $y=1$.

[CAS] Draw the graph.

```
var('x')
f = (x^2)/(x^2-4)
p1 = plot(f, -4, 4)
p2 = plot(1, -4, 4, linestyle="--", color='red')
show(p1+p2, ymax=10, ymin=-10)
```

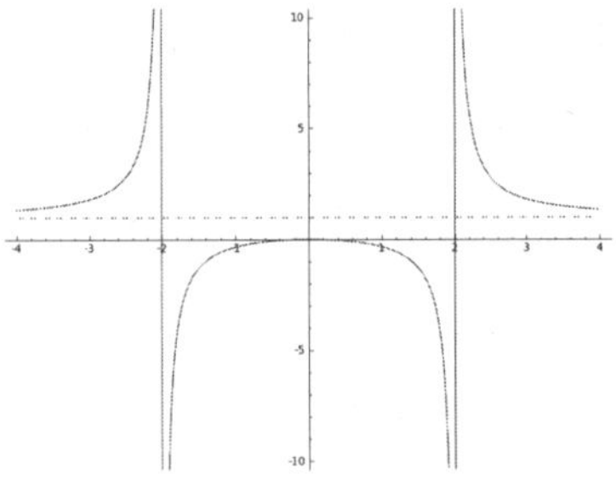

■

8. Let f be a continuous function with $f(3)=0$ and $f'(3)=3$.

Find $\lim_{x\to 0}\frac{f(3+2x)-f(3+x)}{x}$ in two ways.

Sol

1) $\lim_{x\to 0}\frac{f(3+2x)-f(3+x)}{x}=\lim_{x\to 0}\frac{f(3+2x)-f(3)+f(3)-f(3+x)}{x}$

$=\lim_{x\to 0}\frac{f(3+2x)-f(3)}{x}-\frac{f(3+x)-f(3)}{x}$

$=2\lim_{x\to 0}\frac{f(3+2x)-f(3)}{2x}-\lim_{x\to 0}\frac{f(3+x)-f(3)}{x}$

$=2f'(3)-f'(3)=f'(3)$

2) By L'Hospital's theorem, since $\lim_{x\to 0}\{f(3+2x)-f(3+x)\}=0$ and $\lim_{x\to 0}x=0$

$\lim_{x\to 0}\frac{f(3+2x)-f(3+x)}{x}=\lim_{x\to 0}2f'(3+2x)-f'(3+x)$

$=2f'(3)-f'(3)=f'(3)$

Answer: $\lim_{x\to 0}\frac{f(3+2x)-f(3+x)}{x}=3$ ■

9. Use differential to approximate $\sqrt[3]{63}$.

▶ **Sol** Let $f(x) = \sqrt[3]{x}$. Set $x = 64$ and $\Delta x = -1$. Since $df \approx \Delta x$, $df = \dfrac{dx}{3\sqrt[3]{x^2}}$, we have $df|_{x=64} = -\dfrac{1}{48}$.

Hence approximately,

$$\sqrt{63} = f(64 + \Delta x) \approx f(64) + df|_{x=64} = \sqrt[3]{64} - \frac{1}{48} = \frac{191}{48} \approx 3.9791667.$$

[CAS]

```
var('x')
f(x) = x^(1/3)
df(x) = diff(f(x), x)
dx=-1
a=f(64) + df(64)*dx
print a, "=", a.n()
```

Answer: 191/48 = 3.97916666666667 ■

10. Find the Riemann sum by using the Midpoint Rule with the given value of n to approximate the integral.

$$\int_1^{13} \left(\frac{5}{3}\sqrt{x} + 2\right)dx, \ n = 4$$

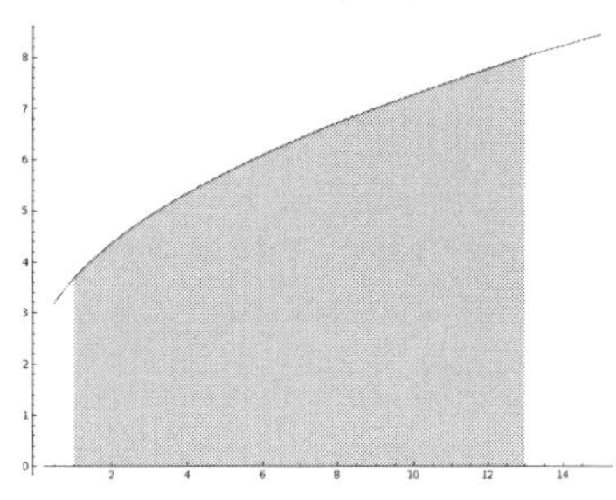

▶ **Sol** Let $f(x) = \frac{5}{3}\sqrt{x} + 2$.

Since $n = 4$, the interval width is $\triangle x = \dfrac{13-1}{4} = 3$ and midpoints are $\overline{x_i} = 3i$ for $i = 1, 2, 3, 4$.

So the Riemann sum is

$$R_4 = \sum_{i=1}^{4} f(x_i)\triangle x = \sum_{i=1}^{4} f(3i)3$$
$$= (5\sqrt{3} + 6) + (5\sqrt{6} + 6) + (5\sqrt{9} + 6) + (5\sqrt{12} + 6)$$
$$\approx 77.22821$$

[CAS] Draw the graph.

```
var('x')
f(x)=5/3*sqrt(x)+2
plot(f(x), (x, 1, 13), fill=true)+plot(f(x), (x, 0.5, 15))
```

11. Find the derivative of the following function.

$$y = \int_{3e}^{e^{nx}} \frac{\sin x^2}{e^{3x}} dx$$

▶▶ **Sol** $y' = \frac{\sin(e^{nx})^2}{e^{3e^{nx}}} \cdot ne^{nx} = \frac{n\sin(e^{nx})^2}{e^{3e^{nx}-nx}}$ ■

12. Find $\int \frac{x^2+1}{(x^3+1)(x^2+4)} dx$.

Sol) Decompose the original function to partial fraction.

$$\frac{x^2+1}{(x^3+1)(x^2+4)} = \frac{a}{x+1} + \frac{bx+c}{x^2-x+1} + \frac{dx+e}{x^2+4}$$

$$\begin{cases} a+b+d=0 \\ -a+b+c+e=0 \\ 5a+4b+c=1 \\ -4a+4b+4c+d=0 \\ 4a+4c+e=1 \end{cases} \Rightarrow a=\frac{2}{15},\ b=\frac{2}{39},\ c=\frac{5}{39},\ d=-\frac{12}{65},\ e=-\frac{3}{65}$$

[CAS] http://matrix.skku.ac.kr/cal-lab/cal-7-4-Exm-3.html

1/39*(2*x + 5)/(x^2 - x + 1) - 3/65*(4*x + 1)/(x^2 + 4) + 2/15/(x + 1)

$$\frac{x^2+1}{(x^3+1)(x^2+4)} = \frac{2}{15(x+1)} + \frac{2x+5}{39(x^2-x+1)} - \frac{12x+3}{65(x^2+4)}$$

$$\int \frac{x^2+1}{(x^3+1)(x^2+4)} dx$$

$$= \frac{4\sqrt{3}}{39}\tan^{-1}\left(\frac{\sqrt{3}(2x-1)}{3}\right) + \frac{2\ln(x+1)}{15} - \frac{6\ln(x^2+4)}{65} + \frac{\ln(x^2-x+1)}{39} - \frac{3\tan^{-1}\left(\frac{x}{2}\right)}{130}$$

[CAS] http://math1.skku.ac.kr/home/pub/2196

4/39*sqrt(3)*arctan(1/3*(2*x−1)*sqrt(3))+2/15*log(x+1)
−6/65*log(x^2+4)+1/39*log(x^2−x+1)−3/130*arctan(1/2*x)

Answer : $\int \frac{x^2+1}{(x^3+1)(x^2+4)}dx$

$$= \frac{4\sqrt{3}}{39}\tan^{-1}\left(\frac{\sqrt{3}(2x-1)}{3}\right) + \frac{2\ln(x+1)}{15} - \frac{6\ln(x^2+4)}{65} + \frac{\ln(x^2-x+1)}{39} - \frac{3\tan^{-1}\left(\frac{x}{2}\right)}{130} + C$$ ■

13. Let f be a function given by $\int xf(x)dx = \sin x + C$. Compute $f'(x)$.

▶▶ **Sol** $\int xf(x)dx = \sin x + C \Rightarrow xf(x) = (\sin x + C)' = \cos x \Rightarrow f(x) = \frac{\cos x}{x}$

$\Rightarrow (xf(x))' = (\cos x)' \Rightarrow f'(x) + f(x) = -\sin x$

$\Rightarrow f'(x) = -\sin x - f(x) = -\sin x - \frac{\cos x}{x}$

14. Sketch the (parametric) curve $x = \cos t(1+\cos t), y = \sin t(1+\cos t), 0 \le t \le 2\pi$ and indicate with an arrow the direction in which the curve is traced as the parameter increases.

Sol) [CAS] http://math1.skku.ac.kr/home/pub/2252

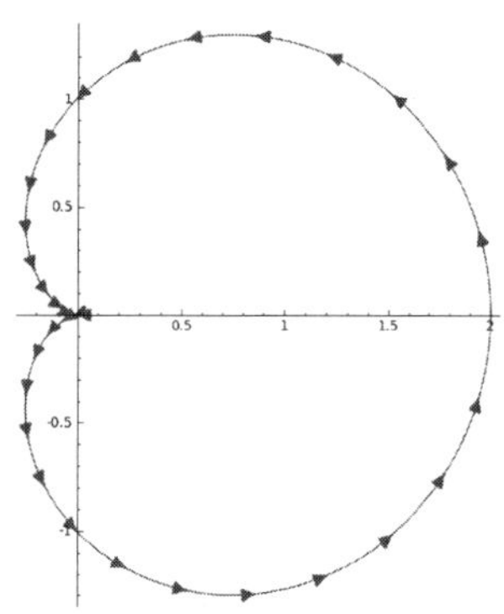


```
var('t, x, y')
x=cos(t)*(1+cos(t))
y=sin(t)*(1+cos(t))
a=0
b=2*pi
p=parametric_plot( (x, y), (t, a, b) )
small=0.001
step=pi/16
n=(b−a)/step
arr=sum([arrow((x(t=a+i*step), y(t=a+i*step)), (x(t=a+i*step+small), y(t=a+i*step+small)))
for i in range(1, n) ])
p+arr
```

Answer : [the above graph] ■

15. Plot the point whose polar coordinates are given. Then, find the Cartesian coordinates of the point.

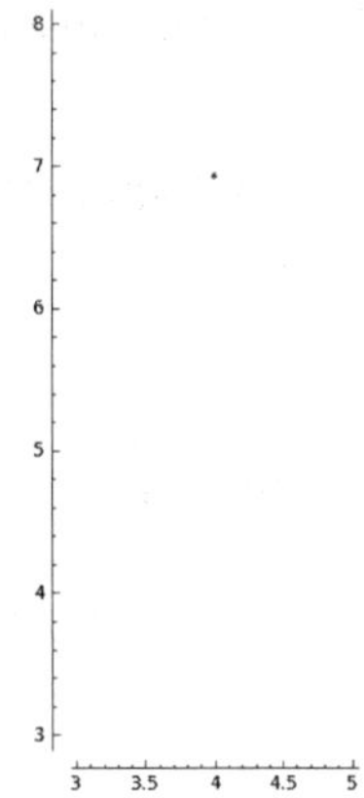

$$(r, \theta) = (8, \frac{13}{3}\pi)$$

Sol) $x = r\cos\theta = 8\cos\frac{13}{3}\pi = 4$

$y = r\sin\theta = 8\sin\frac{13}{3}\pi = 4\sqrt{3}$

$\therefore$ The Cartesian coordinates of (r, θ) is $(4,\ 4\sqrt{3})$.

[CAS] http://math1.skku.ac.kr/home/pub/2258/

```
def Polar(r, theta):
#converts Polar to Cartesian Coordinates
CartC = ([r*cos(theta), r*sin(theta)]);
return CartC;
pt=Polar(8, 13/3*pi);
show( vector(pt)) # (4, 4√3)
list_plot([pt], aspect_ratio=1, xmin=3, xmax=4, ymin=3, ymax=8)
```

Answer : $(4,\ 4\sqrt{3})$ ■

16. Calculate the volume of the solid obtained by rotating the region bounded by the given curves about the specified line.

$$y = \sqrt{x^2 - 1},\ x = 2,\ x = 5,\ y = 0\ ;\ \text{about the } x\text{-axis}$$

▶▶ **Sol** http://matrix.skku.ac.kr/cal-lab/cal-6-2-4.html

$$A(x) = \pi(\sqrt{x^2 - 1})^2,\ V = \int_2^5 A(x)dx = 36\pi$$

```
var('x, y')
p1 = parametric_plot((2, y), (y, −1, 5), color='blue')
p2 = parametric_plot((5, y), (y, −1, 5), color='green')
p3 = implicit_plot(y==sqrt(x^2−1), (x, 1, 6), (y, −1, 5))
p4 = parametric_plot((x, 0), (x, 0.5, 6), color='red')
show(p1+p2+p3+p4)
print integral (pi*sqrt(x^2−1)^2, x, 2, 5)
```

Answer : 36pi ■

17. Find the area bounded by the given curve on $[0, 2\pi]$. (one loop).

$$r = 2\sin 2\theta$$

Sol) http://math1.skku.ac.kr/home/pub/2281

```
var('theta')
polar_plot(2*sin(2*theta), (0, 2*pi), fill=true).show(aspect_ratio=1, xmin=-3, xmax=3, ymin=-3, ymax=3)
r = 2*sin(2*theta)
A = integral ( 1/2*r^2, theta, 0, 2*pi)
show(A)
```

Answer : 2π

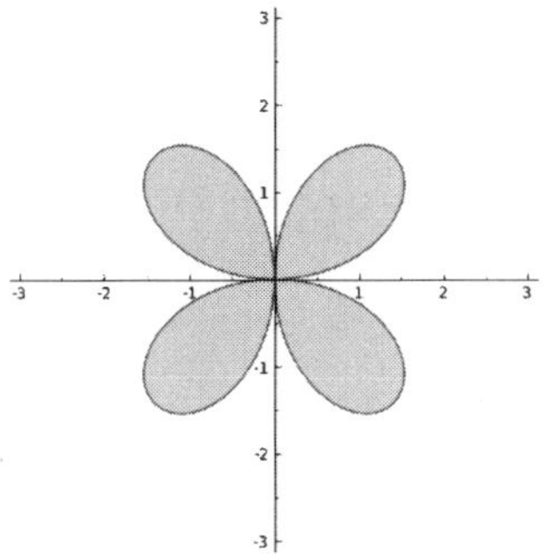

2π

18. **Find the (arc) length of the** cardioid $r = 1 + \cos\theta$.

▶ **Sol** The full length of the cardioid (see Figure) is given by the parameter interval $0 \le \theta \le 2\pi$.

$$L = \int_0^{2\pi} \sqrt{r^2 + \left(\frac{dr}{d\theta}\right)^2} \, d\theta$$

$$= \int_0^{2\pi} \sqrt{(1+\cos\theta)^2 + (-\sin\theta)^2}\, d\theta$$

$$= \int_0^{2\pi} \sqrt{2(1+\cos\theta)}\, d\theta = \int_0^{2\pi} \sqrt{4\cos^2\left(\frac{\theta}{2}\right)}\, d\theta$$

$$= \int_0^{2\pi} \left|2\cos\left(\frac{\theta}{2}\right)\right| d\theta = 2\int_0^{\pi} 2\cos\left(\frac{\theta}{2}\right) d\theta = 8\left[\sin\left(\frac{\theta}{2}\right)\right]_0^{\pi} = 8$$

```
var('x, t')
x = 2*(cos(t/2))
2*integral(x, t, 0, pi)
```

Answer : 8 ■

19. Find the first three non-zero terms of the Maclaurin series for $e^x \cos x$.

▶▶ **Sol** Multiplying the Maclaurin series for e^x and $\cos x$, then collecting like terms, we have

$$e^x \cos x = \left(1+\frac{x}{1!}+\frac{x^2}{2!}+\frac{x^3}{3!}+\cdots\right)\left(1-\frac{x^2}{2!}+\frac{x^4}{4!}-\frac{x^6}{6!}+\cdots\right) = 1+x-\frac{1}{3}x^3-\cdots$$ ■

20. Use $\ln(1+x) = \sum_{n=1}^{\infty}(-1)^{n-1}\frac{x^n}{n}$, $|x|<1$ to find a power series representation for $f(x)=\ln(1-x^2)$. What is the radius of convergence?

▶▶ **Sol** $\ln(1-x) = -\sum_{n=1}^{\infty}\frac{x^n}{n}$, $|x|<1 \Rightarrow \ln(1-x^2) = -\sum_{n=1}^{\infty}\frac{(x^2)^n}{n}$, $|x|<1$.

The radius of convergence $R=1$ ■

Ⅳ. (4pt x 4 = 16pt) Prove or Explain (Fill the blank).

1. **Verify the formula** $\int \frac{1}{x\sqrt{x^2-1}}dx = -\sin^{-1}\frac{1}{x}+C$ $(x>0)$. **by Sage.**

Proof : Let $x=\csc t$, $dx = -\csc t \cot t\, dt$

$$\Rightarrow \frac{1}{x\sqrt{x^2-1}} = \frac{1}{\csc t\sqrt{\csc^2 t-1}} = \frac{1}{\csc t \cot t}$$

Thus $\int \frac{1}{x\sqrt{x^2-1}}dx = \int \frac{1}{\csc t\cot t}(-\csc t\cot t)dt = -\int dt = -t+C$

$x=\csc t \Rightarrow \frac{1}{x} = \sin t \Rightarrow t=\sin^{-1}\frac{1}{x}$.

Hence $\int \frac{1}{x\sqrt{x^2-1}}dx = -\sin^{-1}\frac{1}{x}+C$.

Verify the above formula by Sage

▶▶ **Sol**

```
var('x')
f= 1/(x*sqrt(x^2-1))
assume( x > 0 )
integral( f, x )
```

−arcsin(1/x) #= $-\sin^{-1}\frac{1}{x}+C$

⇒ **LHS (좌변) = RHS (우변)** ■

2. Show the improper integral $\int_0^\infty xe^{-x}dx = 1$ by integration by parts and CAS.

▶ **Sol** $\int_0^t xe^{-x}dx = [-xe^{-x}]_0^t + \int_0^t e^{-x}dx = -te^{-t} + [-e^{-t}] = -te^{-t} - e^{-t} + 1$

$$\int_0^\infty xe^{-x}dx = \lim_{t\to\infty}\int_0^t xe^{-x}dx = \lim_{t\to\infty}(-te^{-t} - e^{-t} + 1) = 1.$$

☐ [CAS] http://math1.skku.ac.kr/home/pub/2232

```
var('x')
g = integrate(x*e^(−x), x)
p1=plot(g(x)−g(0), x, 0, 10)
show(p1)
int = integrate( x*e^(−x), x, 0, infinity)
print(int)  # 1
```

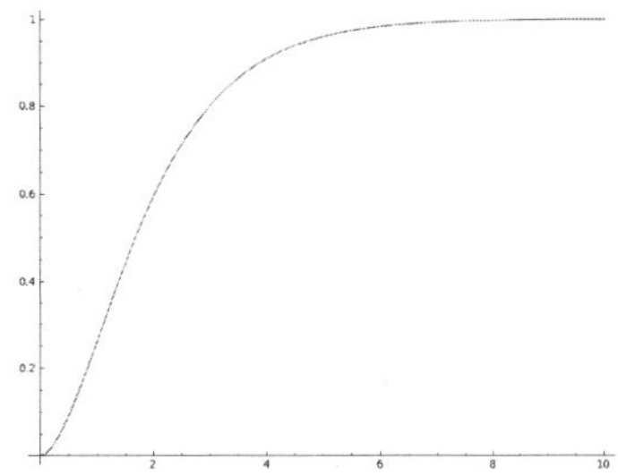

Answer : $\int_0^\infty xe^{-x}dx = 1$ ■

3. Let f be a function whose second derivative exists on an open interval I. Show that the graph of f is **concave upward (위로 오목)** on I if $f''(x) > 0$ for all x in I.

Proof : **Suppose** f **is not concave upward on** I when $f''(x) > 0$ for all x in I.

⇒ There are some $a, b \in I$ such that $a < b$ and $f'(a) \geq f'(b)$.

By the mean value theorem, $f''(c) = \dfrac{f'(b) - f'(a)}{b-a}$ for **some** $c \in [a, b] \subset I$.

⇒ $f''(c) \leq 0$ at $c \in [a, b] \subset I$. It occurs a contradiction.

∴ f**: concave upward on** I ■

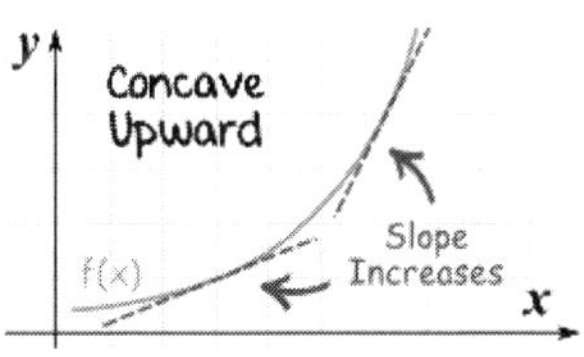

4. Verify the inequality

$$\int_0^x e^t dt \geq \int_0^x (1 + t + \frac{1}{2}t^2)dt$$

Proof : Let $f(x) = e^x - 1 - t - \frac{1}{2}t^2$, and define $f^n(x)$ the n–th derivative function of f.

⇒ $f'(x) = e^x - 1 - x \ \geq 0$ for $x \geq 0$

$\Rightarrow\ f(x) \geq 0\ \ (\ \because f(0)=0\ )$

Therefore $\int_0^x f(t)dt = \int_0^x (e^t - 1 - t - \frac{1}{2}t^2)dt \geq 0$.

$$\Rightarrow \int_0^x e^t dt \geq \int_0^x (1+t+\frac{1}{2}t^2)dt$$

We have proved that $\int_0^x e^t dt \geq \int_0^x (1+t+\frac{1}{2}t^2)dt$. ■

5. Show a continuous and strictly decreasing function $f : \mathbb{R} \to \mathbb{R}$ has only one solution.

   Proof : BWOC, suppose that f has more than one solution, say $a, b \in R$ such that $f(a) = f(b) = 0$ and $a < b$.

   $\Rightarrow\ f(a) > f(b)$ ($\because f$ is strictly decreasing.)

   $\Rightarrow$ It occurs a contradiction!! ($\because f(a) = 0 = f(b)$)

We have proved that a continuous and strictly decreasing function on R has only one solution. ■

V. (2pt x 3 = 6pt) Student Name:________ Score: /6

1. **(2pt)** Number of your QnA participation till today. ( )

2. **(QnA, 2pt)** Write one good example of your Note or Solution or Answer in QnA.

3. **(Bonus, 2pt)** What you have newly learned and improved from our Honor Calculus with Sage?

샘플 기말고사 2

Ⅰ. (2pt x 9 = 18) Mark True(T) or False(F) in the blanks ( ).

1. (F) If $\lim_{x\to a} f(x)$ and $\lim_{x\to a} g(x)$ exist, then $\lim_{x\to a}\frac{f(x)}{g(x)}=\frac{\lim_{x\to a} f(x)}{\lim_{x\to a} g(x)}$ also exists.

   - not true in general -

2. (F) The area of the region, bounded by the curves, $y=x$ and $y=\sqrt[3]{x}$ is $A=\int_0^1[\sqrt[3]{x}-x]dx=\frac{1}{6}$. Ans. 1/4

3. (F) For any function $y=f(x)$ defined on $[a,b]$, $F(x)=\int_a^x f(t)dt$ is differentiable on $[a,b]$ and $\frac{d}{dx}F(x)=f(x)$. -not true in general-

4. (F) The radius of convergence of the power series $\sum_{n=0}^{\infty}\frac{(x-5)^n}{3^n}$ is 5, Ans. 3

5. (T) The area of the surface of revolution obtained by rotating the curve $y=f(x)$, $a\le x\le b$, about the x-axis is given by $S=\int_a^b 2\pi f(x)\sqrt{1+[f'(x)]^2}\,dx$.

   http://mathworld.wolfram.com/SurfaceofRevolution.html

6. (F) The alternating series $\frac{3}{1}-\frac{5}{2}+\frac{7}{3}-\dots+(-1)^{n+1}\frac{2n+1}{n}+\dots$ does converge.

   - diverge -

7. (F) $\int_{-1}^{1}\frac{1}{x^2}\,dx = -2$. Ans. 2 -Improper Integral (이상적분)-

8. (F) Since the radius of convergence of the power series $\sum_{n=1}^{\infty}\frac{x^n}{n\ln n}$ is 1, its interval of convergence is $(-1,\ 1)$. - not true in general (end points case should be checked seperately) -

9. (F) For any function $f(x)$ can be differentiated infinitely many times for all x, its Taylor series about $x=0$ always converges to $f(x)$ for all x in $(-\epsilon,\epsilon)$, $\epsilon>0$.

   - Remainder 항이 0 으로 수렴해야만 true -

Ⅱ. (3pt x 4 = 12) State or Define.

1. **State what you know about** the number $e=\lim_{n\to\infty}\left(1+\frac{1}{n}\right)^n=1+\frac{1}{1}+\frac{1}{1\cdot 2}+\frac{1}{1\cdot 2\cdot 3}+\frac{1}{1\cdot 2\cdot 3\cdot 4}+\cdots\approx 2.71828$:

▶ **Sol** The number e is an important mathematical constant, approximately equal to 2.71828, that is the base of the natural logarithm. This number arises in the study of compound interest, and can also be calculated as the sum of the infinite series $e=1+\frac{1}{1}+\frac{1}{1\cdot 2}+\frac{1}{1\cdot 2\cdot 3}+\frac{1}{1\cdot 2\cdot 3\cdot 4}+\cdots$. The constant can be defined in many ways; for example, e is the unique real number such that the value of the derivative (slope of the tangent line) of the function $f(x)=e^x$ at the point $x=0$ is equal to 1. The number $e=2.71828182845905\ldots$ is defined so that when $a=e$ from $f(x)=a^x$ as $x\to 1$. There is a very important exponential function that arises naturally in many places. This function is called the natural exponential function. However, for most people this is simply the exponential function. For $f(x)=e^x$, $\lim_{h\to 0}\frac{e^h-1}{h}=1$ implies $f'(0)=1$, and from the general derivative above we have $f'(x)=e^x$. Thus the slope of a tangent line to the curve $y=e^x$ is equal to the y-coordinate of the point. The Natural Exponential Function : $e=\lim_{x\to 0}(1+x)^{1/x}$, $e=\lim_{n\to\infty}\left(1+\frac{1}{n}\right)^n$ or $\lim_{n\to\infty}\left(1+\frac{x}{n}\right)^n=e^x$.

2. Since the logarithm is an increasing function, it is one-to-one and therefore has an inverse function, which we denote by exp. Thus, according to the definition of an inverse function, $\exp(x)=y \Leftrightarrow \ln y=x$ and $\exp(\ln x)=x$ and $\ln(\exp x)=x$. In particular, we have $\exp(0)=1$ since $\ln 1=0$. $\exp(1)=e$ since $\ln e=1$. We obtain the graph of $y=\exp(x)$ by reflecting the graph of $y=\ln x$ about the line $y=x$. The domain of exp is the range of the logarithm. That is, $(-\infty,\ \infty)$ which is the range of the logarithm, is the domain of the exponential and $(0,\infty)$, which is the domain of the logarithm is the range of exponential. If r is any rational number, then the third law of logarithms gives $\ln(e^r)=r\ln e=r$. Therefore, by $\exp(r)=e^r$. Thus, $\exp(x)=e^x$ whenever x is a rational number. This leads us to define e^x, even for irrational values of x, by the equation $e^x=\exp(x)$. In other words, for the reasons given, we define e^x to be the inverse of the function $\ln x$.

3. Properties of the Exponential Function. The exponential function $f(x)=e^x$ is an increasing continuous function with domain $\mathbb{R}$ and range $(0, \infty)$. Thus, $e^x > 0$ for all x. Also $\lim_{x\to-\infty} e^x = 0$ $\lim_{x\to\infty} e^x = \infty$. So the x-axis is a horizontal asymptote of $f(x)=e^x$. Exponential Function: Consider the exponential function $f(x)=a^x$ where $a>0,\ a\neq 1$. From the definition of the derivative: $f'(x)=\lim_{h\to 0}\frac{f(x+h)-f(x)}{h}=\lim_{h\to 0}\frac{a^{x+h}-a^x}{h}$ $=\lim_{h\to 0}\frac{a^x a^h - a^x}{h}=\lim_{h\to 0}\frac{a^x(a^h-1)}{h}$ Thus $f'(x)=a^x\lim_{h\to 0}\frac{a^h-1}{h}=a^x\lim_{h\to 0}\frac{f(h)-f(0)}{h}$ $=a^x f'(0)$. That is, the rate of change of any exponential function is proportional to the function itself. Furthurmore $\lim_{n\to\infty}\left(\frac{n!}{n^n}\right)^{1/n}=e^{-1}$ because $\ln S_n=\frac{1}{n}\left(\ln\frac{1}{n}+\ln\frac{2}{n}+\cdots+\ln\frac{n}{n}\right)$ and $\lim_{n\to\infty}\ln S_n=\lim_{n\to 0}\frac{1}{n}\ln\frac{k}{n}=\int_0^1 \ln x\,dx=[x\ln x - x]_0^1$ $=-1-x\ln x=-1$ if $S_n=\left(\frac{n!}{n^n}\right)^{1/n}$. e is the number such that $\ln e = 1$. ■

Ⅲ. (4pt x 10 = 40pt) Find or Explain or Fill the blanks.

1. Use differential to approximate $\sqrt[3]{63}$.

▶▶ **Sol** Let $f(x)=\sqrt[3]{x}$. Set $x=64$ and $\Delta x=-1$. Since $df\approx\Delta x$, $df=\frac{dx}{3\sqrt[3]{x^2}}$, we have $df|_{x=64}=-\frac{1}{48}$. Hence approximately,

$$\sqrt{63}=f(64+\Delta x)\approx f(64)+df|_{x=64}=\sqrt[3]{64}-\frac{1}{48}=\frac{191}{48}\approx 3.9791667.$$

[CAS]

```
var('x')
f(x) = x^(1/3)
df(x) = diff(f(x), x)
dx=-1
a=f(64) + df(64)*dx
print a, "=", a.n()
```

Answer: 191/48 = 3.97916666666667 ■

2. The area of the region, bounded by the given curves $y=\dfrac{1}{\cos x}$, $y=2$, $x=0$, $x=\dfrac{\pi}{6}$ can be found by Sage.

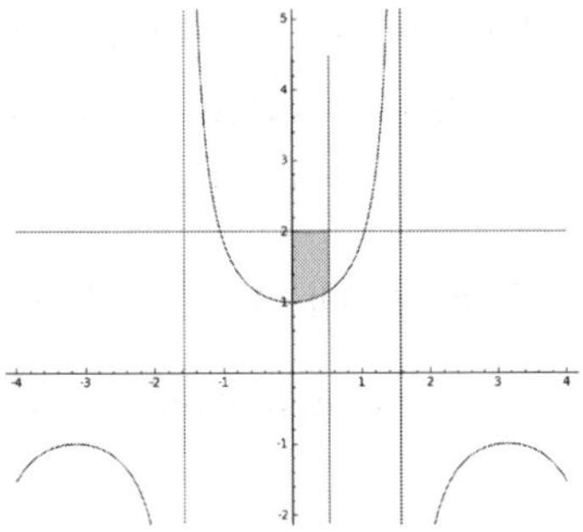

Sol) http://math1.skku.ac.kr/home/pub/2180

```
var ('x, y')
f(x) = 2
g(x) = 1/cos(x)
show (integral ( f(x)-g(x), x, 0, pi/6) )
```

Answer : $\frac{1}{3}-\frac{1}{2}\log(2)-\frac{1}{2}\log(\frac{3}{2})$ ■

3. Explain how you find **the radius of convergence and interval of convergence** for the series $\sum_{n=1}^{\infty}\frac{(-1)^n(x+2)^n}{3^n}$.

Sol) (풀이 과정만 서술하세요. 정확한 답은 제시하지 않아도 됩니다.)

Let $a_n=\dfrac{(-1)^n(x+2)^n}{3^n}$. Then

$$\lim_{n\to\infty}\left|\frac{a_{n+1}}{a_n}\right|=\lim_{n\to\infty}\left|\frac{(-1)^{n+1}(x+2)^{n+1}}{(3)^{n+1}}\frac{3^n}{(-1)^n(x+2)^n}\right|=\lim_{n\to\infty}\frac{1}{3}|x+2|.$$

Using the Ratio Test, the given series is absolutely convergent and therefore convergent when $|x+2|<3$, and divergent when $|x+2|>3$.

$x=1$, $\sum_{n=1}^{\infty}\frac{(-1)^n(x+2)^n}{3^n}=\sum_{n=1}^{\infty}(-1)^n$ is not convergent.

$x=-5$, $\sum_{n=1}^{\infty}\frac{(-1)^n(x+2)^n}{3^n}=\sum_{n=1}^{\infty}1$ is not convergent.

Answer :

the radius of convergence $R=3$

interval of convergence $(-5,\ 1)$

4. Find $\int\frac{x^2+1}{(x^3+1)(x^2+4)}dx$.

Sol) Decompose the original function to partial fraction.

$$\frac{x^2+1}{(x^3+1)(x^2+4)}=\frac{a}{x+1}+\frac{bx+c}{x^2-x+1}+\frac{dx+e}{x^2+4}$$

$$\begin{cases} a+b+d=0 \\ -a+b+c+e=0 \\ 5a+4b+c=1 \\ -4a+4b+4c+d=0 \\ 4a+4c+e=1 \end{cases} \Rightarrow a=\frac{2}{15},\ b=\frac{2}{39},\ c=\frac{5}{39},\ d=-\frac{12}{65},\ e=-\frac{3}{65}$$

[CAS] http://matrix.skku.ac.kr/cal-lab/cal-7-4-Exm-3.html

```
var('x')
exp = (x^2 +1) / ((x^3+1)*(x^2+4))
exp.partial_fraction()
```

1/39*(2*x + 5)/(x^2 − x + 1) − 3/65*(4*x + 1)/(x^2 + 4) + 2/15/(x + 1)

$$\frac{x^2+1}{(x^3+1)(x^2+4)}=\frac{2}{15(x+1)}+\frac{2x+5}{39(x^2-x+1)}-\frac{12x+3}{65(x^2+4)}$$

$$\int \frac{x^2+1}{(x^3+1)(x^2+4)}dx$$

$$=\frac{4\sqrt{3}}{39}\tan^{-1}\left(\frac{\sqrt{3}(2x-1)}{3}\right)+\frac{2\ln(x+1)}{15}-\frac{6\ln(x^2+4)}{65}+\frac{\ln(x^2-x+1)}{39}-\frac{3\tan^{-1}\left(\frac{x}{2}\right)}{130}$$

[CAS] http://math1.skku.ac.kr/home/pub/2196

```
integral ( (x^2+1)/((x^3+1)*(x^2+4)), x )
```

4/39*sqrt(3)*arctan(1/3*(2*x − 1)*sqrt(3)) + 2/15*log(x + 1) − 6/65*log(x^2 + 4) + 1/39*log(x^2 − x + 1) − 3/130*arctan(1/2*x)

Answer : $\int \frac{x^2+1}{(x^3+1)(x^2+4)}dx$

$$=\frac{4\sqrt{3}}{39}\tan^{-1}\left(\frac{\sqrt{3}(2x-1)}{3}\right)+\frac{2\ln(x+1)}{15}-\frac{6\ln(x^2+4)}{65}+\frac{\ln(x^2-x+1)}{39}-\frac{3\tan^{-1}\left(\frac{x}{2}\right)}{130}+C$$ ■

5. If $P(x)$ is the total value of the production when there are x workers in a plant, then the average productivity is $A(x)=\frac{P(x)}{x}$.

Find A'. Explain why the company wants to hire more worker if $A'(x)>0$?

▶ **Sol** $A'(x) = \dfrac{P'(x)x - P(x)}{x^2}$

If $A'(x) > 0$, then $P'(x)x - P(x) > 0 \quad (\because\ x^2 > 0)$

$P'(x)$ is the rate of productivity.

$$P'(x) - \frac{P(x)}{x} > 0$$
$$P'(x) > \frac{P(x)}{x} \quad (\because\ x > 0)$$

This means the rate of productivity $P'(x)$ **is larger than the average productivity** $A(x) = \dfrac{P(x)}{x}$ **which means if the company hire more workers, then they can expect to have a better productivity.** ■

6. Evaluate the area covered by $y^2 = x + 2$ and $x - y = 0$.

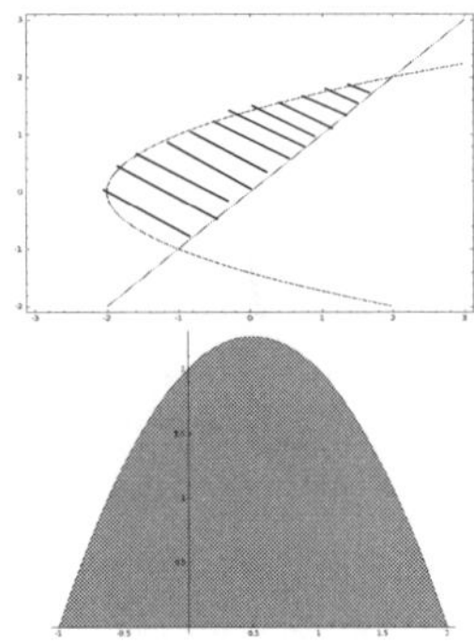

$\int_{-1}^{2} \{y - (y^2 - 2)\}dy$

▶ **Sol** Consider $x = y$ and $x = y^2 - 2$. **Then the area** is

$$\int_{-1}^{2} \{y - (y^2 - 2)\}dy = \int_{-1}^{2} (y - y^2 + 2)dy$$

$$= \left[\frac{1}{2}y^2 - \frac{1}{3}y^3 + 2y\right]_{-1}^{2} = \frac{4}{2} - \frac{8}{3} + 4 - \frac{1}{2} - \frac{1}{3} + 2 = \frac{9}{2}$$

Sage :

```
var('y')
integral(y−y^2 + 2, y, −1, 2)
```

Answer : 9/2 ■

7. $\dfrac{\sin x}{1 + x\sin x}$ is an anti-derivative of $f(x)$. Find $\int f(x)f'(x)dx$. [Hint: Substitute $u = f(x)$ and $du = f'(x)dx$]

$$f(x) = \left(\frac{\sin x}{1 + x\sin x}\right)' = \frac{\cos x(1 + x\sin x) - \sin x(\sin x + x\cos x)}{(1 + x\sin x)^2} = \frac{\cos x - \sin^2 x}{(1 + x\sin x)^2}$$

$$\int f(x)f'(x)dx = \int u\,du = \frac{1}{2}u^2 + C = \frac{1}{2}\{f(x)\}^2 + C = \frac{(\cos x - \sin^2 x)^2}{2(1 + x\sin x)^4} + C$$ ■

8. A honeybee population starts with 30 bees and increases at a rate of $n(t) = t^3 - 2t$ bees per week. How many honeybees are there after 10 weeks?

▶ **Sol** Since the net change in population during 10 weeks is $\int_0^{10} n(t)dt = 2400$, the total number of honeybees after 10 weeks is $30 + 2400 = 2430$. ■

9. Find $\int_1^e \frac{\ln x}{x} dx$.

▶▶ **Sol** The integrand suggests using $u = \ln x$, so then $du = dx/x$.

Now when $x = 1$, $u = \ln 1 = 0$; when $x = e$, $u = \ln\ e = 1$.

Thus $\int_1^e \frac{\ln x}{x} dx = \int_0^1 u\, du = \frac{u^2}{2}\Big]_0^1 = \frac{1}{2}$. ■

Ⅳ. Student Name: ____________ Score: /6

1. **(2pt)** Number of your QnA participation till yesterday. (average was 100 문제) <60+ will get full credit>

2. **(QnA, 2pt)** Write one good example of your creative or original Note, Comment, Solution or Answer in QnA.

(Example) 제목 : Center of mass를 배우는 이유 - 내용요약

질량중심을 배우는 이유는 질량중심이라는 것이 특정한 상황에서 구하기 쉬울 수 있고, 그 질량중심을 안다면 계산이 쉬워지기 때문이다.

In physics, the center of mass in space is the unique point where the weighted relative position of the distributed mass sums to zero. Calculations in mechanics are simplified when formulated with respect to the center of mass. In the case of a single rigid body, the center of mass is fixed in relation to the body, and if the body has uniform density, it will be located at the centroid. The center of mass may be located outside the physical body. The center of mass is the mean location of all the mass in a system.

그리고 스마트 러닝 환경 http://www.youtube.com/watch?v=Ll1P_57qluo

3. **(Bonus, 2pt)** What you have newly learned and improved yourself from our Calculus with Sage?

김지수(2022학번) 4월 13일 오후 4:05, 현재 저희 받는 미적분학 수업과 같이 어려운 문제도 손쉽게 해결할 수가 있는 교육 방식으로 접근하는데 좋을 거 같습니다. 저도 **수학에 대한 두려움과 어려움으로 문제를 풀기에 어려움이 많았는데** 이상구 교수님의 수업으로 어려운 문제도 풀고 빠르게 답변을 얻을 수 있어 자신감이 생기고 있습니다.

백승준(2022####) 4월 13일 오후 4:18, 학생들은 수학에 대한 공식을 외워야 하고 문제에 공식을 어떻게 적용하여 해결하는지 등, 수학의 개념보다는 공식에 집중하고 응용문제들을 많이 풀어 오로지 시험을 잘 보기 위한 수학을 하고 있습니다. 그래서 본 기사에 나왔듯이 수학을 활용하여 일상생활들에 접목할 생각조차 못 했다고 생각합니다. 하지만 이상구 교수님의 수업에서는 공식보다는 개념에 집중하고 이해하여 다른 사람이 물어봤을 때 그 개념을 설명할 수 있도록 하는 것에 목적을 두고 있습니다. 공식을 외우고 문제를 많이 풀어봐야 하는 수학에 어려움을 느끼고 있는 학생들도 수학 개념을 이해하고 코딩을 통해 문제해결을 하여 자신감을 가지고, 이 개념을 다른 사람한테 설명할 수 있으면 수학을 잘하는 그것으로 생각합니다. 공과대학에서 다루는 수학을 기초로 하는 여러 과목도 지금 배우는 수학 개념들을 충분히 이해한 상태면 충분히 코딩을 활용해서 문제해결을 할 수 있다고 생각합니다.

김현구(2022####) 4월 13일 오후 4:19, 좋은 글 공유 감사합니다. sage 프로그램을 활용하면 수학 포기자들도 자신감을 가지고 수학을 할 수 있을 거 같습니다.

이혜인(2022####) 4월 13일 오후 4:25, 학문적으로만 심도 있게 들어가면서 수학이 점점 어려워지고 복잡해지기에 많은 사람이 **수학에 대한 흥미를 잃고 포기하게 되는 것** 같습니다. 다양한 접근법과 증명을 통하여 어렵지 않다는 것을 보여주는 것이 필요하며, 기초만 확실히 알고 넘어가도 단계적 응용은 쉬워지지 않을까 생각합니다.

손혜원(2022####) 4월 13일 오후 4:33, 학생 때의 평가 방법은 정해진 시간 내에 문제를 정확히 풀어야 하므로, 이해에 집중되었다기보다는 암기에 집중되었었다고 생각합니다. 이해가 안 된다면 문제를 외워버리라는 말을 자주 들었었습니다. 그런 방식으로 평가받아왔기에 제 시간 내에 풀지 못하면 낮은 점수를 받고, 흥미를 잃게 되고 이런 것이 반복되어 결국 **수학 포기자**가 되었던 것 같습니다. 하지만 미분적분학 수업에서는 그런 방식으로 평가하지 않고, 복잡한 개념은 프로그램을 이용하여 간단히 계산할 수 있어서 암기보다는 개념이해에 집중하고 이 문제를 어떤 방식으로 접근해야 해결할 수 있는지 생각해 볼 수 있었던 것 같습니다. 흔히 수학 포기자라 하는 학생들도 이런 방식으로 학습한다면 수학에 대해 흥미를 느낄 수 있다고 생각됩니다. 수학에 흥미를 느끼고 계산에 대한 것은 도구에 맡기고 개념이해를 해나간다면 그것이 수학을 잘하는 것으로 생각합니다.

노영규(2022####) 4월 13일 오후 4:38, 저 같은 경우도 수학 관련 복잡한 **공식을 외우는 게 너무 어렵고 힘들었습니다.** 저도 수학 포기자였는데 교수님의 강의를 들으면서 기본적인 개념을 익히고 코딩을 통해서 문제를 해결하는 방법을 접하게 됐고, **복잡한 공식들을 외우지 않고도 손쉽게 원하는 답을 확인하고 직관적인 그래프까지 확인하니 수학에 대한 흥미가 생기고 있습니다.** 기존에 복잡한 공식을 억지로 외워서 시험을 준비하는 수학이 아닌 실제 현업에서 사용이 가능한 코딩으로 문제해결 방법을 잘 익혀서 실제로 **현업에서 사용할 수 있으리라 기대됩니다.**

박준수(2022####) 4월 13일 오후 4:45, 이전에 배웠던 수학 수업은 문제를 푸는 데 집중돼 있었습니다. 그리고 이해하지 못하고 점점 어려워지다 보니 수학에 대한 흥미를 잃고 포기하게 되었습니다. 하지만 이상구 교수님을 만나 sage 프로그램을 활용하여 **어려운 문제들도 간단한 코드를 이용해 풀 수가 있다는 것에 다시 자신감이 생겼습니다.**

노태완(2022####) 4월 13일 오후 5:06, 기본적인 수학 개념만을 배우고 심화 문제를 푸는데 어려움을 많이 느끼고 그러한 과정에서 수학에 어려움을 느끼고 포기하게 되었는데 심화 문제 또한 sage라는 프로그램을 통하여 쉽게 풀이가 되는 것을 확인하게 되면서 **기존에 어려움을 느꼈던 수학에 대해서도 조금은 쉽게 접근할 수 있었습니다.**

조현준(2022####) 4월 13일 오후 5:30, -수학이라는 학문은 파고들면 들수록 어렵다고 느꼈었는데, sage를 통해 **결과값에 관해 확인해보며 자칫 어렵고 힘들게만 느껴졌을 법한 미적분학에 여러 접근법으로 흥미가 끊이지 않게 되었습니다.** 결과를 얻을 수 있다는 자신감을 가지고 개념을 이해해가며 어렵고 복잡한 풀이는 sage를 통해 쉽게 확인해가며 끊임없이 발전해 나가는 것이 현대의 수학적 능력이라 생각합니다. **수학은 자신감이다.**

이주한(2022####) 4월 4일 오후 5:37

1. 우리의 방식과 같이, **일단 학생 모두에게 답을 구할 수 있게 가르쳐주고..**
2. 이어서 **왜 그런 답이 구해지는지에 대한 수학적인 개념과 과정, 그리고 알고리즘에 관해서 토론하면서, 이해하고 나서 설명**하게 하고, 프로그래밍을 포함 다양한 방향에서 ... 좀 더 심화된 문제를 생각해 보고,
3. 자신이 얻고 이해한 답을 구한 과정과 그 문제의 의미를 ... 설명하는 과정에서 ... 수학에 대해 서로 얘기하게 하면서 ...
4. 창의력과 생산적이고 논리적인 사고방식을 키우는게 우리의 실력은 물론 각자의 **자신감 과 건전한 시민으로의 성장**에 도움이 된다는 생각이 듭니다. :D

[Appd] **Calculus 2**, Final Exam (프린트해서 가지고 와도 됩니다) *****

Table of Integration Formulas [Constant of integration is omitted.]

1. $\int x^n dx = \frac{x^{n+1}}{n+1}\ (n \neq -1)$

2. $\int \frac{1}{x} dx = \ln|x|,\ x \neq 0$

3. $\int e^x dx = e^x$

4. $\int a^x dx = \frac{a^x}{\ln a},\ a > 0$

5. $\int \sin x\, dx = -\cos x$

6. $\int \cos x\, dx = \sin x$

7. $\int \sec^2 x\, dx = \tan x$

8. $\int \csc^2 x\, dx = -\cot x$

9. $\int \sec x \tan x\, dx = \sec x$

10. $\int \csc x \cot x\, dx = -\csc x$

11. $\int \sec x\, dx = \ln|\sec x + \tan x|$

12. $\int \csc x\, dx = \ln|\csc x - \cot x|$

13. $\int \tan x\, dx = \ln|\sec x|$

14. $\int \cot x\, dx = \ln|\sin x|$

15. $\int \sinh x\, dx = \cosh x$

16. $\int \cosh x\, dx = \sinh x$

17. $\int \frac{dx}{x^2 + a^2} = \frac{1}{a}\tan^{-1}\left(\frac{x}{a}\right),\ a \neq 0$

18. $\int \frac{dx}{\sqrt{a^2 - x^2}} = \sin^{-1}\left(\frac{x}{a}\right),\ a \neq 0$

19. $\int \frac{dx}{x^2 - a^2} = \frac{1}{2a}\ln\left|\frac{x-a}{x+a}\right|,\ a \neq 0$

20. $\int \frac{dx}{\sqrt{x^2 \pm a^2}} = \ln|x + \sqrt{x^2 \pm a^2}|$

Derivatives of Inverse Trigonometric Functions[1]

$\frac{d}{dx}(\sin^{-1}x) = \frac{1}{\sqrt{1-x^2}}$ $\quad \frac{d}{dx}(\csc^{-1}x) = -\frac{1}{x\sqrt{x^2-1}}$

$\frac{d}{dx}(\cos^{-1}x) = -\frac{1}{\sqrt{1-x^2}}$ $\quad \frac{d}{dx}(\sec^{-1}x) = \frac{1}{x\sqrt{x^2-1}}$

$\frac{d}{dx}(\tan^{-1}x) = \frac{1}{1+x^2}$ $\quad \frac{d}{dx}(\cot^{-1}x) = -\frac{1}{1+x^2}$

1) http://www.math.ucdavis.edu/~kouba/CalcOneDIRECTORY/invtrigderivdirectory/InvTrigDeriv.html

Definition of the Hyperbolic Functions[2)]

$$\sinh x = \frac{e^{x}-e^{-x}}{2} \qquad \cosh x = \frac{e^{x}+e^{-x}}{2}$$

$$\tanh x = \frac{\sinh x}{\cosh x} = \frac{e^{x}-e^{-x}}{e^{x}+e^{-x}} \qquad \coth x = \frac{\cosh x}{\sinh x} = \frac{e^{x}+e^{-x}}{e^{x}-e^{-x}}$$

$$\operatorname{sech} x = \frac{1}{\cosh x} = \frac{2}{e^{x}+e^{-x}} \qquad \operatorname{csch} x = \frac{1}{\sinh x} = \frac{2}{e^{x}-e^{-x}}$$

Derivatives of the Hyperbolic Functions

$$\frac{d}{dx}(\sinh x) = \cosh x$$

$$\frac{d}{dx}(\coth x) = -\operatorname{csch}^{2} x$$

$$\frac{d}{dx}(\cosh x) = \sinh x$$

$$\frac{d}{dx}(\operatorname{sech} x) = -\operatorname{sech} x \tanh x$$

$$\frac{d}{dx}(\tanh x) = \operatorname{sech}^{2} x$$

$$\frac{d}{dx}(\operatorname{csch} x) = -\operatorname{csch} x \coth x$$

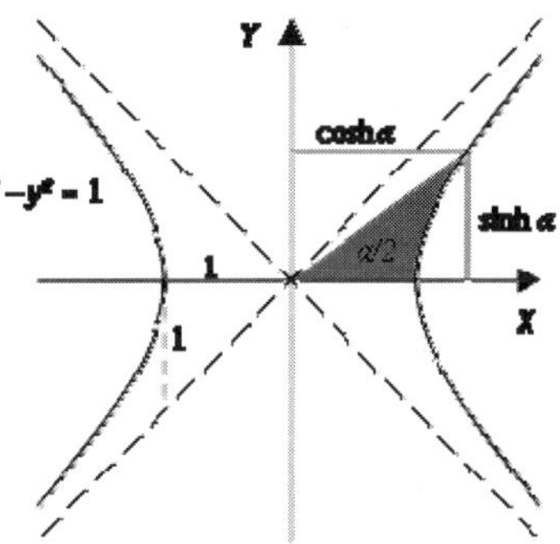

Relationship to the exponential function

Definition of the Inverse Hyperbolic Functions

$$\sinh^{-1} x = \ln\left(x + \sqrt{x^{2}+1}\right) \ (x \in R)$$

$$\cosh^{-1} x = \ln\left(x + \sqrt{x^{2}-1}\right) \ (x \geq 1)$$

$$\tanh^{-1} x = \frac{1}{2}\ln\frac{1+x}{1-x} \ (|x| < 1)$$

$$\coth^{-1} x = \frac{1}{2}\ln\frac{x+1}{x-1} \ (|x| > 1)$$

$$\operatorname{sech}^{-1} x = \ln\left(\frac{1+\sqrt{1-x^{2}}}{x}\right) \ (0 < x < 1)$$

$$\operatorname{csch} x = \ln\left(\frac{1}{x} + \frac{\sqrt{1-x^{2}}}{|x|}\right) \ (x \neq 0)$$

Derivatives of the Inverse Hyperbolic Functions

$$\frac{d}{dx}(\sinh^{-1} x) = \frac{1}{\sqrt{1+x^{2}}} \ (x \in R)$$

$$\frac{d}{dx}(\cosh^{-1} x) = \frac{1}{\sqrt{x^{2}-1}} \ (x > 1)$$

$$\frac{d}{dx}(\tanh^{-1} x) = \frac{1}{1-x^{2}} \ (|x| < 1)$$

$$\frac{d}{dx}(\coth^{-1} x) = \frac{1}{1-x^{2}} \ (|x| > 1)$$

---

2) http://en.wikipedia.org/wiki/Hyperbolic_function

The volume of the solid obtained by rotating about the y-axis the region under the curve $y = f(x)$ from a to b, is $\int_a^b (2\pi x)\ [f(x)]\ dx$ where $0 \le a < b$.

(circumference) · (height) · (thickness of shell).

Formula for the area A of the polar region R is $A = \int_a^b \frac{1}{2}[f(\theta)]^2 d\theta$. Since $r = f(\theta)$, it may be written as $A = \int_a^b \frac{1}{2} r^2 d\theta$.

Sage Calculus Grapher : http://matrix.skku.ac.kr/cal-lab/sage-grapher.html

Midpoint Rule

$$\int_a^b f(x)dx \approx M_n = \Delta x\left[f(\overline{x_1}) + f(\overline{x_2}) + \cdots + f(\overline{x_n})\right]$$

where $\Delta x = \dfrac{b-a}{n}$ and $\overline{x}_i = \dfrac{1}{2}(x_{i-1} + x_i) =$ midpoint of $[x_{i-1},\ x_i]$.

The Trapezoidal Rule

$$\int_a^b f(x)dx \approx T_n = \frac{\Delta x}{2}[f(x_0) + 2f(x_1) + 2f(x_2) + \cdots + 2f(x_{n-1}) + f(x_n)]$$

where $\Delta x = (b-a)/n$ and $x_i = a + i\Delta x$.

http://matrix.skku.ac.kr/cal-lab/Area-Sum.html

(Composite) Simpson's Rule

$$\int_a^b f(x)dx \approx S_n = \frac{\Delta x}{3}[f(x_0) + 4f(x_1) + 2f(x_2) + 4f(x_3) + \cdots + 2f(x_{n-2}) + 4f(x_{n-1}) + f(x_n)]$$

where n is even and $\Delta x = (b-a)/n$.

4 Error Bound for Simpson's Rule

Assume that $|f^{(4)}(x)| \le K$ for $a \le x \le b$. Let E_S be the error involved in using Simpson's Rule, then

$$|E_S| \le \frac{K(b-a)^5}{180n^4}.$$

The symbol $\int_{-\infty}^{b} f(x)dx$ is defined by the equation $\int_{-\infty}^{b} f(x)dx = \lim_{t\to-\infty} \int_{t}^{b} f(x)dx$.

The improper integrals $\int_{a}^{\infty} f(x)dx$ and $\int_{-\infty}^{b} f(x)dx$ are called **convergent** if the corresponding limit exists; otherwise they are called **divergent.**

Taylor, Maclaurin, and Binomial Series

$$e^x = \sum_{n=0}^{\infty} \frac{x^n}{n!} = 1 + \frac{x}{1!} + \frac{x^2}{2!} + \frac{x^3}{3!} + \cdots, \qquad (-\infty, \infty)$$

$$\sin x = \sum_{n=0}^{\infty} (-1)^n \frac{x^{2n+1}}{(2n+1)!} = x - \frac{x^3}{3!} + \frac{x^5}{5!} - \frac{x^7}{7!} + \cdots, \qquad (-\infty, \infty)$$

$$\cos x = \sum_{n=0}^{\infty} (-1)^n \frac{x^{2n}}{(2n)!} = 1 - \frac{x^2}{2!} + \frac{x^4}{4!} - \frac{x^6}{6!} + \cdots, \qquad (-\infty, \infty)$$

$$(1+x)^k = 1 + kx + \frac{k(k-1)}{2!}x^2 + \frac{k(k-1)(k-2)}{3!}x^3 + \cdots = \sum_{n=0}^{\infty} \binom{k}{n} x^n,$$

where $\binom{k}{n} = \frac{k(k-1)\cdots(k-n+1)}{n!}$ $(n \geq 1)$ and $\binom{k}{0} = 1$. (if k is any real number and $|x| < 1$)

Integral Test ② p-series Test ③ Comparison Test ④ Limit Comparison Test ⑤ Alternating Series Test ⑥ Ratio Test ⑦ Root Test ⑧ Taylor series and Maclaurin series ⑨ Gamma function : gamma (2, 1)

*미적분학 1 (Math &Coding) 강의 (학생들이 제출한 과제/평가) 기록 :

http://matrix.skku.ac.kr/Cal-Book1/Calculus-1/

실습실: **https://matrix.skku.ac.kr/Cal-book/part1/**

Review 미적분학(Single variable Calculus) 강의계획서와 교안/실습실/동영상강의

주(월*일)	진 도	비 고 (교안/실습실/동영상강의)
1	강좌 소개 및 복습 (Math & Coding) 9학년(중3) 수학, 10학년(고1) 수학	http://matrix.skku.ac.kr/S-calculus/W1/ https://youtu.be/dvreK7t4UIY
2	복습: 11학년(고2) 수학 1, 수학 2	http://matrix.skku.ac.kr/S-calculus/W2/ https://youtu.be/j0EI6z2xjSw
3	복습: 12학년(고3) 미적분 함수의 그래프와 방정식의 해	http://matrix.skku.ac.kr/S-calculus/W3/ https://youtu.be/2k0PJ4zs9q4 https://youtu.be/zQnjYU4pyR8
4	역삼각 함수, 쌍곡선 함수, 역쌍곡선 함수	http://matrix.skku.ac.kr/S-calculus/W4/ https://youtu.be/JFAsjc3E70U
5	함수의 극한, 극한 정리 연속함수, 중간값 정리	http://matrix.skku.ac.kr/S-calculus/W5/ https://youtu.be/Didz3qkHCqM https://youtu.be/Vde0ah_FcJo
6	도함수, 접선의 방정식, 미분 법칙	http://matrix.skku.ac.kr/S-calculus/W6/ https://youtu.be/269uVGhQg6s
7	연쇄법칙, 음함수의 미분법 매개변수함수, 매개변수함수의 미분법	http://matrix.skku.ac.kr/S-calculus/W7/ https://youtu.be/1bnoS27s1xw
7-1	발표평가/중간고사	https://youtu.be/CYLugm1mFN8 https://youtu.be/j7josDk1Bg8 https://youtu.be/iEtNpeBzY90
8	삼각함수 미분법, 역삼각함수 미분법 지수함수 미분법, 로그함수 미분법, 선형근사	http://matrix.skku.ac.kr/S-calculus/W8/ https://youtu.be/9aSLI9cG4ZM
9	쌍곡선함수 미분법, 역쌍곡선함수 미분법 평균값 정리, 로피탈의 법칙(부정형의 극한)	http://matrix.skku.ac.kr/S-calculus/W9/ https://youtu.be/YMJcVIbwy6M
10	극댓값과 극솟값(최댓값, 최솟값)	http://matrix.skku.ac.kr/S-calculus/W10/ https://youtu.be/gQYucuXMYgc
11	부정적분, 치환 적분법, 부분 적분법 정적분, 정적분의 기본정리, 이상적분	http://matrix.skku.ac.kr/S-calculus/W11/ https://youtu.be/6EhJxj8n_-E
12	넓이, 부피, 호의 길이, 극좌표, 극방정식 극좌표의 그래프, 넓이와 길이	http://matrix.skku.ac.kr/S-calculus/W12/ https://youtu.be/xKu-ajdhNyY https://youtu.be/uOThnTVZPvw
13	수열, 급수, 급수의 수렴, 발산 판정법 거듭제곱 급수에 의한 함수의 표현 테일러 급수와 매클로린 급수	http://matrix.skku.ac.kr/S-calculus/W13/ https://youtu.be/yGhJ7yoX1XI https://youtu.be/jBsj6gPg-gM
14/15	[종합평가] PBL 보고서 / Project 발표 / 기말고사	

Multivariable Calculus (다변수미적분학) 10주 집중학기 강의계획서

주(월*일)	진 도	비 고 (교안/실습실/동영상강의)
1	다변수미적분 강좌 소개 벡터와 행렬, 선형연립방정식 가우스 소거법, 선형연립방정식의 해집합	https://youtu.be/BS0TwwzrDzg http://matrix.skku.ac.kr/math4ai-intro/W2/ http://matrix.skku.ac.kr/math4ai/part1/ http://matrix.skku.ac.kr/math4ai-intro/W4/
2	3차원 좌표계, 3차원 벡터, 내적, 외적 3차원 공간에서의 직선 및 평면의 방정식 벡터함수와 공간곡선	http://matrix.skku.ac.kr/Cal-Book1/Ch11/
3	벡터함수의 미분과 적분 다변수함수, 극한과 연속, 편도함수	http://matrix.skku.ac.kr/Cal-Book1/Ch12/ http://matrix.skku.ac.kr/Cal-Book1/Ch13/
4	접평면과 선형근사, 연쇄 법칙, 방향 도함수와 그래디언트 벡터	http://matrix.skku.ac.kr/math4ai/part2/ http://matrix.skku.ac.kr/Cal-Book1/Ch13/
4-1	**발표평가/중간고사**	
5	다변수 함수의 극대, 극소, 최댓값과 최솟값	http://matrix.skku.ac.kr/math4ai/part2/ http://matrix.skku.ac.kr/Cal-Book1/Ch13/ http://matrix.skku.ac.kr/math4ai/part2/
6	직사각형 위에서의 이중 적분 일반적인 영역 위에서의 이중 적분	http://matrix.skku.ac.kr/Cal-Book1/Ch14/ http://matrix.skku.ac.kr/math4ai/part2/
7	극 좌표에서의 이중 적분 삼중 적분	http://matrix.skku.ac.kr/Cal-Book1/Ch14/
8	원기둥 좌표에서의 삼중 적분 구면 좌표에서의 삼중 적분	http://matrix.skku.ac.kr/Cal-Book1/Ch14/
9	벡터장, 선적분, 그린 정리, 회전, 발산, 면적분, 스토크스 정리, 발산정리	http://matrix.skku.ac.kr/EM-Sage/E-Math-Chapter-9.html http://matrix.skku.ac.kr/EM-Sage/E-Math-Chapter-10.html http://www.hanbit.co.kr/EM/sage/ Calculus 2 http://matrix.skku.ac.kr/PBL2/
10	복소수와 복소함수 / 공학수학 소개 프로젝트 발표	http://matrix.skku.ac.kr/EM-Sage/E-Math-Chapter-13.html http://www.hanbit.co.kr/EM/sage/ Calculus 2 http://matrix.skku.ac.kr/PBL2/
10-1	**[종합평가] PBL 보고서 / Project 발표 / 기말고사**	

저자와의
합의하에
인지를
생략합니다.

대학생과 고등학생을 위한
미적분학 & 코딩

지은이 이상구 with 김응기, 이재화
펴낸이 조경희
펴낸곳 경문사
펴낸날 2022년 8월 30일 1판 1쇄
등 록 1979년 11월 9일 제1979-000023호
주 소 04057, 서울특별시 마포구 와우산로 174
전 화 (02)332-2004 팩스 (02)336-5193
이메일 kyungmoon@kyungmoon.com

값 20,000원

ISBN 979-11-6073-555-0